KB149418

단체급식 및 외식산업
관리자를 위한

식품구매

FOOD PROCUREMENT

2판 단체급식 및 외식산업 관리자를 위한

식품구매

양일선 · 이해영 · 정라나 · 김혜영 · 최미경 · 정현영

교문사

머리말

효율적인 구매 관리는 단순히 필요한 물품을 적절한 시기에 적정 가격으로 구매하는 것으로 이해되었으나, 오늘날의 기술 혁신, 다양한 제품 생산의 고도화로 인해 구매 업무는 변화를 거듭하고 있으며, 그 중요성은 더욱 증대되고 있다. 이에 구매 관리 기능을 효과적으로 수행하기 위해서는 경영 활동의 전반과 연결되며 더욱 혁신적이고 창조적인 구매 활동이 필요하게 되었다. 현재 단체급식 및 외식산업은 다양하고 복잡한 환경에 있으며, 치열한 경쟁과 변화하는 환경 속에서 내실 있는 성장을 위해서는 그 어느 때보다도 전략적인 구매의 혁신이 요구되고 있다.

최근 식품 기업에서는 4차 산업 혁명 시대에 맞춰 구매의 미래와 역할에 대해 진단하고, 구매 SCM 분야의 블록체인 도입, RPA 도입, 인공 지능의 활용 등 구매 시스템의 혁신을 꾀하고 있다. 기업의 구매 역량은 경영의 성과로 이어진다. 이에 구매 경쟁력을 확보하기 위해 구매 전담 부서를 강화하고, 구매 부서에 핵심 인재를 배치, 구매 전문 인력 양성을 위한 노력을 기울이고 있다.

단체급식 및 외식산업의 구매 담당자는 식자재 시장의 변화와 트렌드, 식품 유통, 시장 현황, 구매하고자 하는 식자재의 특성, 선택 요령 등에 대한 충분한 지식이 필요함과 동시에 급식 산업을 둘러싼 환경 변화에 능동적이고 체계적으로 대응하여야 한다.

이 책은 단체급식 및 외식산업에서 구매를 담당할 미래의 구매 관리자와 현재 관련 업무를 하고 있는 실무자에게 구매 관련 전문 지식과 구매 활동에서 필요한 전 과정을 충분히 이해시키고, 정확한 정보를 제공하고자 하는 데 목적이 있다. 단체급식 및 외식산업에서 구매가 단순하게 식재료를 사는 일차적인 활동이 아니라 급식 품질 향상을 이끄는 핵심적인 경영 기능임을 인지할 수 있도록 하고자 하였으며, 구매 담당자의 전문적 역할과 책임도 강조하였다.

이 책은 총 3개의 Part로 구성되었다. Part 1 '구매의 기초'에서는 구매와 관련된 이해를 높이기 위해 1장 구매 관리의 개요, 2장 식품 유통, 3장 시장, 4장 구매 조직에 대한 내용으로 구성하였다. Part 2 '구매 업무의 실제'에서는 실질적으로 단체급식 및 외식산업 현장에서 진행되는 구매 절차에 맞추어 구매 업무에 대한 내용을 단계별로 다루었다. 5장 구매 활동, 6장 발주, 7장 검수, 8장 저장, 9장 재고 관리의 내용으로 구성되었다. Part 3 '식품의 품질 관리'에서는 최근 식품의 품질 관리 제도에 대해 설명하고 최신 정보를 제공하였다. 또한 각 품목별 고품질 식자재 선별을 할 수 있는 핵심적인 내용을 정리하였다. 10장 식품 품질 관리 제도, 11장 농산 식품, 12장 축산 식품, 13장 수산 식품, 14장 공산식품으로 구성되었다. 이해를 돕기 위하여 사진과 그림 자료를 함께 실어 실무에 이용할 수 있도록 하였으며, 'CASE', 'TIP', 'ISSUE'를 활용하여 주제에 대한 이해를 높일 수 있도록 하였다. 'CASE'는 국내외 단체급식 및 외식산업 분야에서 최근 경향이나 관련 기사 등을 소개하였으며, 'TIP'은 각 주제의 내용을 이해하는 데 필요한 개념과 용어를 설명하였다. 'ISSUE'는 관련 실무적인 내용이나 현장 적용 사례, 논의되고 있는 내용을 다루어 주제에 대한 깊은 통찰의 기회를 제공하고자 하였다.

그간 이 책이 나올 수 있도록 힘과 격려가 되어 준 연세대학교 급식경영연구실의 식구들에게 고마운 마음을 전하고 싶고, 학계와 업계에서 아끼지 않고 후원해 주신 분들께 감사드린다.

또한 이 책을 출간할 수 있도록 기회를 주신 교문사 류제동 회장님을 비롯한 직원 여러분께 감사를 드린다. 이 책의 시작에서 마무리까지 주관하신 하나님께 감사와 영광을 돌린다.

2020년 2월

저자 일동

차 례

8

PART 2 구매 업무의 실제

5
구매 활동

6
발주

7 검수

8 저장 관리

9
재고 관리

PART 3 식품의 품질 관리

10
식품 품질
관리 제도

11
농산 식품

12
축산 식품

13

수산 식품

14

가공식품

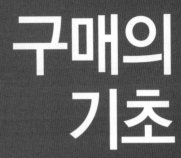

PART 1

구매의 기초

CHAPTER 1

구매 관리의 개요

| 학습 목표 |

1. 구매 및 구매 관리의 개념을 설명할 수 있다.
2. 구매 관리의 목적을 설명할 수 있다.
3. 구매 활동의 의의를 설명할 수 있다.
4. 구매 활동의 환경 요인을 나열할 수 있다.

1. 구매 및 구매 관리의 개념

일반적으로 **구매**(purchasing)는 단순히 물건을 사는 행위를 의미하지만, 단체급식소나 외식업소에서의 구매는 거래처와의 계약이나 일련의 과정을 통해서 물품을 구입하고 대금을 지불하는 경제 행위까지의 총괄적인 과정이다. 미리 정해 놓은 품질, 양, 가격의 표준에 맞는 적절한 식품 및 비식품류를 획득하는 과정으로 매우 복잡하고 역동적인 특징을 가지고 있다.

구매 관리(purchasing management)란 음식을 생산하는 데 필요한 물품을 확보하는 기능으로서 조달을 의미한다. **조달**(procurement)은 구매의 의미보다는 광범위한 개념이다. 구매가 그 대상이 물자와 용역에 국한되는 데 비해 조달은 그 대상이 물자와 용역뿐 아니라 무상 취득, 자금도 포함하는 좀 더 광의의 개념이다. 즉 구매 관리는 구매의 계획, 실시, 통제와 관련한 일련의 관리 활동으로 **구매**(purchasing), **검수**(receiving), **저장**(storing), **재고 관리**(inventory control)가 포함된다.

2. 구매 관리의 목적

구매 관리의 목적은 적절한 공급원(right place)으로부터, 필요한 시기(right time)에, 최적의 품질(right quality)과 적절한 수량(right quantity)의 물품 및 서비스를, 최적의 가격(right price)으로 구매하는 것이다.

그림 1-1
구매의 5R

　적절한 공급원(right place)이란 급식소에서 요구하는 품질의 물품을 일관성 있게 공급할 수 있는 업체로, 신뢰할 수 있어야 한다. 적절한 공급원은 급식소가 처한 상황에 따라 다를 수 있는데, 예를 들어 대도시에 위치한 급식소의 경우 대규모 유통업체를 통해 구매하는 것이 유리하나 농어촌에 위치한 급식소의 경우는 대규모 유통업체보다 가까운 지역에 있는 지역 조직(예: 농협) 혹은 생산업체(예: 농가)를 통하여 구매하는 것이 훨씬 유리하다.

　필요한 시기(right time)란 생산 계획에 따라 필요한 시간에 적절하게 구입이 되어 필요로 하는 장소로 입고가 되는 것을 의미한다. 필요한 물품의 주문에서 배달에 이르는 동안 적절한 재고 수준을 유지할 수 있는 시간과 납품 시 발생할 수 있는 지연 시간을 고려하여야 하며 또한 시장에서의 물품 가격 변동이나 공급 중단에 대비할 수 있어야 한다.

　최적의 품질(right quality)이란 최상의 품질을 의미하는 것이 아니라 급식소의 주요 기능을 수행하기에 적합한 수준의 품질을 의미한다. 예를 들어, 같은 메뉴라도 제공하는 급식소에 따라 필요한 품질 수준은 다르다. 즉, 호텔 레스토랑에서 필요한 불고기용 소고기의 품질과 카페테리아에서 필요한 불고기용 소고기의 품질은 차이가 있게 마련이다. 또한 같은 급식소에서 동일 품목을 구매하더라도 메뉴에 따라 필요한 품질 수준이 다르다. 한 레스토랑에서 소고기를 구입하는 경우에 구이용 소고기의 품질과 볶음용 혹은 부재료로 사용하는 소고기의 품질은 차이가 있을 수 있다. 왜냐하면 구이용으로 사용하는 경우에는 고기의 육질이 중요하므로 좋은 품질의 소고기를 사용하지만, 부재료로 사용되거나 혹은 볶음용으로 사용되는 소고기의 경우 상대적으로 다소 낮은 품질을 구입하는 것이 급식 운영상 효율적이기 때문이다.

　적절한 수량(right quantity)이란 단순히 표준 레시피와 예측 식수를 기준으로 산출된 발주량을 의미하는 것이 아니라 물가 변동의 위험성을 고려하고 경제적인 구매를 위해 조정한 수량을 의미한다. 따라서 적절한 수량이란 산출된 발주량보다 많을 수도 혹은 적을 수도 있다. 예를 들어, 수량 할인율이 적용된다면 발주량을 늘려야 하며, 향후 물품의 시세가 낮아질 전망이라면 발주량을 줄여야 한다.

　최적의 가격(right price)이란 최저 가격을 의미하는 것이 아니라 급식소 고유 기능을 수행하기 위한 총비용의 최소화를 의미한다. 예를 들어, 패밀리 레스토랑을 이용하는 고객과 패스트푸드 레스토랑을 이용하는 고객은 식사를 위해 지불하는 가격 수준이 서로 다르고 그에 따라 급식 서비스 품질에 대한 기대 수준도 다르다. 즉, 최적의 가격이란 고객이 지불하는 가격에 상응하는 품질을 제공하기 위하여 비용 효율적인 측면을 고려하는 것을 의미한다.

3. 구매 활동의 의의

과거에는 구매 활동을 단순히 필요한 물품을 사는 기능으로만 판단하여 중요성을 인식하지 못했지만 최근 들어 경영 활동에서 구매 활동의 중요성이 인식되기 시작했으며, 그 방법도 다양해지고 있다. 특히, 급식소 및 외식업체의 경우 운영 시 필요한 물품의 구입을 위하여 지출하는 비용이 전체 매출에서 상당한 부분을 차지하기에 구매 활동은 급식 운영의 핵심적 기능이라 할 수 있다. 따라서 급식 및 외식 관리자는 구매하고자 하는 물품의 특징과 선택 방법, 변화하는 유통 환경, 관련 법령 등에 대한 충분한 지식을 갖추어야 한다.

구매 활동이 잘 이루어진다면 급식 운영에 필요한 식품 및 비식품류의 구입 비용을 절감할 수 있고 이는 원가 절감으로 이어지며 수익이 창출된다. 동시에 효율적인 구매 활동은 종합적 품질 경영에도 영향을 미쳐 급식 품질 최적화를 통한 고객 만족도 향상을 꾀할 수 있다(그림 1-2).

외식업의 경우 효율적인 구매 활동으로 인한 비용 감소는 손익 계산서의 매출과 순이익에 직접적인 영향을 미쳐 목표 매출액과 목표 이익의 달성을 용이하게 하며

그림 1-2
구매 활동의 의의

시장 점유율 개선으로 경쟁업체에 비해 우위를 차지할 수 있다.

판매가가 낮고 예산이 제한된 특성을 가진 단체급식의 경우 효율적인 구매 활동을 통하여 정해진 예산 범위 내에서 좀 더 좋은 품질의 물품 구입을 가능하게 하고 이는 곧 고객 만족도 및 급식 품질에 영향을 미치게 된다. 따라서 급식 산업에 있어서 구매 활동은 단순히 물품 구매를 위하여 비용을 지출하는 것이 아니라 이윤을 창출하는 경영 활동 및 급식 품질 경영의 도구로서 인식되어야 할 것이다.

4. 구매 활동의 환경 요인

구매 활동의 환경 요인을 살펴보면 크게 **미시환경요인**(microenvironment)과 **거시환경요인**(macroenvironment)으로 나눌 수 있다(그림 1-3). 미시적 환경은 구매에 있어서 직접적인 영향을 미치는 구성요소들로 소비자, 경쟁업체, 공급업체를 의미하며, 거시적 환경요인은 통제하기는 어렵지만 직·간접적으로 구매에 영향을 미치는 환경 요소를 의미한다. 거시적 환경요인으로는 국제적 요인, 경제적 요인, 윤리적 요

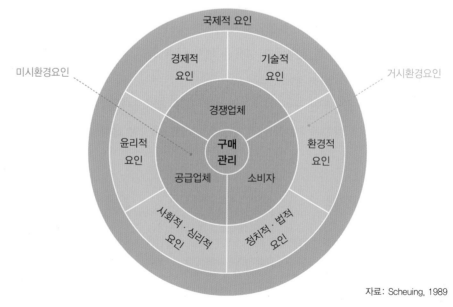

그림 1-3
구매 활동의 환경 요인

자료: Scheuing, 1989

급식 산업이란? TIP

- **급식 산업(foodservice industry)**
  서비스 산업의 일종으로 고객에게 음식과 이에 따른 부대 서비스를 제공하는 산업을 의미
  하며 외식업과 단체급식으로 분류한다.
- **외식업(상업성 급식, commercial foodservice)**
  일반 대중을 대상으로 영리를 목적으로 운영되며 일반 음식점, 휴게 음식점, 출장 외식업,
  호텔 및 숙박 시설 식당, 스포츠 시설 및 휴양지 식당, 교통기관 식당 등이 해당된다.
- **단체급식(비상업성 급식, institutional foodservice)**
  특정 다수인을 대상으로 비영리 목적으로 운영되며 교육기관 급식, 산업체 급식, 의료기관
  급식, 사회 복지 시설 급식, 영유아 보육 시설 급식, 선수촌 및 운동선수 급식, 군대 급식,
  교정 시설 급식 등이 해당된다.

인, 사회적·심리적 요인, 정치적·법적 요인, 환경적 요인, 기술적 요인을 포함한다. 예를 들어, 농업 경작지 면적은 제한적인 데 반해 인구는 지속적으로 증가하고 있는 상황에서 오히려 식품 부족 현상 없이 식품 유통 경로 내에 식품 물량이 증가하는 것은 농업 생산 기술과 과학 기술의 발달로 인해 농업 생산량이 증가하였기 때문이다.

이러한 환경 요인은 구매 활동과 끊임없이 상호 작용하며, 궁극적으로 구매 활동과 관련한 의사 결정에 중요한 영향을 미친다. 따라서 성공적인 구매 활동을 위해서는 환경 요인의 변화에 빠르고 민감하게 대처해야 한다. 구매 활동의 환경 요인에 대응하기 위해 구매 담당자는 환경 요인의 변화 추세에 대하여 항상 예의주시해야 하며 식품 유통 체계 및 시장, 구매하고자 하는 물품에 대한 충분한 지식을 갖춰야 하고 사업에 대한 통찰력 및 경영 기능 수행 능력도 갖춰야 한다.

CASE

1-1

식자재 산업의 생존 조건

대형 업체, 1차 상품군 확보·식품 제조 공급로 주도권

외식 사업과 마찬가지로 식자재 시장에서도 큰 변화가 나타나고 있다. 식자재 유통 시장도 대형 업체 위주로 재편될 가능성이 높다. 이 과정에서 업체들의 대규모 투자는 지속될 가능성이 높으며 상위 업체 위주로 시장의 헤게모니가 이동할 수밖에 없는 환경으로 전환되고 있다.

식자재 유통 시장은 전체 도매시장 중에서 식품과 관련된 상품군을 취급하는 시장으로 정의내릴 수 있다. 이에 주요 업체들은 크게 2가지 경쟁력을 구축하기 위해 노력해 왔다. 대규모 매입을 통해 가격 경쟁력을 구축하는 것과 효율적인 물류망을 활용한 부분이다.

주요 식자재 유통업체들은 거래처 통합, 유통 구조 단순화, 신규 유통망 확대를 통한 상품 매입력 증가 등을 통해 기존 도매시장에 진출코자 노력했다. 즉, 밸류 체인 상단인 1차 도매시장에 대한 직접 진출과 3~4차 도매시장 통합을 통해 가격 경쟁력 확보와 유통 구조 단순화를 동시에 이뤄 내 시장 점유율을 상승시키고 경쟁력을 구축한다는 전략이었다. 여기에 추가적으로 물류 효율화를 통해 전방 업체 편의성을 제공하고 구매자들 입장에서 구매를 위해 소요되는 비효율적인 부분을 해결해 주는 것이었다.

외식 프랜차이즈 대형화로 기업형 식자재 점유율 확대

식자재 유통업체 시장이 기업형 업체 위주로 재편되는 가운데 일부 상위 업체의 점유율 확대는 더욱 가속화될 전망이다. 이는 전방 산업 대형화로 인해 주요 거래처들의 구조적 변화가 이루어질 가능성이 높다고 판단되기 때문이다.

외식 프랜차이즈 시장은 토털 솔루션을 제공할 수 있고, 식자재에 대한 가격 경쟁력을 제공할 수 있는 업체들로 재편될 가능성이 높다. 인건비와 임대료가 지속적으로 증가하는 구조가 고착화됨에 따라 제품 가격 인상도 수반될 수밖에 없다. 가격이 증가하는 구조 속에서 소비자들의 구매 탄력성은 저하되고 이는 곧 제품에 대한 신뢰도가 높은 대형 업체 위주로 수요를 불러일으킬 가능성이 높다. 또 고정 비용(임대료+인건비)이 증가하기 때문에 상대적으로 식품 원재료 공급에 있어 규모의 경제를 구축한 업체들의 니즈는 증가할 것으로 전망된다.

이처럼 대형 외식 프랜차이즈 비중의 증가는 이들과 거래를 할 수 있는 대형 업체들의 점유율 상승을 이끌 것으로 분석한다. 이는 다양한 상품을 안정적으로 공급할 수 있는 업체의 수요가 증가할 가능성이 높고, 전국구 유통망을 통해 가맹 점포에 대한 적절한 상품 공급이 가능한 물류망 또한 구축돼야 하기 때문이다.

'원팩 솔루션' 제공 가능한 설비 투자가 관건

앞으로 외식, 급식, 컨세션(다중 이용 시설에 식음료 등 서비스를 제공하는 사업) 등에선 구조적으로 원물에 대한 수요는 감소하고 반조리된 제품군에 대한 공급 물량이 증가할 가능성이 높다. 이는 고정비 증가로 구조적으로 산업에 대한 수요가 변화할 가능성 때문이다.

최근 광범위하게 쓰이는 '원팩 솔루션'은 원물보다는 반조리된 제품을 공급해 사업장의 조리 과정을 최대한 간소하게 할 수 있는 상품 전략을 일컫는다. 이는 광의의 개념으로 전처리된 제품을 포함한 가공식품 전체를 포함한다. 업계에서 언급하는 원팩 솔루션 제품군은 10단계로 나누어 볼 수 있고 이를 축약하면 4단계 과정으로 재분류할 수 있다. 1단계는 원물을 그대로 공급하는 단계, 2단계는 원물을 전처리하는(1차 식품을 씻고 다듬는 과정) 단계, 3단계는 'RTE(Ready to Eat)' 및 'RTC(Ready to Cook)' 제품에 추가적인 조리를 가하는 단계, 4단계는 추가적인 조리 과정 없이 데우기만을 통해 상품을 공급할 수 있는 수준을 말한다.

이런 원팩 솔루션의 확대는 품질 완성도 기술 수준 향상과 전방 산업의 비용 증가(고정비), 라이프 스타일 변화가 주요인으로 분석된다. 이에 따라 B2B 시장과 B2C 시장의 경계가 모호해지기 시작했다. 향후 원물에 대한 공급력과 반조리식품 제조 라인을 구축할 수 있는지를 놓고 업체들의 경쟁이 심화될 것으로 보인다. 이에 식자재 유통업체들의 제조 라인 설비 투자 여부가 향후 경쟁력 차이를 불러일으킬 전망이다.

식자재 유통 시장에서 가장 큰 변화는 대규모 설비 투자가 선행돼야 하는 시기로 접어들었다는 점이다. 이에 따라 자본력이 약하고 제조 설비를 구축할 수 없는 식자재 유통업체들의 점유율은 지속해서 하락할 가능성이 높아 보인다.

전방 업체들의 수익성이 지속적으로 하락하는 상황에서 기존의 조리 과정을 단순화, 효율화하는 요구가 계속되는 상황이며 단체급식과 컨세션에 있어서도 수주 경쟁력을 좌우할 만한 요소로 자리잡아 가고 있다.

외식업체들은 수익성 악화에 대응하기 위해 고정비를 감소시킬 수 있는 상품군에 대한 수요가 증가할 가능성이 높다. 즉, 전처리 인력에 대한 배치를 줄임으로써 인건비에 대한 부담을 감소시키고, 조리 공간 축소를 통해 영업면적 효율성을 구축할 수 있는 구조를 갖추는 것을 의미한다.

확대되는 HMR 시장서 B2B와 B2C 시너지 필요

최근 식품업계에서 주목하고 있는 가정 간편식(HMR)의 주요 판매 경로를 살펴보면 도매 쪽의 비중이 더 높다. 대형 마트, 편의점 등보다 B2B 채널에 대한 의존도가 더 높다는 의미다. 이에 HMR 제품군 생산은 식자재를 공급하는 제조업체에서 B2B 시장을 타깃으로 선제적으로 공급됐다. 하지만 상대적으로 시장 규모가 작고, 소비자 만족도가 크지 않아 사업성은 제한됐다.

지난 2012년 아워홈이 내부 유통망을 기반으로 적극적인 전략을 구사했지만 B2C 상품인 '손수' 브랜드 판매량이 저조하면서 의미 있는 실적을 거두진 못했다.

이렇듯 식자재 유통 시장에서 HMR 상품은 B2C와 B2B 채널에 대한 시너지가 제한적이었지만 최근 B2C 채널이 확대되기 시작하면서 우호적인 여건으로 전환됐다. 1인 가구 증가에 따른 HMR 시장 확대로 인해 주요 유통업체들이 경쟁적으로 시장 진출을 모색하면서 B2C 채널이 급격하게 성장했다. 이에 따라 과거 일부 시장에 국한됐던 규모가 확대되는 구조로 변화했다.

중장기적으로 HMR 시장에서 식자재 유통업체는 설비 투자 그리고 B2C 채널에 대한 경쟁력을 동시에 보유하고 있는 업체가 시장을 주도할 가능성이 높은 것으로 보인다. 이는 제조 라인 증설에 따른 비용 증가분을 감안할 경우 B2C 채널을 보유한 업체가 유리하고, B2B 시장의 경우에도 상품 효율성을 높이기 위해서는 단품에 대한 수요가 커질 수밖에 없기 때문이다. 즉 수주 경쟁력이 더욱 높아질 수 있다는 의미이다.

자료: 식품외식경제, 2018. 10. 22. (일부)

<table>
<tr><td>CASE
1-2</td><td></td></tr>
</table>

불황에도 외식 프랜차이즈 성장세 지속…핵심은 '좋은 식자재'

장기화된 경기 불황으로 창업 시장이 다소 침체되는 경향을 보이고 있지만, 요식업 창업에 대한 관심과 수요는 꾸준히 늘고 있는 추세다. 올해(2018년) 식품의약품안전처의 국내 식품 통계 자료에 따르면 2016년 전국 외식업체의 사업체 수는 총 67만 5,000개, 종사자 수는 198만 9,000명에 이른다. IBK 투자증권의 2018년 국내 외식 시장을 분석한 보고서에 따르면 외식 프랜차이즈 시장의 규모가 올해 약 27조 3,000억 원으로 확대될 것으로 전망된다.

이처럼 최근 관심과 주목을 받으며 성장하고 있는 요식업계에서 성공하기 위해서는 식자재 선택이 매우 중요하다. 최근 TV 프로그램에서 골목 상권의 요식업을 살리기 위해 멘토 역할을 하고 있는 더본코리아의 백종원 대표도 국정 감사에 참고인 신분으로 출석해 프랜차이즈에 관련된 국회의원의 질문에 대답을 하면서 식자재의 중요성을 언급했다. 백 대표는 프랜차이즈 수익은 결국 식자재 유통에서 나온다며 프랜차이즈 본사에서 좋은 식자재를 각 지점에 주는지가 중요하다고 말하며 식자재 품질의 중요성을 강조했다. 실재로 경쟁이 치열한 요식업에서 성장하고 있는 브랜드는 음식의 맛을 좌우하는 식자재에 집중하는 경우가 많다. 좋은 식자재를 엄선해 안정된 유통 시스템을 통해 신선하게 공급, 최상의 재료로 음식을 제공하는 브랜드들이 고객들의 마음을 사로잡고 있다.

고급 차돌박이를 원육 그대로 직접 공급! 차돌박이 전문점 '이차돌'

차돌박이 전문점 '이차돌'은 기존 고깃집에서 고가의 서브 메뉴로 인식되던 차돌박이를 주 메뉴로 공략해 첫 매장을 오픈한 지 1년 만에 전국에 100개 이상의 가맹점을 개설하며 프랜차이즈업계에 차돌박이 돌풍을 일으키고 있다. 이차돌은 소고기 원육을 직접 공급, 절단하지 않은 고기를 가맹점에 전달한다. 고기를 미리 썰어 두지 않고 고객의 주문과 동시에 신선한 고기를 바로 손질해 제공함으로써 고객들이 육즙이 풍부한 신선한 고기를 맛볼 수 있도록 했다. 중간 유통 과정을 없애고 마진을 줄여 소비자 가격을 낮춘 것도 인기 비결 중 하나다.

산지의 식재료를 고객의 식탁으로! 꼬막비빔밥 맛집 '연안식당'

'연안식당'은 꼬막비빔밥 맛집으로 소비자들 사이에서 밥도둑이라는 평을 받으며 방송과 온라인을 통해 소개되면서 최근 인기를 구가 중이다. 꼬막비빔밥의 핵심 식재료인 꼬막을 여수, 벌교와 같은 유명 산지에서 직접 배송해 맛과 영양이 뛰어나 신선한 재료를 사용한 것이 인기의 비결이다. 올 초 서울에 첫 매장을 오픈하며 본격적인 가맹 사업을 시작, 최근 150개 매장을 계약 완료하는 등 가파른 성장세를 보이고 있다. 최근에는 백화점 팝업 스토어에서의 호응에 힘입어 추가 판매를 진행하기도 했다. 꼬막비빔밥 외에도 멍게비빔밥, 회무침, 해물탕, 해산물모듬 등 다양한 해산물 메뉴를 보유하고 있는 '연안식당'은 단백질과 미네랄이 풍부한 고성 가리비를 제공하기 위해 경남 고성군과 MOU를 체결하기도 했다. 연안식당은 이를 통해 신선하고 우수한 품질의 가리비를 소비자들에게 공급할 뿐만 아니라 어업인의 안정적인 생산소득 지원에도 기여하고 있다.

검증된 가공을 통한 채소의 신선함 그대로! 샐러드 전문점 '샐러디'

샐러드 전문점 '샐러디(Salady)'는 '건강함'을 강조하는 브랜드 이념을 바탕으로 엄선된 채소를 사용해 신선한 샐러드로 입소문을 타며 최근 성장세를 기록 중이다.

외식업계 관계자는 "경쟁이 치열한 외식업에서 성공 경쟁력을 강화하기 위해서는 고객의 입맛을 사로잡을 수 있는 고품질의 식자재 사용이 중요하다"고 말했다.

자료: 데일리안, 2018. 12. 8. (일부)

KEY TERMS

- 구매(purchasing)

- 구매 관리(purchasing management)

- 조달(procurement)

- 구매 활동

- 미시환경요인(microenvironment)

- 거시환경요인(macroenvironment)

DISCUSSION QUESTIONS

1. 구매와 구매 관리의 개념을 정의하고 차이점을 설명하시오.

2. 구매 관리의 목적에 대하여 기술하시오.

3. 구매 활동의 다양한 환경 요인을 설명하고 이에 대응하기 위해 구매 담당자가 갖추어야 할 능력을 설명하시오.

4. 급식 조직(외식업, 단체급식)의 성공과 성장의 핵심 요인으로서 구매 활동이 갖는 중요성에 대하여 서술하시오.

MEMO

CHAPTER 2

식품
유통

| 학습 목표 |

1. 식품 유통의 경로를 설명할 수 있다.
2. 식품 유통 비용을 설명할 수 있다.
3. 식품 유통의 기능을 설명할 수 있다.
4. 식품 유통의 과제를 진단하고 전망을 제시할 수 있다.

1. 식품 유통의 개요

식품 유통이란 식품 체계(food system) 안에서 식품이 생산자로부터 최종 소비자까지 전달되는 과정에서 일어나는 활동으로 정의될 수 있다. 소비자의 욕구가 다양화되고 식품의 가공 기술과 포장 기술 등의 발달로 인하여 농산물, 축산물, 수산물은 원형 그대로의 형태 혹은 가공된 형태로 소비자에게 전달된다.

2. 식품 유통 경로와 유통 비용

1) 식품 유통 경로

식품 유통 경로(food marketing channel 혹은 food distribution channel)란 식품이 생산, 가공 및 분배되는 시스템을 의미하며 이를 통해 식품은 생산자, 가공업체 또는 제조업체 및 다양한 중간 유통 단계와 소매 단계를 거쳐 최종 소비자에게 이르게 되고 이 경로를 통해 송유권의 이전이 진행된다(그림 2-1).

일반적으로, 식품이 소비자에게 전달될 때 도매시장을 경유하는 유통 체계를 **집중 유통 체계**(centralized marketing system)라 하고, 도매시장을 경유하지 않고 소비자가 산지에서 직접 식품을 구매하거나 정보통신기술을 이용하여 직거래하는 유통 체계를 **분산 유통 체계**(decentralized marketing system)라 한다.

식품 유통 경로는 다양한 요인에 의해 영향을 받는데(그림 2-2), 특히 주목해야 하는 가장 강력한 요인은 식품을 사용하는 소비자이다. 만약 소비자 요구를 충족시키지 못하는 상품이 생산된다면 그 상품은 더 이상 시장에 존재할 필요가 없으며, 상품의 생산, 가공, 분배 등의 유통 경로는 불필요하다. 따라서 소비자가 원하는 상품의 종류, 소비자가 선호하는 포장 방법, 가공 및 제조 방법 및 운송 방법 등에 대하여 충분히 이해함으로써 소비자의 요구에 부합하는 상품 설계 및 유통 경로를 구축해야 한다.

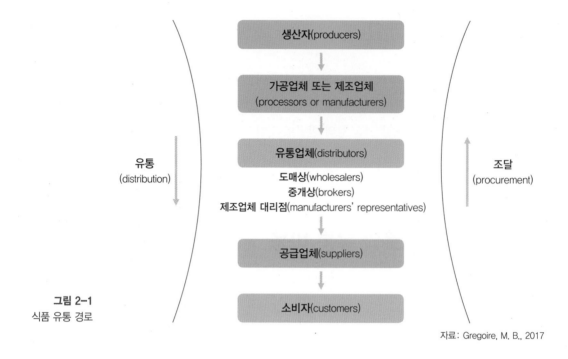

그림 2-1
식품 유통 경로

자료: Gregoire, M. B., 2017

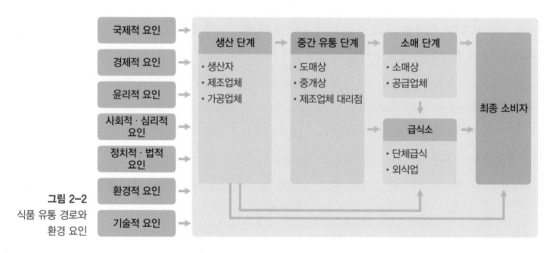

그림 2-2
식품 유통 경로와
환경 요인

유통 경로는 유통 단계의 조합으로 이루어지며(그림 2-3, 2-4), 유통 단계의 수
는 유통 경로의 길이에 영향을 미치므로 상품의 종류, 상품의 특징, 수요 및 공급에
따라 경로 형태가 다양하다. 일반적으로 상품이 동질적이고 저장 기간이 긴 특성

을 가질 때 유통 단계가 확대되며, 수요 측면에서는 구매자가 많고 여러 지역에 분산되어 있을수록, 한번에 구매하는 구매량이 적을수록 여러 단계의 유통 단계가 필요하므로 유통 경로의 길이가 확대된다. 공급 측면에서는 상품의 생산자가 여러 지역에 흩어져 있고 생산자의 수가 많을수록 유통 경로의 길이가 확대된다. 반대로 상품이 이질적이고 저장 기간이 짧은 특성을 가질 때 유통 경로의 단계는 축소되며, 수요 측면에서는 구매자가 적고 한 지역에 집중되어 있을수록, 한번에 구매하는 구매량이 많을수록 유통 경로의 길이가 축소된다. 공급 측면에서는 상품의 생산자

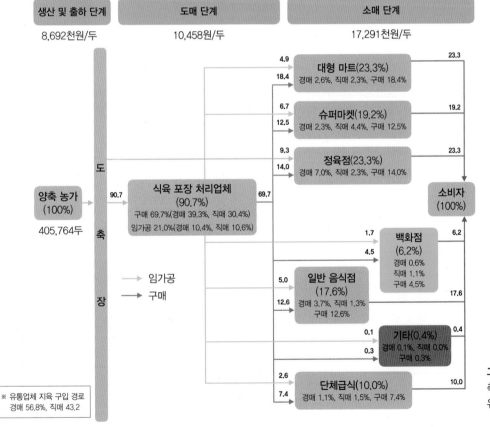

주 1) 유통단계별 가격은 해당 유통단계의 경로별 비율을 반영한 가중평균값
   2) 식육포장처리업체의 비율은 직접 구매와 임가공을 포함

자료: 축산물품질평가원, 2020

그림 2-3
축산물(쇠고기)의
유통경로

연근해산 수산물의 일반적 유통 경로

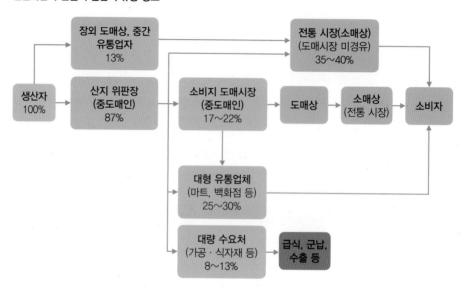

원양(수입)산 수산물의 일반적 유통 경로

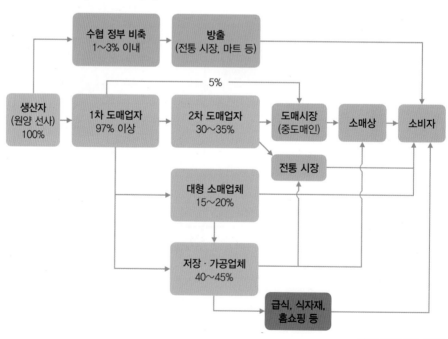

그림 2-4
수산물의 유통 경로

자료: 해양수산부, 2018

기준	경로 단계 확대	경로 단계 축소
상품	· 동질적 특성 · 높은 저장성 · 단순한 기술 적용	· 이질적 특성 · 낮은 저장성 · 복잡한 기술 적용
수요	· 작은 단위 구매량 · 높은 구매 빈도 · 많은 구매자 수 · 지역적으로 분산된 구매자	· 큰 단위 구매량 · 낮은 구매 빈도 · 적은 구매자 수 · 지역적으로 집중된 구매자
공급	· 생산자 수가 많음 · 지역적으로 분산된 생산자	· 생산자 수가 적음 · 지역적으로 집중된 생산자

표 2-1
식품 유통 경로의 결정 요인

자료: 김완배 외, 2020(저자 재작성)

가 한 지역에 집중되어 있고 생산자의 수가 적을수록 유통 경로의 길이가 축소된다 (표 2-1).

1980년대 말 새로운 사업 영역으로 위탁 급식이 출현하면서 식품 유통 경로에 변화를 가져오게 되었다. 위생적이고 안전한 식재료를 이용하여 저렴한 가격으로 식사를 제공하기 위해 위탁 급식 전문업체는 식재료 유통 센터를 설치·운영하여 산지와의 직거래와 해외 직거래를 통해 구매한 식재료를 각 급식소에 공급하고 있다.

대형 외식업체의 경우 전통적인 유통 경로에서 벗어나 전문 유통업체(vendor)를 통한 조달 방법과 산지와의 직거래를 통한 조달 방법을 사용하여 식자재를 확보한 후, 중앙 식재료 공급 센터를 통해 점포에 식재료를 공급하고 있다. 중앙 식재료 공급 센터는 각 점포로의 식자재 및 물류 공급을 담당할 뿐만 아니라 중앙 조리장 (central kitchen)의 기능도 함께 수행하여 철저히 품질을 통제하는데, 경우에 따라 중앙 식재료 공급 센터의 운영을 외부업체에 아웃소싱(outsourcing)하기도 한다.

TIP　　**외식업체의 식품구매 경로 현황**

2018년 기준으로 외식업체의 식품구매 경로는 식자재 마트를 통해 구입하는 비중이 29.1%로 가장 높고, 다음으로 개인 도매상(27.4%), 농수산물도매시장(12.4%), 식재료 유통법인(6.9%) 의 순서로 나타났으며, 육류 및 축산물류는 개인 도매상(33.2%)과 식자재 마트(22.8%) 순서 로 높았다.

구분	전체	육류 및 축산물류	장류/ 양념류 및 가공 식품	곡류/곡류 가공품	수산물류	채소류
월평균 구매량(kg)	538.6	210.1	86.7	168.4	26.9	164.9
월평균 구매금액(만 원)	266.2	182.3	38.3	40.0	26.2	38.6
구매 경로(복수응답, %)						
1. 식재료 유통대기업	5.7	5.4	7.1	6.4	5.8	4.7
2. 식재료 유통법인	6.9	9.5	7.5	8.8	7.3	5.1
3. 개인 도매상	27.4	33.2	25.8	32.7	26.9	24.9
4. 식자재 마트	29.1	22.8	35.5	27.7	28.1	28.1
5. 일반대형마트	6.8	5.3	7.5	8.5	6.9	6.6
6. 농수산물도매시장	12.4	6.9	6.8	5.2	16.8	18.8
7. 소매상	4.8	5.3	2.6	3.0	4.3	6.3
8. 산지직거래	1.5	1.0	3.0	1.3	0.2	1.2
9. 프랜차이즈본사	4.0	9.2	3.0	5.1	2.7	2.6
10. 기타	1.4	1.2	1.3	1.1	1.0	1.6
합계	100.0	100.0	100.0	100.0	100.0	100.0

자료: 한국농촌경제연구원, 2018

2) 식품 유통 비용

식품 유통 비용은 식품의 유통 과정에서 발생하는 물류 비용, 점포 임대료 등의 직·간접비와 유통업자의 이윤을 합친 것이다. 즉, 소비자 지불 가격에서 생산자 수취 가격을 제외한 것을 의미한다.

유통 비용은 구성별, 단계별로 구분해 볼 수 있다(Tip 참조). 구성별 유통 비용 측면에서, 일반적으로 직접비(운송비, 포장재비, 상·하차비, 수수료 등)는 고정비 성격

TIP

국내 농산물의 유통 경로 및 비용 분석

한국농수산식품유통공사의 2017년 국내 농산물의 유통 분석 자료에 따르면, 전체 농산물에 대한 생산자의 출하처 비율은 생산자 단체를 통한 계통 출하 38.3%, 산지 유통인 39.3%, 가공(저장)업체 14.8%, 산지 공판장 2.8%, 도매상 0.8%, 그 외 4.0%이며, 농산물 유통 중간 단계 비율은 시장 경로 59.3%, 시장 외 경로 40.7%였다. 농산물 최종 소비 단계 비율은 일반 소비자 67.4%, 대량 수요처 32.4%, 수출 0.2%이며, 소비지 유통 단계 중 소매상의 비중은 2016년보다 증가하였으나 도매시장, 대형 유통업체, 대량 수요처의 비중은 감소하였다.

· **2017년 청과물의 유통 경로 분석**
  · 생산자의 출하처 비율: 생산자 단체를 통한 계통 출하 49.4%, 산지 유통인 30.6%, 산지 공판장·도매시장 7.7%, 가공(저장)업체 7.9%, 기타 4.4% 비율로 출하함
  · 농산물 유통 중간 단계 비율: 시장 경로 58.9%, 시장 외 경로 41.1% 점유
  · 농산물 최종 소비 단계 비율: 일반 소비자 81.5%, 대량 수요처 18.1%, 수출 0.4% 차지

· **청과물의 유통 경로**

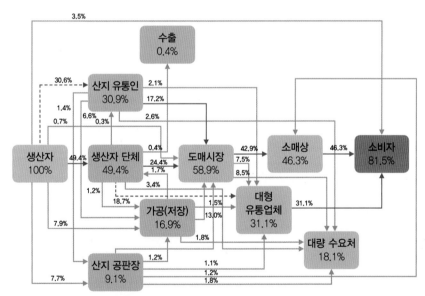

주) 청과물이란 엽근채류, 과채류, 조미 채소류, 과일류를 종합한 것임
  붉은 실선 화살표는 제1출하처를 표시함
  붉은 점선 화살표는 유통 점유율이 10% 이상인 경로를 나타냄
  실선 화살표는 낮은 유통 경로를 나타냄

계속

- **청과물의 유통 비용 구조**
  - 소비자 구입 비용이 1,000원일 경우 생산자 수취 가격은 556원, 유통 비용은 444원 발생(유통 비용 444원 중 직접비는 153원, 간접비는 151원, 이윤은 140원임을 의미함)

2017년 유통 비용: 44.4%(직접비 15.3%, 간접비 15.1%, 이윤 14.0%)

구분	소비자 지불 가격(100.0%)		
평균	생산자 수취 55.6%	유통 비용 44.4%	
구성별 비용		직·간접비 30.4%	이윤 14.0%
		직접비 15.3% / 간접비 15.1%	
단계별 비용		출하 단계 8.8% / 도매 단계 12.9%	소매 단계 22.7%

주) 34종류의 조사 지역 전체 가중 평균치임(조사 품목 43종류 중 수입 농산물 9종 제외)
　　유통 비용 44.4%의 의미(소비자 가격-생산자 수취 가격)
자료: 한국농수산식품유통공사, 2018

※ 그 외 식품의 유통 경로와 비용은 부록 참조(부록 2-1, 2-2, 2-3)

이 강하고 비용 절감에는 한계가 있으므로 특히 소비자 가격 하락 시 비중이 높아지는 현상이 나타난다. 이윤은 생산량의 과대 혹은 과소와 소비 변동에 따른 시중 경기 흐름에 민감하여 이윤 폭이 달라진다. 단계별 유통 비용 측면에서는, 일반적으로 소매 단계의 비중이 가장 높고, 도매 단계, 출하 단계의 순이다. 소매 단계는 임대료와 인건비가 많이 들고 상품의 재포장 비용, 상품 손실과 감모가 많이 발생하기 때문이다.

급식업체의 경쟁이 심화되자 유통 비용의 절감을 위해 급식소는 중간 유통 단계를 거치지 않고 직접 생산 단계로부터 식품을 구매하기도 한다. 예를 들어, 체인 레스토랑이나 위탁 급식 전문업체와 같은 대규모 회사의 경우 구매 부서가 생산자나 제조업체, 가공업체로부터 직접 구매함으로써 도매상의 기능을 수행하기도 한다. 이러한 식품 유통 경로를 통하여 식품이 분배되고 소유권이 이전되며, 각 단계를 거치는 동안 가치(value)와 비용(cost)이 부가되어 최종 소비자가 지불하는 판매 가격을 형성하게 된다.

TIP

우리나라와 외국 농산물 유통 비용 비교

일본은 전체 8개 품목 중에서 2개 품목(토마토, 사과)의 유통 비용률이 한국보다 낮고 나머지 6개 품목(무, 오이, 감귤, 배추, 양파, 감자)의 유통 비용률이 우리나라보다 높게 나타났으며, 미국은 모든 비교 품목(10개)의 유통 비용률이 우리나라보다 높은 것으로 조사되었다. 이는 높은 인건비, 부가 가치 제고를 위한 선별, 소포장, 전처리, 냉장·저온 유통 등의 비용 증가가 원인으로 분석되었다.

우리나라와 일본의 유통 비용률 비교

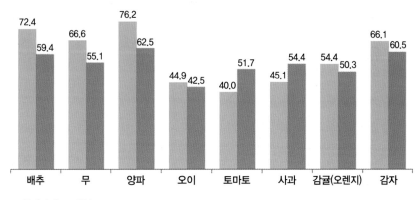

■ 우리나라 ■ 일본

우리나라와 미국의 유통 비용률 비교

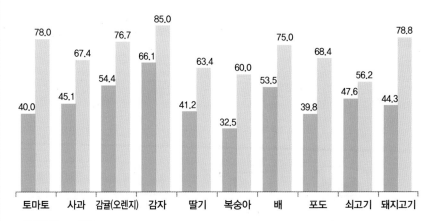

■ 우리나라 ■ 미국

자료: 한국농수산식품유통공사, 2019

3. 식품 유통 기능

식품 유통 시스템(food marketing system) 내에서는 식품에 대한 거래와 가격 결정 등의 경제적인 기능인 상적 유통과 식품의 저장, 가공, 포장, 수송 등의 물리적 기능인 물적 유통이 동시에 이뤄진다. 이러한 유통 기능이 보다 효과적·효율적으로 이루어지기 위해서는 유통 정보와 표준화·등급화 등을 포함하는 유통 조성 기능이 필요하다.

1) 상적 유통 기능

상적 유통 기능(economic distribution)은 상품의 소유권 이전과 관련되는 구매 및 판매 기능을 의미한다. 이 기능에는 가격, 인도 시기 및 장소, 지불 조건, 판매장의 선택, 판매 시점 등이 포함된다. 최근에는 인터넷 등의 정보통신기술이 발달함에 따라 다양한 방법의 온라인 거래가 증가하는 추세이며 이에 따라 시간과 장소의 제약이 사라지고 있다(그림 2-5).

그림 2-5
상적 유통 기능의 예

자료: eaT 농수산물사이버거래소 홈페이지

2) 물적 유통 기능

물적 유통 기능(physical distribution)은 상품의 물리적 변화와 이동에 관련되는 활동을 의미하며 식품의 저장, 가공, 포장, 운송, 상·하역 등이 해당된다. 소비자의 편이성 추구 경향이 보편화됨에 따라 농산물, 축산물, 수산물 가공 및 저장에 대한 요구도는 높아졌으며 가공 기술, 저장 기술과 포장 기술의 발달과 연계하여 이들 식품에 대한 부가 가치가 증대되는 추세이다. 운송 기능은 생산자와 소비자 간 공간적 이동을 의미하며 항공, 선박, 차량, 철도 등 다양한 운송 수단이 존재한다.

3) 유통 조성 기능

(1) 유통 정보

유통 정보 혹은 시장 정보는 상품의 공급량, 수요량, 가격, 시장 여건 등을 포함하며 이는 생산자, 유통인, 소비자 모두에게 주요 관심사이다. 정확성, 신뢰성, 시의 적절성 등을 갖춘 유통 정보는 환경에 변화에 따른 여러 상황에서 올바른 의사 결정을 하는 데 중요한 역할을 하고 있다(그림 2-6).

그림 2-6
유통 정보의 예

자료: FIS 식품산업정보 홈페이지

(2) 표준화·등급화

표준화(standardization)와 **등급화**(grading)는 식품 유통의 포장, 운송, 저장, 정보 등에서 공통적으로 합의된 기준을 설정하는 것과 식품의 품질 속성에 따라 분류하는 것으로 규정할 수 있다.

우리나라의 '농산물 표준 규격'은 「농수산물 품질 관리법」 규정에 의거하여 포장 규격 및 등급 규격에 관하여 규정함으로써 농산물의 상품성 향상과 유통 효율 제고 및 공정한 거래 실현에 기여함을 목적으로 하며, '표준 규격품', '포장 규격', '등급 규격', '거래 단위', '포장 치수', '겉포장', '속포장', '포장 재료'에 대하여 규정하고 있다 (부록 2-4, 2-5, 2-6).

'수산물 표준 규격'은 「농수산물 품질 관리법」에 따라 수산물의 포장 규격과 등급 규격에 관하여 필요한 세부 사항을 규정함으로써 수산물의 상품성 제고와 유통 능률 향상 및 공정한 거래 실현에 기여함을 목적으로 한다(부록 2-7).

'축산물 부분육 상장 표준 규격'은 「축산법」과 「축산물 위생 관리법」에 따라 축산물 유통 개선을 통한 축산물의 위생적인 관리는 물론 상품성 향상과 공정한 거래의 실현 등을 위하여 축산물 부분육의 등급 규격과 중량 규격 및 포장 규격 등에 관하여 규정함을 목적으로 하며, '도체', '부분육', '거래 단위', '포장 치수', '포장 재료', '포장 방법'에 대하여 규정하고 있다(부록 2-8).

CODEX 국제 식품 규격은 전 세계에 통용될 수 있는 식품 관련 법령을 의미하며 1962년 FAO와 WHO의 합동 식품 규격 작업의 일환으로 설립된 CODEX 국제식품규격위원회(Codex alimentarius commission)는 이를 제정하는 정부 간 (intergovernmental) 협의 기구이다. CODEX 국제 식품 규격은 제품의 특성과 관련된 사항, 즉 일반적으로 제품의 정의, 필수 구성 성분 및 품질 요건, 식품 첨가물, 오염 물질, 위생, 중량 및 측정, 표시 등을 포함하고 있고, 범세계적인 공통 규격으로 활용됨에 따라 CODEX의 중요성이 날로 부각되고 있다.

4. 식품 유통의 과제 및 전망

1) 식품 유통의 과제

다른 상품들과 달리 식품이 가지고 있는 고유의 특성으로 인해 다음과 같은 유통 상의 과제를 가지고 있다.

(1) 생산·공급의 불안정성

공산품은 계획적인 생산과 공급이 용이한 편이지만 농·축·수산 식품의 경우 갑작 스런 기후 변화, 천재지변, 지구 온난화로 인한 이상 기후 현상 등으로 인해 안정적 인 생산과 공급에 어려움이 많다.

예를 들어, 여름철 장마가 길어지거나 대형 태풍이 발생하면 잎채소류(상추, 시금 치 등)의 공급량이 급격히 감소하여 가격이 폭등하며, 꼭 필요해서 비싼 가격으로 구입하더라도 품질을 보장받지 못할 수 있다. 따라서 급식 관리자는 메뉴 작성 시 기후 변화에 따른 시장 가격을 예의주시하고 농·수산물의 가격 폭등 시에는 계절 적 요인의 영향을 덜 받는 식품으로 구성된 대체 메뉴를 활용하도록 한다. 또한 겨 울철에는 한파로 인하여 유통 중에 식품이 냉해를 입는 경우가 있으므로 검수 시 철저한 품질 검사를 하여야 한다.

(2) 시기별 가격 변동성

최근 기술의 발달로 제철 식품의 구분이 모호해지기는 하였으나 일반적으로 농수 산물은 제철이 아닌 경우 공급량 감소로 가격이 상승하며, 이는 급식 운영 측면에 서 원가 상승을 의미한다. 반면 제철 식품을 잘 활용할 경우에는 원가 절감과 함께 고객 만족도 향상도 함께 꾀할 수 있으므로 급식 관리자는 식품 구매 시 제철 식품 의 생산 시기 및 생산량을 염두에 두어야 한다.

우리나라의 경우 특히 절기나 명절(설날, 정월 대보름, 삼복, 추석 등)에 따라 식품 의 가격이 급격히 상승하고 물량 확보가 어려울 수 있으므로 급식 관리자는 절기식을 제공하고자 할 경우 사전에 계획하여 필요한 시기에 식품을 확보할 수 있도록 한다.

(3) 상품성 유지의 어려움

공산품은 생산 후 재고 보관이 용이하지만 농산물·수산물·축산물은 재고 보관 시 쉽게 부패하고 시간이 경과할수록 품질이 저하되는 특성을 가지고 있어 상품성 유지에 많은 어려움이 있다. 하지만 최근 저온 유통 체계(cold chain system)를 도입하여 생산에서 소비에 이르기까지의 전 과정 동안 식품을 적절한 온도에서 유지시킴으로써 신선한 품질로 소비자에게 공급하고 있다. 그 외 다양한 저장 및 포장 기술, 유통 시스템의 발전으로 인하여 식품의 상품성이 유지되고 있다.

(4) 표준 규격화의 어려움

공산품의 경우 표준 규격화가 용이한 편이지만 농·축·수산 식품의 경우에는 같은 품종이더라도 크기, 무게, 외관, 당도, 맛 등이 균일하지 않기 때문에 표준 규격화가 어려워 식품 유통에 많은 문제점을 야기하기도 한다. 이러한 문제점을 극복하기 위해 농수산물의 경우 「농수산물 품질 관리법」을 근거로 표준 규격 제시와 적절한 품질 관리를 통해 농수산물의 안전성을 확보하고 상품성을 향상하도록 하였다. 축산물의 경우에는 축산물의 품질을 높이고 유통을 원활하게 하고자 「축산법」, 「축산물 위생 관리법」을 제정하여 실시하고 있다.

(5) 산지-소비지 가격의 비연동

식품의 산지 가격 상승 시에는 소비지 가격이 상승하나, 하락 시에는 소비지 가격이 충분히 하락하지 않는 가격의 비대칭성이 존재할 수 있다.

(6) 과다한 운송비

대부분의 신선 식품은 저장 기간이 짧아 적절한 냉장·냉동 시설과 신속한 운송이 필요하다. 따라서 공산품에 비해 신선 식품의 운송에 상대적으로 많은 비용이 소요된다.

(7) 효율성이 낮은 유통 구조

식품은 가격 대비 큰 부피와 중량, 부패 혹은 감모 가능성, 분산된 생산·소비 주체, 소비의 고급화 등 불가피한 요인으로 인하여 높은 유통 비용이 발생할 수 있으나 유통 단계별 비효율성과 유통 경로 간 경쟁이 부족할 경우에도 유통 비용이 높게 나타난다.

2) 식품 유통의 전망

식품 유통 체계를 둘러싼 내외부 환경 요인 및 향후 식품 유통의 새로운 변화 전망을 살펴보면 그림 2-7과 같다.

식품 유통 체계의 내부 환경 요인은 도매시장 측면과 소비자 측면에서, 식품 유통 체계를 둘러싼 외부 환경 요인은 산업 구조 측면과 기술 측면에서 나누어 볼 수 있다.

도매시장 측면에서는 우선 출하자의 영세성으로 인하여 전국적인 소규모 분산 출하가 이루어지고 중간 도매상의 영세성으로 인하여 인프라가 부족하며, 유통 단계가 길고 복잡해 과다한 유통 비용을 최종 소비자가 부담하고 있기에 효율적인 식품 유통체계의 필요성이 대두되었고, 그 해결 방안을 찾기 위한 새로운 변화가 가속화되고 있다.

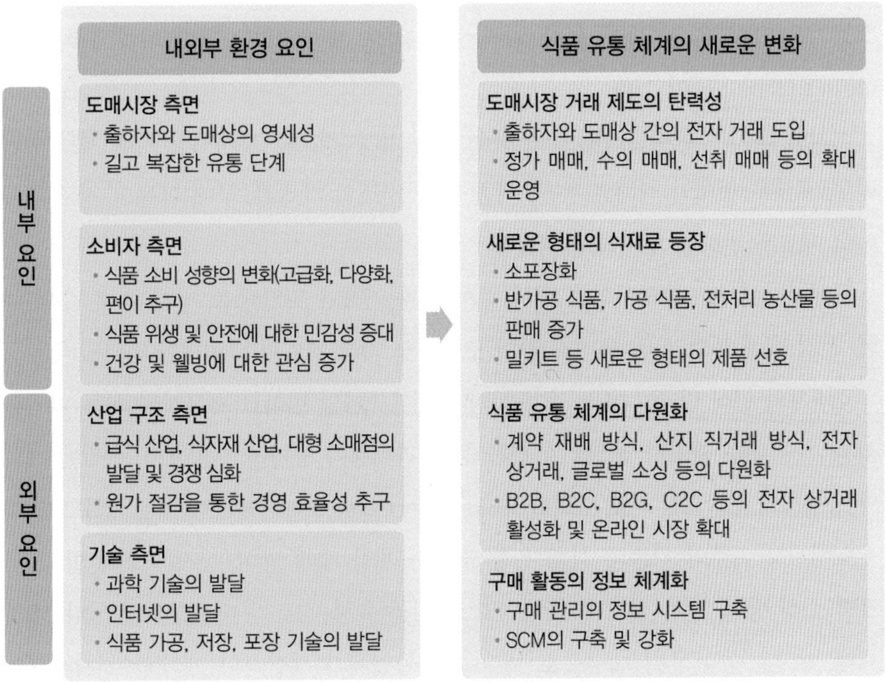

내외부 환경 요인	식품 유통 체계의 새로운 변화
도매시장 측면 • 출하자와 도매상의 영세성 • 길고 복잡한 유통 단계	**도매시장 거래 제도의 탄력성** • 출하자와 도매상 간의 전자 거래 도입 • 정가 매매, 수의 매매, 선취 매매 등의 확대 운영
소비자 측면 • 식품 소비 성향의 변화(고급화, 다양화, 편이 추구) • 식품 위생 및 안전에 대한 민감성 증대 • 건강 및 웰빙에 대한 관심 증가	**새로운 형태의 식재료 등장** • 소포장화 • 반가공 식품, 가공 식품, 전처리 농산물 등의 판매 증가 • 밀키트 등 새로운 형태의 제품 선호
산업 구조 측면 • 급식 산업, 식자재 산업, 대형 소매점의 발달 및 경쟁 심화 • 원가 절감을 통한 경영 효율성 추구	**식품 유통 체계의 다원화** • 계약 재배 방식, 산지 직거래 방식, 전자 상거래, 글로벌 소싱 등의 다원화 • B2B, B2C, B2G, C2C 등의 전자 상거래 활성화 및 온라인 시장 확대
기술 측면 • 과학 기술의 발달 • 인터넷의 발달 • 식품 가공, 저장, 포장 기술의 발달	**구매 활동의 정보 체계화** • 구매 관리의 정보 시스템 구축 • SCM의 구축 및 강화

내부 요인 / 외부 요인

그림 2-7
식품 유통 체계의
환경 요인 및
새로운 변화 전망

소비자 측면에서는 최근 소득 수준이 향상됨에 따라 식품 소비의 고급화, 다양화 및 편의 추구 경향이 두드러지며, 식품 위생 및 안전에 대한 인식이 높아지고 건강 및 웰빙에 대한 관심이 증가하고 있다.

산업 구조 측면에서 급식 산업, 식자재 유통업, 대형 소매업 등이 비약적으로 발달함에 따라 업체 간의 경쟁이 심화되고 원가 절감을 통한 경영 효율성을 추구하는 과정에서 새로운 식자재 조달 방법의 필요성이 대두되었다.

기술 측면에서 과학 기술과 인터넷의 발달은 개인의 일상생활뿐만 아니라 식품 유통 경로를 포함한 전반적인 산업 활동에 폭넓은 영향을 미치고 있다. 이미 많은 회사들이 인터넷을 통한 전자 결재 시스템과 전사적 자원 관리(ERP, Enterprise Resource Planning) 시스템을 구축·활용하고 있으며, 이러한 추세는 급식 산업 분야에서도 예외가 아니다. 산지 유통 ERP의 사례 및 적용 기술은 유통 센터 경영 및 생산·가공·유통 관리, POS-Mall(모바일 기술을 적용한 소상공인 맞춤형 농수산물 거래 시스템) 및 가상 스토어를 통한 농산물 전자 거래, ERP(입고—선별—가공—포장—저장—출하), SCM(공급망 관리, 수주, 발주), POS(판매 시점 관리, 단말기) 등이 있다. 식자재 안심 유통의 사례 및 적용 기술은 학교 급식 등 식재료 안전, 안심 정보 모니터링, 생산·가공·유통 이력·인증 정보 제공, RFID 기반 이력 추적 관리(farm to table) 등이 있다.

이러한 내외부 환경 요인들로 인하여 식품 유통 경로는 도매시장 거래 제도의 탄력성, 새로운 형태의 식재료 등장, 식품 유통 경로의 다원화, 구매 활동의 정보 체계화의 새로운 변화를 맞이하게 되었다.

도매시장에서는 출하자와 도매상 간의 전자 거래가 도입되고, 정가 매매, 수의 매매, 선취 매매 등의 확대 운영과 같이 도매시장 거래 제도의 탄력성이 나타났다.

소비자의 인식 및 1인 가구 증가 등의 라이프스타일 변화로 소포장된 식품, 반가공식품, 가공식품, 전처리 농·축·수산물 등의 판매량이 증가하고 있으며, 손질된 재료와 양념까지 포장되어 바로 요리할 수 있는 밀키트(meal kit)의 소비가 급증하고 있다.

도매시장 위주의 기존의 식품 유통 경로는 계약 재배 방식, 산지 직거래 방식, 글로벌 소싱 방식, 전자 상거래 방식 등으로 식품 유통 경로가 다원화되고 있다. 계약 재배 방식은 농산물이 대량으로 필요한 가공업체가 생산자와 계약하여 재배하는

한 단계 진화한 가정 간편식 '밀키트'로 갈아타는 유통업계

외식 수준의 퀄리티에도 가격은 더 저렴, HMR 비해 종류도 다양
새벽 배송 등 물류 산업 발달도 한 몫 … 식품업체, 백화점 등 유통업계 진출 러시

GS 리테일 GS 수퍼마켓에서 고객과 직원이 심플리쿡을 살펴보고 있다. [GS 리테일 제공]

가정주부 박모씨는 크리스마스를 맞아 스테이크와 스파게티, 샐러드로 구성된 4만 원 상당의 홈파티 밀키트를 주문했다. 냉동 또는 레토르트 식품 위주인 가정 간편식에 비해 종류가 다양하고 상대적으로 신선한 음식을 먹을 수 있다는 이유에서다. 박 씨는 "4인 가족이 밖에서 삼겹살을 먹어도 보통 9~10만 원은 나오는데 집에서 간편하게 먹으면서 가격도 절반 수준으로 저렴해 앞으로도 종종 이용할 계획"이라고 말했다.

유통업계가 밀키트(meal kit) 시장에 주목하고 있다. 기존 가정 간편식(HMR)이 1인 가구를 중심으로 빠르게 성장했다면, 밀키트는 1인 가구와 다인 가구 모두를 아우르며 시장을 급격하게 확대해 나가고 있다.

밀키트는 준비된 재료와 소스를 직접 조리하는 방식으로, 단순히 조리된 음식을 데워 먹는 HMR에 비해 한 단계 진화했다는 평가를 받는다. 재료 본연의 맛을 살릴 수 있고, 거의 모든 음식에 적용이 가능해 HMR에 종류가 다양한 것이 특징이다. 이 때문에 명절 음식은 물론 홈파티 메뉴로 각광받으면서 시장에 진출하는 식품·유통 기업이 증가하는 추세다.

밀키트 시장은 지난 2012년 미국의 스타트업 업체인 블루에이프런이 신개념 식재료 배송 서비스를 선보이며 시작됐다. 이후 지난해 아마존이 밀키트 사업에 진출하면서 시장이 급격히 성장했고, 최근에는 미국 최대 오프라인 매장을 보유한 월마트가 연내 250개 지역, 2,000개 매장에서 밀키트를 판매할 계획이라고 밝힘에 따라 시장 성장성은 더 높아질 전망이다.

우리나라도 미국과 비슷한 시장 형성 양상을 보이고 있다. 1~2년 전 스타트업에서 시작된 한국 밀키트는 한국야쿠르트, GS 리테일 등 식품·유통 기업들이 잇따라 시장에 진출하고, 새벽 배송 등 물류 산업 발달이 뒷받침 되면서 시장이 점차 확대되고 있다.

GS 리테일이 운영하는 밀키트 브랜드 심플리쿡(simply cook)은 기존 온라인 중심 판매에서 본격적인 오프라인 판매로 전략을 수정했다. 최근 전국 GS 슈퍼마켓 300개 오프라인 매장에서 판매를 시작한데 이어, 내년 1월부터는 수도권 GS25 점포에서 본격적으로 판매될 예정이다.

심플리쿡은 현대백화점 판교점에서 올 3월 팝업스토어를 오픈한 것을 시작으로 GS 슈퍼마켓 거점 점포를 지정해 각 지역과 상권, 연령별 테스트를 단계별로 수차례 거치며 관련 데이터를 확보했다. 이를 활용해 GS 슈퍼마켓과 GS25의 업태 특성을 감안한 최적의 용량과 메뉴를 적용한 전용 상품을 개발, 시장 전체를 키워 나가며 업계를 선도한다는 계획이다.

꼼꼼하게 상품을 살펴보고 사는 3040 주부 고객들의 신뢰도를 높이기 위해 GS 슈퍼마켓에서 판매되는 밀키트 제품은 신선한 식재료가 들여다보일 수 있도록 투명한 전용 패키지를 적용했으며, 업태 특성을 감안해 4인분까지 용량을 늘린 상품의 도입을 검토하고 있다.

편의점에서는 1~2인 취식이 많은 상황을 감안한 용량과 가격대를 설정, 많은 고객들이 부담 없이 구매할 수 있도록 했다.

한국 밀키트 시장을 개척했다는 평가를 받는 한국야쿠르트는 자사 야쿠르트 아줌마를 통한 배송망을 구축하고 성장세를 이어가고 있다. 한국야쿠르트는 지난해 7월, 간편식 브랜드 '잇츠온'을 론칭한 이후 30여 종의 밀키트 메뉴를 출시하고, 1년여 만에 약 70억 원의 매출을 올렸다. 지난 1년간 '잇츠온' 판매량은 345만 개로, 하루 평균 약 1만 개가량 팔린 셈이다. 최근에는 유명 셰프들과 협업해 셰프들의 노하우가 담긴 신제품을 잇따라 내놓고 있다.

현대백화점은 지난 4월 백화점업계에서 처음으로 밀키트 시장에 진출했다. 서울 강남의 유명 이탈리안 레스토랑 '그랑씨엘'의 이송희 셰프와 손잡고 프리미엄 밀키트 '셰프박스(chef box)'를 론칭한 것.

셰프박스는 현대백화점이 채소, 고기, 생선, 장류 등 전국 팔도의 특산물을 식재료로 공급하고, 레스토랑에서 재료 손질과 레시피를 개발해 별도의 준비 과정 없이 조리할 수 있게 제작했다. 이송희 셰프가 직접 만든 레시피 카드도 함께 제공한다.

신세계백화점은 지난 6월, 간편 가정식 전문 기업 마이셰프와 손잡고 프리미엄 밀키트 제품을 선보였다.

유통업계 관계자는 "밀키트는 탕, 국 등에 한정돼 있는 가정 간편식에 비해 메뉴가 훨씬 다양하고 외식 메뉴와 비슷한 퀄리티에도 가격이 저렴한 것도 장점"이라며 "초기에는 온라인 위주로 판매됐지만 최근엔 홈쇼핑, 오프라인 매장 등으로 판매 채널이 확대되는 추세"라고 말했다.

자료: 데일리안, 2018. 12. 27.

방식이며, 산지 직거래 방식은 생산자와 소비자가 직접 거래함으로써 유통 단계를 축소하고 구매 원가를 절감할 수 있는 방식이다. 글로벌 소싱(global sourcing) 방식은 외국으로부터 직수입하거나 외국업체와 직접 거래하는 방식으로 대규모의 식품 회사, 식자재 유통 전문 회사 및 급식 회사 등의 경우 국내 가격 변동 시 안정적인 가격을 유지하며 경쟁력 확보를 위해 최근 들어 많이 활용하고 있다. 전자 상거래 시장이란 생산자, 중개인, 소비자가 디지털 통신망을 이용하여 상호 거래하는 시장

TIP

공급 사슬 관리와 글로벌 소싱

- **공급 사슬 관리**

  공급자에서 시작하여 제조—물류—영업—소비자까지 이어지는 모든 물류, 자재 및 가치의 흐름을 통합하고 연계하여 전체적인 하나의 시스템으로 이해하고 분석하려는 활동을 말한다. 공급 사슬 관리(SCM, Supply Chain Management)와 구매의 연계성이 대두된 것은 1980년대 후반 미국 내 자동차 시장을 빼앗긴 미국 자동차업계가 일본의 자동차 회사들을 벤치마킹하는 과정에서였다. 벤치마킹 분석 결과 시장에서의 경쟁은 회사 간의 경쟁이 아니라 공급자를 포함한 팀의 경쟁이라는 것을 알게 되었다. 아무리 회사가 우수하더라도 그 회사에 부품을 공급하는 공급자들이 우수하지 못하면 경쟁에서 이길 수 없다는 것이다. 그러므로 기업의 경쟁력은 공급자로부터 창출되며 기업이 승리하기 위해서는 기업 혼자 경쟁력을 가지는 것이 아니라 그 기업에 필요한 자재를 공급하는 공급자들도 함께 역량과 능력을 키워야 한다. 따라서 구매 부서는 생산에 필요한 자재를 조달하는 단순한 보조적인 기능을 수행하는 부서가 아니라 공급자들을 효과적으로 관리하여 기업을 성공에 이르게 하는 전략적이고 핵심적인 부서로 인식되어야 한다.

- **글로벌 소싱**

  기업이 필요한 상품을 공급하는 공급업체를 국내로 제한적으로 하는 것이 아니라 세계로 확대하여 전 세계의 자원과 시장을 가장 효율적이고 효과적으로 결합하는 것을 글로벌 소싱(global sourcing)이라 하며 해외 직수입 혹은 해외 소싱이라고도 한다. 낮은 원가 구조를 경쟁력으로 하는 많은 국가들이 출현함에 따라 세계적인 많은 기업들이 낮은 원가 구조를 가지고 있는 나라로 공급자 기반을 이전하여 기업 경영을 함으로써 여러 가지 경쟁력을 확보하게 되었다. 그러나 일반적으로 국내에서 한정하여 경영을 하던 기업이 글로벌화하려고 하면 여러 가지 글로벌적인 특성을 이해하여야 한다. 문화도 다르고 생각도 다르고 또 경영 방식도 국내와는 많이 다른 것이 사실이다. 그리고 글로벌 전략은 반드시 장기적인 안목과 전략을 가지고 수행되어야 한다. 올해는 다른 지역과 비교하여 10% 원가가 저렴한 나라가 불과 3년 안에 20% 원가가 비싼 지역으로 변화한 사례가 무수히 많기 때문이다.

으로 실물 시장(physical market)과 대비되는 가상 시장(virtual market)을 의미한다. 전자 상거래(electronic commerce) 방식은 인터넷을 통한 거래를 말하며 기업 간 거래(B2B), 기업·정부 간 거래(B2G), 기업·소비자 간 거래(B2C), 소비자 간 거래(C2C)로 나뉜다.

위탁 급식 전문업체가 인터넷 비딩(e-bidding) 시스템을 이용하여 협력업체와 거래하는 것은 기업 간 거래의 예로 볼 수 있다. 국내 학교 급식 식재료 구매 계약에 관한 사항은 「지방 자치 단체를 당사자로 하는 계약에 관한 법률」 또는 「국가를 당사자로 하는 계약에 관한 법률」, 행정자치부 예규 '지방 자치 단체 입찰 및 계약 집행 기준' 제1장 입찰 및 계약 집행 기준 및 제5장 수의 계약 운영 요령, 「학교 급식법」 제10조 및 동법 시행 규칙 제4조의 규정을 준수하고 비대면 전자 조달 및 전자 계약 원칙으로 하여 조달 및 계약을 하고 있다. 단체급식소와 외식업체에서는 식단 작성부터 발주, 검수, 저장 및 출고에 이르는 구매 활동 전 과정의 전산 시스템화가 도입되어 효율적인 식자재 관리가 이루어지고 있다. 또한 식재료 반입부터 소비자에 이르기까지의 모든 식품 유통 경로 및 공정을 통합 관리하는 시스템인 공급 사슬 관리(SCM, Supply Chain Management)의 구축 및 강화를 통하여 효율적이고 유연한 공급망 확보가 가능하게 되었다. 이러한 구매 활동의 정보 체계화는 향후 더욱 가속화되어 식품 유통 경로에 대한 통합적 관리와 함께 구매 활동의 효율성을 꾀할 수 있을 것이다.

최근 들어 각광받고 있는 신유통은 향후 온라인 서비스와 오프라인의 체험, 그리고 물류가 결합한 새로운 유통의 개념을 의미하고 있으며 글로벌 소비 트렌드 변화에 맞추어 물류 체계를 재구성하고 오프라인 상점, 온라인 쇼핑몰, 모바일 쇼핑몰 등 다양한 유통 채널이 서로 경쟁 관계가 아닌 협력 관계를 구축하여 소비자에게 편리한 구매 환경을 제공할 필요가 있음을 시사하고 있다. 사물 인터넷과의 융·복합은 식품 유통 부문의 새로운 성장 산업 및 부가 가치 신시장을 창출하고 식품 유통 방식에 획기적 변화를 가져올 것으로 전망된다.

농림축산식품부의 유통 혁신 로드맵

농산물 수급 안정과 유통 혁신을 위해 주요 채소류에 대한 사전·자율적 수급 관리 기능을 강화하며 수급 조절을 위해 채소 가격 안정제 개선, 사전 면적 조절로 주요 채소 사전 수급 조절 기능을 강화하고, 가격 안정을 도모하고 있다. 빅데이터를 활용하여 농산물 유통·수급 정보 시스템 운영으로 수급 관리를 뒷받침하고 있으며 가격 안정을 꾀하고자 예상치 못한 농산물 가격 급등락에 대비하여 비축 지원, 계약 재배를 통한 수급 안정을 지속적으로 추진하고 유통 혁신을 위해 직거래 등 신유통 경로(공영 홈쇼핑, 대도시형 로컬 푸드 직매장, 1도 1대표 장터 등) 확산을 지원하고, 견본, 이미지 경매 등 도매 유통 첨단화와 효율화를 목표로 하고 있다. 또한 정책 과제로 '직거래 등 농산물 신유통 경로 활성화'를 매년 추진하고 있는 바 기존 유통 경로와의 건전한 경쟁을 촉진하여 보다 효율적인 농산물 유통 환경 조성에 기여하고, 농업인 주도적으로 참여하는 직거래 확산으로 농가 소득을 제고하여 불필요한 유통 비용을 절감하고 있다. 그 주요 내용으로는 로컬 푸드 직매장, 직거래 장터, 온라인 직거래 등 새로운 농산물 직거래 사업에 대한 산지·소비지 인프라 구축 및 활성화 지원이며 2017년에는 '우수 농산물 직거래 사업장 인증 및 인증 기관 지정에 관한 세부 실시 요령'을 제정하였다.

자료: 농림축산식품부, 2018

ISSUE 2-2 | 해양수산부의 유통 혁신 로드맵

1. 안심하고 소비할 수 있는 유통 기반을 조성한다.
- 수산물의 양륙부터 배송까지 전 과정의 위생 시설을 갖춘 청정한 위판장으로 전환을 추진하고, 위판장 위생 관리 기준 마련
- 소비지 전통 시장의 위생 관리 강화를 위해 수산물 위생·안전 매뉴얼 보급 및 냉장 보관 쇼케이스 등 시설 지원 추진
- 수산물 유통의 안전·신뢰성 확보: 국민 참여형 원산지 표시제 이행 기반 구축, 원산지 의무 표시 품목 확대[(소금 원산지 표시 의무화(김치류·절임류 18년), 음식점 원산지 의무 표시 대상 확대 (2019)]와 단속 전담 조직·인력 단계적 보강 검토 등 원산지 표시 제도 강화, 수입 수산물 중 국민 건강을 해칠 우려가 있는 수산물에 대해 유통 이력 품목 지정 확대를 추진하고, 수산물 이력 추적 관리 의무화 시범 사업 실시

2. 수산물 유통 단계의 고부가 가치화를 추진한다.
- 수산물 신유통 경로 확산: 수산물 산지에 거점 유통 센터, 대도시에는 권역별 소비지 분산 물류 센터를 구축하여 전국 단위 수산물 신유통망 완성, 온라인 쇼핑몰 및 공영 홈쇼핑 등 수산물 직거래 판로 확대를 지원하고 직거래 촉진 센터 설치 등 추진
- 수산물 저온 유통 체계 구축: 수산물 유형별(활어, 선어, 냉동 등) 보관 및 유통 기준을 마련하고, 저온 운송 수단(냉동·냉장 탑차 등) 등 지원 추진

3. 수산물 수급 조절을 통한 가격 안정을 도모한다.

4. 수산물 유통 산업의 도약 기반을 마련한다.
- 어상자와 소포장 등의 표준 규격화 및 플라스틱 어상자 개선 추진
- 자동 선별·포장·계량 및 정보 처리 시스템 등을 갖춘 스마트 위판장 모델 등 개발(R&D)

자료: 해양수산부, 2018

위탁 급식업체의 식재료 유통 시스템

삼성 웰스토리

전국 6개의 물류 센터를 기반으로 일평균 1,000톤의 식자재를 24시간 내 배송하고 있으며 식자재의 입고에서부터 보관 및 배송까지의 전 과정에서 적정 온도를 유지하는 최첨단 콜드 체인 시스템으로 신선도를 지키고, 에너지 사용량을 절감하는 라우팅(routing) 시스템을 도입하여 보다 과학적이고 효율적인 유통 시스템을 운영하고 있다. 외식 식자재 유통은 글로벌 소싱 경쟁력을 기반으로 우수한 식재료를 직수입하는 등 품목별 다양한 상품들을 보유하고 있다. 급식 식자재 유통은 장기 계약과 산지 직거래, 글로벌 소싱 등 구매 시스템과 경쟁력을 갖추고 있으며 농수축산과 가공 분야 최고의 구매 전문가(MD)가 산지와 협력사를 직접 관리, 식재료 대량 구매 전국 물량을 통합한 대량 구매 품목별 브랜드 최적화, 비축 구매를 통한 구매 경쟁력 강화, 산지 직거래 농협 및 고흥, 부여 등 지방 자치 단체와 산지 직거래 MOU를 체결, 유통 단계 축소로 농수산물 가격 안정화 실현, 식재료 품질에 대한 엄격한 관리 시스템 운영을 부각시키고 있다. 또한 중국 식자재 유통 법인 '悅思意(Yuesiyi)'는 일본 최대 식자재 유통 기업의 물류 기술과 중국 국영 농산 기업의 우수한 상품력, 웰스토리의 품질 관리 노하우를 결합하여 안전하고 신선한 식재료를 공급하고 있다(자료: 삼성 웰스토리 홈페이지).

CJ 프레시웨이

과학적 시스템을 자랑하는 대규모 자체 물류 센터 및 CJ 대한통운과 프레시원의 거점을 활용하는 전국 유통망을 통해 식자재를 공급하며, 품질과 위생 안전이 보장된 물류 프로세스를 통해 입고부터 배송까지 가장 신선하고 안전하게 배송, 글로벌 소싱 체계 구축, 편리한 주문 시스템, 단계별 안정성 검증 등을 장점으로 부각시키고 있다(자료: CJ 프레시웨이 홈페이지).

신세계푸드

산지 계약 재배, 위탁 영농, 비축 구매 등 시세의 급등락에도 영향을 최소화하고 고객이 원하는 상품을 안정적으로 공급할 수 있는 품질 중심의 매입 채널을 자체 구축하고 있으며 글로벌 식품 기업과의 제휴 및 네트워크 구축을 통해 농산, 수산, 축산, 가공식품 등 품질 경쟁력을 갖춘 해외의 일류 브랜드 및 다양한 식품을 직접 발굴하여 국내에 선보이고 있다. 상품의 차별성과 가격, 품질 경쟁력을 확보하고 B2B 일반 식품 유통 시장의 공략 확대를 통해 국내 식품 유통 및 제조 가공 사업을 복합적으로 전개하고 있으며 이마트와 공동 기획을 한 PL 상품과 HMR 상품, 스타벅스, 패밀리마트 공급용 상품 개발 등 식품 제조 가공 시설을 활용한 B2C 소매 식품 유통 사업에 주력하고 있다(자료: 신세계푸드 홈페이지).

아워홈

1조 원의 구매력(buying power)을 기반으로 고품질의 다양한 상품을 안정된 가격에 구매, 공급하고 국내 유명 산지 직거래와 글로벌 소싱을 통해 상품을 제공하며 전국 9개의 제조 공장은 HACCP 기준으로 설계하여 위생적인 시스템을 구축하고 있다. 강도 높은 글로벌 스탠다드(global standard)를 준수한 식품 안전·품질 환경 경영 시스템을 구축하고 있으며 완벽한 저온 유통 경로(cold chain system)를 갖춘 업계 최대 물류 센터를 기반으로 전 지역을 한 시간 내 배송, 업계 최초 RPS 검수를 통한 제품 배송 과정을 특징으로 하는 물류 경쟁력을 제공하고 있다(자료: 아워홈 홈페이지).

<table>
<tr><td>CASE
2-3</td><td>아마존과 홀푸드 마켓</td></tr>
</table>

아마존과 홀푸드 마켓

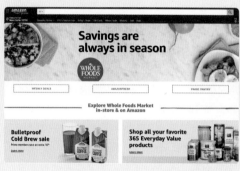 

자료: 아마존 홈페이지   자료: 홀푸드 마켓 홈페이지

온라인 쇼핑몰 … 거리의 매장 잇따라 오픈

최근엔 온라인에서 출발한 기업들이 오프라인 매장을 내는 경우도 늘고 있다.

아마존(Amazon)은 2017년 유기농 식품 체인인 홀푸드 마켓(Whole Foods Market)을 137억 달러에 인수했다. 온라인 식료품 배달 사업인 '아마존 프레시(Amazon Fresh)'가 사업 확장에 어려움을 겪자 오프라인 업체를 사들여 돌파구로 삼은 것이다. 아마존은 홀푸드의 탄탄한 오프라인 영업망에 자체 배송 서비스를 더해 시너지를 노리고 있다. 2015년에도 본사인 시애틀 인근에 오프라인 서점인 아마존 북스를 개장해 온라인과 오프라인 사업을 접목시킨 바 있다.

자료: 조선일보, 2018. 10. 22. (일부)

아마존 "판매 도움된다면 골든 글로브급 콘텐츠도 만든다"

미국 프리미엄 슈퍼마켓 체인인 홀푸드 매장에 들어서면 가장 먼저 눈에 띄는 게, 천장에 드리워진 프라임 멤버 혜택 광고 깃발과 스티커들이다. 홀푸드의 상징인 초록색 매장엔 이제 노란색의 아마존 로고가 가득하다. 아마존에 137억 달러에 인수된 지 1년 반이 지난 홀푸드는 아마존 멤버인 프라임 고객(연회비 119달러 고객) 확대를 위한 오프라인 접점으로 급격히 변모하고 있다. 일부 매장에는 아마존 주문 상품을 픽업할 수 있는 라커와 인공 지능 스피커 에코(Echo)와 전자책 리더 킨들(Kindle) 등 아마존 기기를 판매하는 키오스크(무인 주문기)도 설치됐다.

아마존은 온라인 유통의 성공 방식을 오프라인 홀푸드에 적극 적용했다. 40여 대의 대형 항공기를 보유한 아마존의 배송 인프라로 홀푸드의 신선 식품을 2시간 이내에 배송하는 서비스를 시작했고, 아마존 온라인 플랫폼에 홀푸드 PB 상품 브랜드를 론칭, 4개월 만에 110억 달러의 매출을 기록했다. 비싼 가격 탓에 홀푸드를 꺼려 했던 고객들을 되찾기 위해 아마존의 데이터 분석과 가격 책정 역량을 활용, 50여 개 상품을 엄선한 후 절반 가격의 파격적인 할인 서비스도 시도했다. 신선 식품을 매장 창고를 거치지 않고 배송 트럭에서 바로 진열대에 배치하는 '오더 투 딜리버리(order-to-delivery)' 방식은 한때 매장 재고를 지나치게 줄이는 바람에 홀푸드 채소 판매대를 텅 비게 해 인터넷에서 화제가 될 정도였다. 아마존의 전략은 적중했다. 인수 직전인 0.6%(지난해 2분기)였던 홀푸드의 매출 성장률은 같은 해 4분기에 8%대로 치솟았다.

자료: 조선일보, 2018. 11. 12. (일부)

서점·편의점·마트 … 오프라인까지 집어삼키는 아마존

아마존의 오프라인 매장에서 나오는 수익은 크지 않다. 아마존은 식료품 체인 홀푸드를 인수한 작년 3분기에야 '오프라인 매장(physical stores)' 카테고리를 별도 실적으로 분류하기 시작했다. 그전까지는 아마존북스 매장 10여 곳에서 나오는 매출이 별도 통계를 잡을 만큼 유의미하지 않았다는 뜻이다.

그럼에도 오프라인 매장에 집중하는 가장 큰 이유는 고객 데이터 수집이다. 아마존은 온라인 쇼핑을 넘어 이미 가정에서도 인공 지능 스피커 '아마존 에코', '아마존 대시' 등을 통해 고객들의 구매 행태를 파악하고 있다. 무인 편의점 아마존고의 경우 천장에 설치된 수백 대의 카메라와 센서가 고객의 일거수일투족을 지켜본다. 어떤 상품을 들었다가 놨는지, 어느 매대 앞에 오래 머무르는지 꼼꼼히 기록한다. 아마존 오프라인 매장에서는 현금 결제를 할 수 없다. 대신 스마트폰의 아마존 앱을 켜서 자신의 계정에 연결된 신용 카드로 결제해야 한다. 이렇게 수집한 데이터를 토대로 더욱 정교하게 상품을 추천해 고객이 아마존에서 더 많은 소비를 하도록 유도하는 것이다.

아마존 유료 멤버십인 프라임 회원의 충성도 제고를 위한 목적도 있다. 모든 매장은 월 12.99달러(약 1만 5,000원)의 회원비를 내는 프라임 회원에 한해 아마존닷컴과 똑같은 가격에 판다. 비회원도 현장에서 곧바로 '30일 무료 체험' 기회를 제공하며 회원 가입을 유도한다. 전 세계에 1억 명이 넘는 아마존 프라임 회원은 비회원 대비 2배 가량 지출이 많은 충성 고객들이다.

또 직접 상품을 만져 보고 곧바로 가져가길 원하는 고객들의 오프라인 쇼핑 욕구를 충족시키는 효과도 있다. 아마존은 온라인에서 주문한 상품을 오프라인 매장에서 곧바로 받아가는 서비스를 제공하고 있다.

자료: 조선일보, 2018. 10. 18. (일부)

CASE 2-4

불붙은 새벽 배송 전쟁
'로켓(24시간)'도 느리다, 이제는 '한나절(6~8시간)'

스타트업 중심으로 새벽 배송 시장 성장 … 신세계 등 대기업도 속속 진출

2014년 한 이 커머스(전자 상거래) 업체의 '익일 배송(24시간 이내)' 서비스로 촉발된 이른바 총알 배송 서비스가 이제는 '한나절(6~8시간 정도) 배송'으로 진화하고 있다. 익일 배송이 주문 이튿날까지 배송해 주는 것이라면, 요즘에는 전날 주문한 상품을 이튿날 아침에 받아볼 수 있다. 늦은 밤에 주문한 상품을 새벽 두세 시에 집 앞에 갖다 놓으니 주문에서 수령까지 길어야 한나절(6~8시간 정도), 짧게는 반나절(3~4시간 정도)밖에 소요되지 않는 것이다. 새벽에 배송을 한다고 해서 '새벽 배송' 혹은 '샛별 배송'으로 불린다. 주로 우유·반찬과 같은 음·식료품을 취급하는 스타트업(신생 벤처 기업)이 이 시장을 주도해 왔다. 그런데 최근에는 대기업이 새벽 배송에 뛰어들면서 배송 시장의 새로운 격전지가 되고 있다. 업체들의 경쟁으로 배송 시간이 점점 줄고, 배송 품목이 다양해지면서 소비자들은 반기고 있다. 배송업계 관계자는 "취급 상품의 품질도 중요하지만 얼마나 편리하고 빠르게 배송하느냐에 성패가 갈릴 것"이라며 "대기업의 잇단 진출로 새벽 배송 시장은 당분간 성장세를 이어갈 것"이라고 내다봤다.

스타트업에 대기업이 도전장

새벽 배송 시장은 그동안 스타트업이 주도해 왔다. 2015년 문을 연 마켓컬리와 배민찬 등이다. 더 파머스가 운영하는 마켓컬리는 다양한 식재료와 간편식을 오후 11시까지 주문하면 이튿날 오전 7시 전에 문 앞에 갖다 놓는다는 콘셉트로, 출발부터 시장에 큰 반향을 일으켰다. 배달의 민족이 운영하는 배민찬도 새벽 배송 시장을 일군 업체이다. 배민찬은 100여 개의 업체 제휴와 자체 브랜드를 통해 1000여 종의 반찬을 판매하는데, 신선도를 유지하며 이튿날 아침까지 배달해 주는 게 특징이다. 동원 그룹이 운영하는 더반찬도 2016년부터 당일 오후 10시부터 익일 오전 7시 사이에 배달해 주는 서울·수도권 직배송 서비스를 하고 있다.

온라인 쇼핑 상품군별 구성비

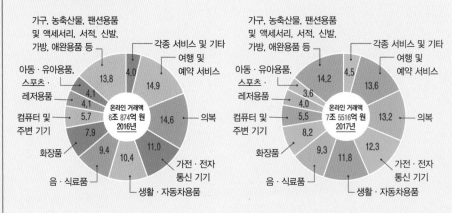

온라인 쇼핑에서 음·식료품 비중 확대

CJ 대한통운은 택배업체로는 처음으로 지난해 4월 간편식 새벽 배송을 시작했다. 명가아침 등 30여 개 간편식 브랜드를 한데 모아 서비스를 내놓은 것이다. CJ 대한통운의 새벽 배송 서비스는 아직 서울·수도권에서만 가능하지만 앞으로 충청권까지 확대한다는 계획이다. 11번가를 운영하는 SK 플래닛은 농산물 새벽 배송을 해왔던 헬로네이처를 인수해 서울 전 지역에 새벽 배달을 시작했다. 유통업체인 GS 리테일도 유명 베이커리 빵과 조리 식품, 과일 등 5000여 종의 상품에 한해 오후 10시까지 주문하면 이튿날 새벽 1~7시 사이에 배달해 준다. 롯데닷컴도 프리미엄 식품 전문관 '특별한 맛남' 내에 '장보는 날' 코너를 통해 일부 품목에 한해 새벽 배송 서비스를 하고 있다.

미국에서도 '더 빨리' 배송 전쟁 – 미 유통사 타깃, 당일 배송으로 아마존에 도전장

배송 전쟁은 비단 우리나라만의 일이 아니다. 아마존, 월마트, 베스트바이에 이어 타깃이 당일 배송 경쟁에 뛰어들면서 미국에서도 배달 경쟁은 갈수록 뜨거워지고 있다. 미국 유통사 타깃(Target)은 최근 당일 배송 서비스를 위해 스타트업 시프트(Shipt)를 인수한다고 밝혔다. 2014년 설립된 시프트는 연회비 99달러를 내면 고객을 대신해 물건을 구매한 후 집 앞까지 배달

자료: 아마존 홈페이지

하는 서비스를 하고 있다. 현재 미국 70개 도시에서 서비스를 하고 있다. 타깃은 현재 뉴욕에서 당일 배송 서비스를 운영하고 있는데, 시프트 인수로 올 여름까지 전체 매장 1,834개 중 절반 가량에서 당일 배송이 가능할 것으로 예상하고 있다. 타깃은 올해 말까지 대부분 점포에서 당일 배송 서비스를 제공한다는 목표이다. 타깃의 이 같은 배송 서비스 강화는 미국의 '유통 공룡'으로 불리는 아마존을 의식한 결과이다. 아마존은 35달러 이상 구매 고객에게 당일 배송 서비스를 제공하고 있다. 또 '아마존 프라임'과 '아마존 프라임 스튜던트' 고객을 대상으로 주문 후 2분 안에 상품을 배송하는 '즉시 배송' 서비스를 하고 있다. 지역 제한이 있긴 하지만 당일 배송을 뛰어넘는 서비스를 선보인 것이다. 아마존은 이 외에도 드론을 이용한 배송 서비스, 무인 편의점 '아마존고'를 준비 중이다.

앞서 오프라인 유통 강자인 월마트도 차량 공유 서비스인 우버와 리프트를 활용해 배송 지역을 확대하고 배송 시간을 줄이는 등 배송에 집중하고 있다. 월마트는 지난해 전 직원이 퇴근할 때 온라인 주문 상품을 소비자에게 배송해 주는 퇴근 배송제를 시행한다고 발표해 화제를 모으기도 했다. 퇴근 배송제는 직원의 통근 경로와 겹치는 배송지의 물품을 본인의 차량으로 배달하는 시스템이다. 지난해 초에는 2만 개 이상의 품목을 대상으로 '무료 이틀 배송' 제도를 도입했다. 외신은 타깃의 시프트 인수 등 미국의 배송 전쟁에 대해 "당일 배송은 높은 잠재 수요를 가지고 있다"며 "쇼핑객 5명 중 4명은 당일 배송을 원하는 것으로 조사됐지만 이러한 서비스가 가능한 미국 유통업체는 현재 절반에 불과해 이 시장이 더욱 확대할 것"이라고 전했다.

자료: 중앙일보, 2018. 2. 10. (일부)

1. 식품 유통 경로의 개요를 기술하고 식품 유통 경로에 영향을 미치는 다양한 요인을 설명하시오.

2. 급식 산업이 비약적으로 발달함에 따라 새롭게 나타나는 식품 유통 경로를 요약하고 그 중요성을 분석하시오.

3. 외식업소와 단체급식소의 식품구매 경로 사례를 각각 조사하여 비교·분석하시오.

4. 유통 조성 기능 중 외식업소나 단체급식소에 필요한 유통 정보의 국내 사례를 조사하시오.

5. 유통 조성 기능 중 외식업소나 단체급식소에 필요한 유통정보의 해외 사례를 조사하시오.

6. 해외 식품 유통의 현황을 조사하고 국내의 식품 유통의 현황과 비교·분석하시오.

7. 식품 유통 체계를 둘러싼 내외부 환경요인 및 향후 식품 유통의 새로운 변화 전망에 대하여 논하시오.

CHAPTER 3

시장

| 학습 목표 |

1. 시장의 기능을 설명할 수 있다.

2. 도매시장을 분류 기준에 따라 구분할 수 있다.

3. 도매시장 종사자의 유형을 설명할 수 있다.

4. 시장조사지를 작성할 수 있다.

1. 시장

1) 시장의 정의

시장(market)이란 상품이 생산자로부터 소비자에게 인도되며 그 소유권이 이전되는 매개체로 정의할 수 있다. 시장이 과거에는 단순히 상품의 교환이 이루어지는 곳만을 의미하였으나 사회가 고도로 복잡해지면서 시장의 기능도 복잡하고 다양해져 오늘날에는 식품이 생산된 이후부터 소비자의 식탁에 전달되기까지의 모든 경로(channel)를 포함하고 있다. 즉, 소유권 이전의 장소뿐 아니라 상품의 생산, 가공, 포장, 수송, 판매에 이르는 모든 경로를 포함한다.

2) 식품 시장의 종류

식품 시장의 종류를 살펴보면 지역적 위치에 따라 **일차 시장**(primary market), **이차 시장**(secondary market), **지역 시장**(local market)으로 나눌 수 있다(그림 3-1).

　일차 시장은 주로 산지 근처에서 형성되기 때문에 산지 시장이라고도 하며 해안가의 수산 시장이나 과수 단지의 청과물 시장, 목축 단지의 가축 시장 등이 대표적인 예이다. **이차 시장**은 일차 시장으로부터 식품을 대량으로 구입하여 지역 시장에 분배하는 역할을 하며, 도매시장이 여기에 해당된다. **지역 시장**은 최종 수요자인 소비자에게 물품과 서비스를 제공하는 유통 과정의 최종 단계로 소비자 근처에 형성되는 시장을 말하며 소매시장이라고도 한다. 이러한 시장의 전통적인 분류 기준은 시장 환경이 변화함에 따라 함께 변화하여 향후 다양한 종류의 식품 시장이 등장할 것으로 예상된다.

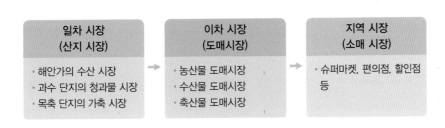

그림 3-1
식품 시장의 종류

표 3-1
시장의 기능

분류	내용
물품 공급	· 물품의 이동
교환 기능	· 물건과 서비스의 소유권 이전 · 물품과 서비스 대금의 교환
경영 활동의 수행 장소	· 대금 지불, 장부 정리, 문서 전달, 연체 대금의 수금 등을 수행
구매 정보의 획득	· 판매자와 구매자의 정보 교환 · 새로운 시장의 변화, 신상품 등에 대한 정보 제공

3) 시장의 기능

시장은 생산자, 판매자에게서 소비자에게로 물품이 이동되는 실질적인 장소이다. 시장에서는 판매자로부터 구매자로 물건과 서비스의 소유권이 이전되고, 물품 또는 서비스의 대가로 대금의 교환이 이루어진다. 또한 판매자와 구매자의 정보가 교환되는 장소이며, 새로운 시장의 변화, 신상품 등에 대한 정보를 제공한다. 시장은 대금을 지불하고 문서를 전달하는 등 경영 활동의 수행 장소로서의 역할도 담당한다 (표 3-1).

2. 도매시장

1) 도매시장의 정의 및 분류

농수산물 도매시장이란 특별시·광역시·시가 양곡류, 청과류, 화훼류, 육류, 어류, 해조류 및 임산물 등의 품목 전부 또는 일부를 도매하기 위하여 농림축산식품부 장관이나 도지사의 허가를 받아 관할 구역에 개설하는 시장이다. 도매시장은 개설 허가자와 투자 주체의 2가지 기준에 의하여 분류할 수 있다. 첫 번째 기준인 개설 허가자에 따라 **중앙도매시장**, **지방도매시장**, **민영도매시장**으로 분류한다. 중앙도매시장은 특별시·광역시 또는 특별 자치도가 농림축산식품부 장관의 허가를 받아 개설한 시장을 말하며, 관할 구역 및 인접 지역의 도매 거래 중심 시장으로서의 역할을 한

분류	구분	개설자	개설 허가자
「농안법」상 분류	중앙도매시장	특별시·광역시, 특별 자치도	자체
	지방도매시장	시 또는 특·광역시, 특별 자치도	시→도 특·광역시, 특별 자치도→자체
	민영도매시장	민간	시·도지사

표 3-2
도매시장의 분류

분류	구분	투자 여부(투자 ○, 미투자 ×)			개설자
		정부	지방 자치 단체	민간	
투자 주체상 분류	공영도매시장	○	○	×	지방자치단체
	일반 법정도매시장	×	×	○ (기부 채납 등)	지방자치단체
	민영도매시장	×	×	○	민간

다. 지방도매시장은 특별시·광역시 또는 지방 자치도가 직접 허가하여 개설하는 시장과 시가 도지사의 허가를 받아 개설한 시장을 말한다. 즉, 특별시·광역시 또는 특별 자치도가 개설하되 농림축산식품부 장관의 허가를 받지 않고 개설하면 지방도매시장으로 분류된다.

두 번째 분류 기준인 투자 주체에 따라 **공영도매시장**, **일반 법정도매시장**, **민영도매시장**으로 분류한다. 공영도매시장은 중앙 및 지방 정부의 공공 투자에 의해 개설된 점이 가장 큰 특징이며 개설자는 지방 자치 단체이다. 공영도매시장은 1976년 12월 「농수산물 유통 및 가격 안정에 관한 법률(농안법)」이 제정된 후 농수산물 유통의 원활화 및 적정 가격 유지를 위해 정부와 지방 자치 단체가 투자하여 도매시장을 건설·운영하고 있다. 일반 법정도매시장과 민영도매시장은 모두 민간의 투자에 의해 개설된 시장을 말하며 지방 자치 단체가 개설하면 일반 법정도매시장, 민간이 개설하면 민영도매시장이 된다.

우리나라 도매시장의 현황은 부록 3-1에, 도매시장별 현황은 부록 3-2, 시장 부류별 유통 종사자 현황은 부록 3-3, 도매시장 거래 실적은 부록 3-4와 부록 3-5에 제시하였다.

도매시장에서 거래되는 품목은 크게 양곡 부류(쌀, 찹쌀, 보리쌀, 밀, 조, 좁쌀, 수

수, 수수쌀, 옥수수, 콩, 팥, 녹두, 참깨, 땅콩, 밀가루), 청과부류(과일, 채소), 수산부
류(활선어류, 패류, 젓갈류, 건어류), 축산부류(육류 및 난류), 화훼 부류(절화, 절지,
절엽 및 분화), 약용 작물 부류(한약재용 약용 작물) 등이 있다.

2) 도매시장종사자

우리나라 도매시장 관리와 관련된 법규 체계는 「농수산물 유통 및 가격 안정에 관
한 법률(농안법)」, 동법 시행령, 시행 규칙, 조례 및 업무 규정에 의한다. 도매시장 거
래 체계는 그림 3-3과 같으며, 도매시장은 도매시장개설자, 출하자, 도매시장법인, 경
매사, 시장도매인, 중도매인, 매매참가인으로 구성되어 있다(그림 3-2).

(1) 도매시장개설자

도매시장개설자가 담당하는 업무는 크게 도매시장의 관리 업무와 운영 업무로 나뉜
다. 시설물 관리, 거래 질서 유지, 유통 종사자의 지도 감독 등 도매시장의 관리 업
무를 수행하기 위해 관리 사무소를 두거나 시장 관리자를 지정한다. 그리고 위탁
판매, 대금 결제 등의 상행위에 해당되는 도매시장의 운영 업무 수행은 도매시장의
시설 규모, 거래액 등을 고려하여 적정 수의 도매시장법인 또는 시장도매인이 담당
하도록 한다.

(2) 출하자

출하자(산지 유통인)는 농수산물의 생산자 또는 생산자 단체 외에 농수산물을 수
집하여 농축수산물 도매시장, 농축수산물 공판장 또는 민영 농수산물 도매시장에
출하하는 영업을 하는 자를 말한다. 산지 유통인은 도매시장개설자에게 등록하며,
산지 유통인 등록제에 의해 관리되고 있다.

　출하자의 유형에는 밭떼기형, 저장형, 순회 수집형, 그 외 출하주와 특별한 형태의
계약 관계를 체결하여 수집 출하하는 유형이 있다. 밭떼기형은 농산물을 파종 직후
부터 수확 전까지 밭떼기로 매입하였다가 적당한 시기에 수확하여 도매시장에 출하
하는 형태이다. 저장형은 비교적 저장성이 높은 농수산물을 수집하여 저장하였다

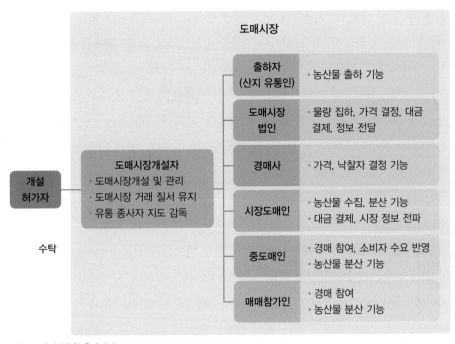

그림 3-2
도매시장의 구성

자료: 도매시장통합 홈페이지

가 일정한 시기에 도매시장에 출하한다. 순회 수집형은 비교적 소량인 품목을 순회하면서 수집하여 도매시장에 출하하는 유형을 의미한다.

(3) 도매시장법인

도매시장법인이란 출하자로부터 농축수산물을 위탁받아 상장하여 도매하거나 이를 매수하여 도매하는 법인을 말한다. 도매시장법인의 주요 기능은 물량 집하 기능이며, 가급적 높은 가격으로 팔아주는 것이 생산 농가에 대한 기본적인 서비스이다.

(4) 경매사

공정하고 신속한 거래를 위해 도매시장법인은 품목별·도매시장별 거래 물량 등을 고려하여 2인 이상의 경매사를 두어야 하며, 경매 또는 입찰을 할 때마다 사전 비공개·무작위의 원칙으로 경매사를 지정한다. 경매사는 경매사 자격시험에 합격해야 하며, 공무원은 아니지만 수뢰, 사전 수뢰, 제삼자 뇌물 제공, 수뢰 후 부정 퇴사, 사후 수뢰, 알선 수뢰 등 직무와 관련된 부정 행위를 범하였을 경우에는 형법에 의한 적용을 받는다. 즉, 경매사는 공익적 역할을 수행한다고 볼 수 있다.

경매사의 주요 임무는 출하자로부터 위탁받은 농수산물을 최대한 높은 가격으로 판매해 주는 매매자의 역할이며 상장된 농수산물의 경매 우선 순위 결정, 가격 평가, 경락자의 결정 등의 경매 업무를 진행한다. 하지만 전자 경매가 도입되는 등 농산물 유통 환경이 급변하면서 경매사의 역할은 품질 평가, 산지 집하 및 경매 후 사후 관리 기능 등으로 변화되고 있다.

(5) 시장도매인

시장도매인은 도매시장의 개설자로부터 지정을 받고 농수산물을 매수 또는 위탁받아 도매하거나 매매를 중개하는 영업을 하는 법인을 말하며, 도매시장법인 및 중도매인에게 농수산물을 판매할 수 없다. 시장도매인은 도매시장법인과 중도매인의 역할을 담당함으로써 물량 수집과 분산 업무를 함께 수행하는 것이 특징이다. 경매를 거치지 않고 시장도매인이 산지에서 농산물을 직접 수집해서 소비자에게 바로 판매하기 때문에 유통 비용이 감소하는 등 유통 효율성 측면에서 장점이 있으나 거래 투명성과 대금 결제의 안전성, 공정성 등에 대한 의문이 제기되기도 한다.

(6) 중도매인

중도매인은 도매시장개설자의 허가 또는 지정을 받아 도매시장에 상장된 농수산물을 매수하여 도매하거나 매매를 중개하는 영업을 하는 자로, 도매시장 안에 설치된 공판장에서도 업무를 수행할 수 있다. 또한 비상장 농수산물을 매수 또는 위탁받아 도매하거나 매매를 중개하는 영업도 함께할 수 있다. 중도매인의 역할은 소비자(소매상)의 요구를 반영하여 경매에 참가함으로써 가격 형성 기능을 수행하고 구매자를 대신하여 물량을 구입·판매 및 중개함으로써 물량 분산 기능을 수행한다.

즉, 중도매인은 농산물의 분산 주체로서 소비자의 입장을 대변하는 반면 도매시장법인은 수집 주체로서 생산자의 입장을 대변한다고 볼 수 있다. 이렇게 농산물의 분산 주체와 수집 주체를 분리함으로써 서로 견제와 경쟁을 유도하고 경매라는 공개 경쟁을 통해 도매시장 내 거래의 공정성과 투명성을 확보할 수 있다.

(7) 매매참가인

매매참가인은 직접 경매에 참여하여 농수산물을 대량으로 구매하는 실수요자로 가공업자, 소매업자, 수출업자, 소비자 단체 등이 해당되며 도매시장에서 판매 행위를 할 수 없다. 매매참가인의 주요 역할은 가격 형성 기능 및 물량 분산 기능으로 중도매인과 함께 경매 입찰에 참가함으로써 경매를 활성화시키고 중간 유통 단계의 단축을 통한 유통 비용의 절감을 꾀할 수 있다.

3) 도매시장의 운영 시스템

도매시장은 출하자(또는 농업인, 농업인 단체 등)가 자기 농산물을 도매시장법인에 판매를 의뢰(위탁)하고, 도매시장법인은 위탁받은 농산물을 공정한 방법(경매, 정가·수의 매매 등)을 통해 대신 팔아주고 판매 원표를 작성함으로써 거래가 성립된다. 이를 상장 거래라고 하는데, 이는 영세하고 시장 정보가 부족한 농업인이 상인(중도매인)과 직접 거래할 경우 불이익을 당할 수 있으므로 이를 법적으로 보호하고자 마련한 제도이다.

도매시장 운영의 3가지 유형에는 도매시장법인만 두는 시장, 시장도매인만 두는 시장, 도매시장법인과 시장도매인을 함께 두는 시장이 있다. 지방도매시장의 경우에는 3가지 유형이 모두 가능하며, 중앙도매시장의 경우에는 도매시장법인만 두는 시장, 도매시장법인과 시장도매인을 함께 두는 시장의 2가지 유형이 가능하다(그림 3-3).

도매시장에서 품목의 가격 결정은 판매자와 구매자 간 경쟁에 의해서 이루어진다. 출하자의 농산물을 수탁받은 도매시장법인이 중도매인, 매매참가인을 상대로 가격을 제시하게 한 다음 그중 최고 가격 제시자에게 판매하는 방법을 의미한다. 이를 위한 방법으로 경매를 이용하고, 경매는 다수의 출하자 물건을 공개적인 방법으로 수급 사정을 반영하여 상품별 가격을 형성하고 대량으로 유통시키는 방법이다. 다품목 소량 생산 규모에서 산지 조직화·규모화가 미흡한 경우 가장 경제적인 매매 방법으로 평가되고 있다. 최근 경매는 거의 대부분 전자식을 원칙으로 하되 거수수지식, 기록식 등의 방법으로도 할 수 있다.

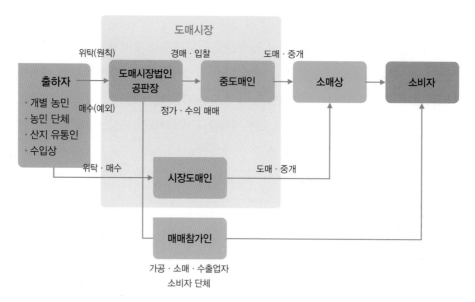

○ 도매시장법인만 두는 시장

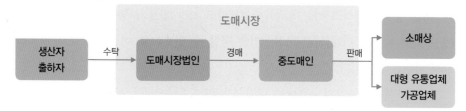

○ 시장도매인만 두는 시장

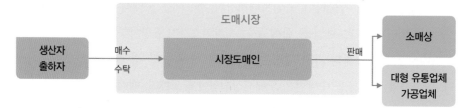

○ 도매시장법인과 시장도매인을 함께 두는 시장

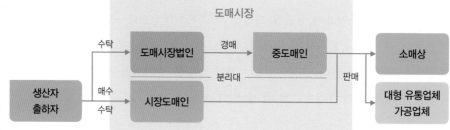

그림 3-3
도매시장 거래 체계도

전자 경매 시스템

전자 경매 시스템이란 과거의 수지식 경매 과정을 무선 응찰기를 사용하여 응찰에서부터 낙찰 및 기록에 이르기까지의 전 과정에 걸쳐 전자화·자동화한 것을 말한다. 전자 경매 시스템은 고정식, 이동식, 유선식, 무선식 등 다양한 형태로 구현하고 있다. 과거의 수지식과 비교할 때 건당 경매의 시간이 22초에서 14초로 단축되었고, 경매사에 의한 낙찰자 결정의 실수도 없어졌으며, 경매 완료 후 정산서가 집계되어야 정보를 제공하던 방식에서 경락 후 즉시 실시간의 정보를 제공하는 것이 가능하게 되었다.

전자 경매 시스템 구성도

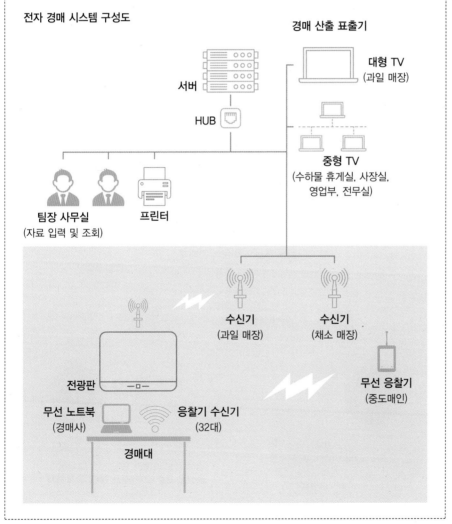

경매 산출 표출기

서버
HUB

대형 TV
(과일 매장)

중형 TV
(수하물 휴게실, 사장실,
영업부, 전무실)

팀장 사무실
(자료 입력 및 조회)

프린터

수신기
(과일 매장)

수신기
(채소 매장)

무선 응찰기
(중도매인)

전광판

무선 노트북
(경매사)

응찰기 수신기
(32대)

경매대

계속

TIP

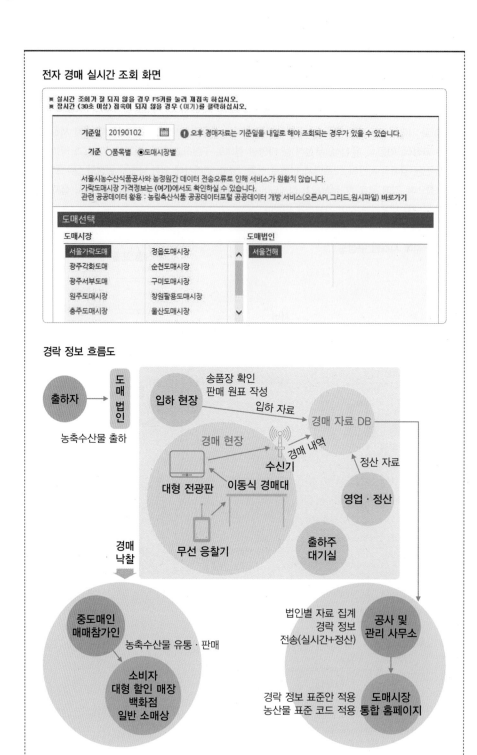

전자 경매 실시간 조회 화면

※ 실시간 조회가 잘 되지 않을 경우 F5키를 눌러 재접속 하십시오.
※ 장시간 (30초 이상) 접속이 되지 않을 경우 (여기)를 클릭하십시오.

기준일 20190102 ⏺ 오후 경매자료는 기준일을 내일로 해야 조회되는 경우가 있을 수 있습니다.

기준 ○품목별 ◉도매시장별

서울시농수산식품공사와 농정원간 데이터 전송오류로 인해 서비스가 원활치 않습니다.
가락도매시장 가격정보는 (여기)에서도 확인하실 수 있습니다.
관련 공공데이터 활용 : 농림축산식품 공공데이터포털 공공데이터 개방 서비스(오픈API,그리드,원시파일) 바로가기

도매선택

도매시장 | 도매법인
서울가락도매 / 정읍도매시장 | 서울건해
광주각화도매 / 순천도매시장
광주서부도매 / 구미도매시장
원주도매시장 / 창원팔용도매시장
충주도매시장 / 울산도매시장

경락 정보 흐름도

출하자 → 도매법인
농축수산물 출하

입하 현장
송품장 확인
판매 원표 작성
입하 자료

경매 자료 DB

경매 현장
경매 내역
수신기

대형 전광판
이동식 경매대

정산 자료

영업 · 정산

무선 응찰기

출하주 대기실

경매 낙찰

중도매인
매매참가인
농축수산물 유통 · 판매

소비자
대형 할인 매장
백화점
일반 소매상

법인별 자료 집계
경락 정보
전송(실시간+정산)

공사 및
관리 사무소

경락 정보 표준안 적용
농산물 표준 코드 적용

도매시장
통합 홈페이지

도매시장 관련 용어에 대해 알아보자.

- **수탁 판매의 원칙**: 농수산물이 출하자로부터 도매시장으로 반입되는 과정에서는 출하자는 직접 판매하지 않고 도매시장법인에게 판매를 위탁해야 하며 도매시장법인은 출하자로부터 위탁을 받아 도매를 행하여야 한다.

- **상장**: 출하자가 도매시장법인에게 판매를 의뢰하는 것을 상장이라고 하며, '상장 거래'가 도매시장에서의 거래 원칙이다. 이는 영세하고 시장 정보가 부족한 농어민이 상인과 직접 거래할 경우 시장 교섭력이 약하여 불리한 위치에 서게 되므로 이를 보완하기 위한 제도라고 할 수 있다.

- **거래 원칙**: '경매' 또는 '입찰'의 방법으로 최고 가격 제시자에게 판매하는 것이다.

- **경매**: 도매시장법인이 다수의 중도매인, 매매참가인을 상대로 가격을 제시하게 한 다음 그중 최고 가격 제시자에게 판매하는 방법이다. 경매의 방법은 경락 가격 형성에 따른 분류(상향식 경매, 하향식 경매), 경매 응찰 방법에 의한 분류(전자식, 거수 수지식, 기록식) 등 다양하게 구분할 수 있다. 상향식은 매수 희망 가격을 최저 가격에서부터 점차 최고 가격으로 제시하여 더 이상 호가를 하는 구매자가 없는 최고 가격에 이르렀을 때 경락 가격이 결정되는 것이며, 하향식은 상향식과는 반대로 판매인 측이 먼저 최고 가격을 제시하면 구매자가 없는 경우 가격을 낮추면서 가격을 결정하되 상향식과 달리 구매자는 계속해서 가격을 제시할 수 없고 단 한 번의 호가를 할 수 있는 기회가 제공된다. 이때 출하자가 서면으로 거래 성립 최저 가격을 제시한 경우에는 그 가격 미만으로 판매할 수 없는데, 이를 '거래 성립 최저 가격 제도'라고 한다.

- **입찰**: 입찰 대상 품목의 출하자명, 출하 지역, 품목, 품종, 수량, 품위 등급 등을 표시 또는 호창한 후에 입찰 참가자가 소정의 입찰서에 성명, 입찰 금액, 기타 필요한 사항을 기입하여 제출하고 입찰이 끝나면 최고 가격을 제시한 낙찰자와 낙찰 가격을 결정하여 공개함으로써 입찰이 이루어진다. 이는 정부의 수매 농축수산물 판매 시 주로 이용된다.

- **거래 원칙의 예외**: 농수산물의 판매하는 과정에서 천재지변, 경매가 종료된 후 반입 등 불가피한 사유로 인하여 경매 또는 입찰의 방법이 극히 곤란할 경우 예외적으로 '정가 매매', '수의 매매', '선취 매매'가 이루어질 수 있다.

- **정가 매매**: 출하 농수산물에 일정한 가격을 제시하여 판매하는 방법이며 정찰제로 거래하는 방법이다.

- **수의 매매**: 상대 매매라고도 하며 특정한 판매자가 구매자와 직접 상대하여 가격을 흥정하여 결정하는 거래 방법이다.

- **선취 거래**: 중도매인이나 매매참가인이 상장된 농수산물을 경매 이전에 가져간 후 대금은 해당 품목의 동일 등급 최고 경락가로 정산하는 거래 방식으로 백화점 등 대형 거래처에서 일정 시간대에 정기적 공급을 요구하는 품목 등에 활용된다.

3. 시장조사

1) 시장조사의 개념

시장조사란 구매 시장의 실태에 대한 자료를 수집하여 분석·검토 후 그 결과를 전반적인 구매 활동에 적용하는 것이다. 시장조사를 통하여 구매 시기 및 구매 예정 가격을 결정할 수 있을 뿐만 아니라 공급업체와 가격 협상을 할 때 혹은 공급업자들이 제시하는 견적가가 적합한지 파악할 때 근거 자료로 이용할 수 있다.

2) 시장조사의 내용

구매 계획이 세워지면 발주, 검수, 저장 및 조리 등 일련의 과정이 이루어지게 되므로 급식소 운영에 있어서 합리적인 구매 계획의 수립은 매우 중요하며, 이를 위해서는 무엇보다 철저한 시장조사가 우선되어야 한다. 시장조사에 포함되는 내용은 다음과 같다.

- 품목: 제조 회사, 유사 식품 혹은 대체 식품 등을 고려하여 구매하고자 하는 품목에 대하여 조사하며, 최근에 등장한 새로운 품목도 함께 조사한다.
- 품질: 가격과 가치의 관계를 고려하여 구매하고자 하는 품목의 품질에 대하여 조사한다.
- 수량: 예비 구매, 포장 단위, 할인율, 보존성을 고려하여 구매 수량을 조사한다.
- 가격: 제품과 가격과의 관계, 거래 조건의 변경에 의한 가격 인하 효과를 고려하여 가격을 조사한다.
- 시기: 구매 빈도, 사용 시기, 시세를 고려하여 적절한 구매 시기를 파악한다.
- 공급업체: 구매하고자 하는 품목의 공급업체 현황 및 현재 공급업체를 대체할 새로운 공급업체가 있는지도 함께 조사한다.
- 거래 조건: 구매 비용의 절감을 기대할 수 있는 거래 조건에 대하여 조사한다.

순	품목현황						식재료 공급업체 가격현황 (단위 : 원)			시장조사 가격현황				비 고			
	대분류	소분류	상세식품	규격	적요 (식품설명)	원산지	최저가	최빈가	평균가	가락시장	구리도매시장	이마트	하나로마트	가락시장	구리도매시장	이마트	하나로마트
1	감자,전분	감자	생것	kg	피감자,왕왕	국산	2,100		2,745	1,900	2,000	5,980	5,800	20000g-38000	20000g-40000	100g-598	100g-580
	감자,전분	감자	생것	kg	피감자,왕특	국산	1,900		2,745	1,750	1,450	-	-	20000g-38000	20000g-29000		
	감자,전분	감자	깐것	kg	깐감자	국산	3,300	4,500	4,500	3,000	-	-	-	1000g-3000			
2	감자,전분	감자,알감자	[illegible]	kg	지름2~2.5cm	국산	3,000		4,000	3,000	-	3,280	-	1000g-3000		1000g-3280	
	감자,전분	감자,알감자	[illegible]	kg	지름2~2.5cm	국산	3,600	4,500	4,500	-	-	-	-				
	감자,전분	감자,알감자	[illegible]	kg	지름2~2.5cm	국산	3,000		4,100	-	-	-	-				
3	감자,전분	고구마	생것	kg	피고구마,왕	국산	2,900		4,150	-	-	-	4,300				[illegible]
	감자,전분	고구마	생것	kg	피고구마,50~60g	국산	4,000		4,650	-	-	-	-				
	감자,전분	고구마	생것	kg	밤고구마,왕	국산	2,900		4,000	1,400	2,800	-	-	20000g-28000	10000g-28000		
	감자,전분	고구마	생것	kg	밤고구마,50~60g	국산	4,000		4,850	1,500	-	3,990	3,650	20000g-30000		2000g-7980	2000g-7300
	감자,전분	고구마	생것	kg	호박고구마,70g	국산	4,500		5,100	3,500	3,000	4,740	4,150	10000g-38000	10000g-30000	1200g-5680	2000g-8300
	감자,전분	고구마	생것	kg	호박고구마,튀김용	국산	3,500		5,250	-	-	-	-				
	감자,전분	고구마	깐것,슬라이스	kg	깐고구마,채	국산	5,100		6,300	-	-	-	-				
	감자,전분	고구마	깐것	kg	깐고구마,통	국산	4,500	5,500	5,500	-	-	-	-				
	감자,전분	고구마	깐것,맛탕용	kg	깐고구마,맛탕용	국산	4,800		5,800	-	-	-	-				
4	감자,전분	토란	생것	kg	깐것	국산	-		-	-	-	-	-				
5	견과,종실	들깨가루		kg	피들깨가루	국산	18,000		25,250	-	-	30,000	43,000			200g-6000	[illegible]
	견과,종실	들깨가루		kg	거피들깨가루	국산	22,300		29,350	-	-	-	34,000				[illegible]
6	견과,종실	땅콩	[illegible]	kg	생땅콩	국산	14,000		16,800	-	-	-	17,800				100g-1780
	견과,종실	땅콩	[illegible]	kg	피땅콩	국산	19,500		19,500	16,500	13,200	23,600	16,800	1000g-16500	1000g-13200	500g-11800	100g-1680
	견과,종실	땅콩	[illegible]	kg	알땅콩	국산	22,300		25,025	-	-	-	26,500				100g-2650
	견과,종실	땅콩	가루	kg	분쇄땅콩	국산	11,000		15,450	-	-	-	-				
7	견과,종실	밤	생것	kg	피밤, 25g이상	국산	7,000		7,800	4,000	-	7,830	4,800	1000g-4000		700g-5480	1000g-4800
	견과,종실	밤	깐것	kg	깐밤	국산	12,000		15,650	11,500	13,900	-	6,860	1000g-11500	1000g-13900		700g-4800
8	견과,종실	아몬드	조미한것	kg	깐아몬드,통	미국	15,000	20,800	20,800	15,900	13,900	19,300	-	1000g-15900	1000g-13900	600g-11580	

... 동향 | 친환경축산물 | 축산물 | 수산물 | 건어물 | 친환경농산물 | 농산물 | 곡류 | 김치류 | 떡류 | 공산품 | 공산품(제조.납

자료: 서울시교육청 학교보건진흥원

그림 3-4
시장조사 예시

위와 같은 내용에 대한 시장조사 결과는 구매 계획의 수립, 실행, 통제의 과정에 반영되고 동시에 현재 이루어지고 있는 구매 활동에 피드백을 제공할 수 있어 궁극적으로 효율적인 급식 운영에 기여하게 된다. 따라서 급식 운영에 있어서 시장조사는 필수적인 활동이라 할 수 있다.

3) 시장조사의 원칙

(1) 비용 경제성의 원칙

인력, 시간 등의 시장조사 비용이 최소가 되도록 하여 시장조사의 비용과 효용성 간에 상호 조화가 이루어지도록 해야 한다. 예를 들어, 1,000원의 시장조사 비용으로 1만 원짜리 물품을 8,000원에 사게 되었다면 시장조사 비용(1,000원)보다 시장조사로 인한 이익(2,000원)이 더 크므로 이 경우 시장조사는 효율적으로 이루어졌다고 할 수 있다. 하지만 1,000원의 시장조사 비용으로 1만 원짜리 물품을 9,500원에 사게 되었다면 시장조사로 인한 이익(500원)은 시장조사 비용(1,000원)보다 적어 오히려 시장조사를 통해 손실을 가져오게 되므로 이 경우 시장조사는 효용성이 떨어진다고 할 수 있다.

(2) 조사 적시성의 원칙

시장조사의 목적은 조사 자체에 있는 것이 아니라 구매 계획을 세우거나 구매 활동에 피드백을 주기 위한 것이므로 시장조사는 정해진 시기 안에 완료되어야 한다. 아무리 내용적으로 충실한 시장조사가 이루어졌더라도 실제 구매 업무에 이용될 수 없다면 시장조사는 쓸모가 없게 된다. 따라서 시장조사를 수행하는 사람은 시장조사 시기와 시장조사의 내용적 충실성이 서로 조화될 수 있도록 해야 한다.

(3) 조사 탄력성의 원칙

시장 내 식재료의 수급 상황이나 가격은 날씨나 경제적 상황 등 시장을 둘러싼 다양한 환경 요인에 따라 수시로 변화하므로 이에 탄력적으로 대응할 수 있도록 시장조사가 이루어져야 한다. 따라서 시장조사 결과에 근거하여 구매 관리를 수행함으로써 급식 조직은 시장의 변동 상황에 능동적으로 대처할 수 있다.

(4) 조사 정확성의 원칙

시장조사를 통해 구매 시장의 실태에 대한 정확한 정보를 제공할 수 있어야 하며, 이를 위해서 품목, 품질, 수량, 가격, 공급업체, 거래 조건 등에 대한 정확한 자료를 조사해야 한다.

(5) 조사 계획성의 원칙

시장조사에 앞서 시장조사에 대한 구체적인 계획이 수립되어야 하며 그에 따라 시장조사가 이루어져야 한다. 예를 들어, 계획 없이 막연하게 실시된 시장조사는 앞에서 열거한 시장조사의 원칙에도 적합하지 못하며 결국 구매 활동 및 급식 경영에 필요한 유용한 정보를 제공할 수 없게 된다.

4) 시장조사의 종류

(1) 일반 기본 조사

전반적인 경제 동향에 대하여 수시로, 지속적으로 조사하는 것을 의미하며 경제 동향의 예측과 함께 구매 정책을 결정하기 위해 실시한다.

(2) 품목별 시장조사

현재 구입하고 있는 물품의 수급 변동, 가격 동향, 출하 상품의 품질 등급 추이 등에 대하여 조사하는 것으로 구매 가격, 구매 시기, 구매 수량의 결정을 위한 자료로 활용된다.

(3) 거래처 시장조사

현재 거래하고 있는 거래처의 실태에 대하여 조사하는 것으로 조사 내용은 재무, 판매, 노무, 생산, 품질 관리, 제조 원가 등을 포함한 기업의 전반적인 경영 상태이다. 이 조사 결과는 향후 안정적이며 지속적인 거래가 가능한지 판단하는 자료로 활용될 수 있으며 업체별 견적 비교를 통하여 새로운 거래처에 대한 정보를 얻을 수도 있다.

(4) 유통 체계 시장조사

유통 체계는 구매 가격에 직접적인 영향을 미치므로 급식소에서 사용하는 식재료 및 물품의 생산에서 소비에 이르기까지 전 유통 체계에 대하여 조사하는 것은 필수적이다. 농림축산식품부, 해양수산부 및 한국농수산식품유통공사 홈페이지에서는 식품의 유통 체계에 대한 정보를 제공하고 있는데, 최근 이력 추적 관리제가 실시됨에 따라 일반 소비자도 해당 품목의 유통 체계에 대하여 정확한 정보를 알 수 있게 되었다.

5) 시장조사의 방법

예전에는 시장조사 업무를 구매 활동 업무 중 하나로 인식하여 단편적으로 실시하였지만 최근에는 독립된 전문 부서가 존재하여 지속적으로 시장조사를 실시하는 경우가 많아지고 있다. 따라서 계획적이고 능률적인 시장조사를 위해 시장조사 전담 부서와 담당자를 두는 것이 바람직하다.

규모가 큰 대기업에는 독립된 시장조사 전담 부서와 담당자를 두고 있어 전문적

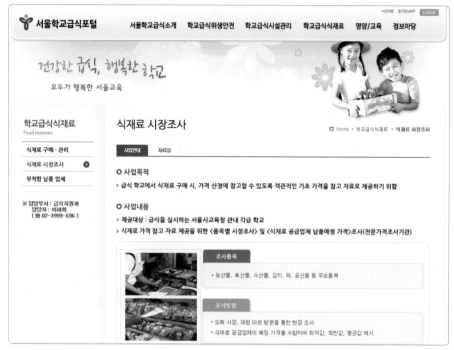

그림 3-5
시장조사 자료 예시

자료: 서울학교급식포털 홈페이지

인 시장조사 활동을 수행하고 있지만 규모가 작은 조직에서는 그렇지 못한 실정이다. 이 경우 여러 조직이 협력하여 공동으로 시장조사를 실시하기도 한다. 예를 들어, 학교 급식에서 효율적인 시장조사를 위해 시·도 교육청별 식재료 공동 시장조사반을 편성하여 운영하고 있다.

가장 기본적인 시장조사는 실제 시장에 방문하여 최근 거래되고 있는 농수산물의 동향에 대해 파악하는 것이다. 도매시장뿐만 아니라 대형 마트나 슈퍼마켓 등을 방문하면 최근에 유통되는 식품의 품질 동향, 물량, 가격에 대해 쉽게 알 수 있다. 하지만 실제로 시장을 방문하여 조사하는 것은 시간과 비용이 소요되므로 다음과 같은 다양한 정보원을 활용한 시장조사도 함께 병행하도록 한다.

(1) 카탈로그, 팸플릿, 설명서 등
신제품이나 대체품에 대한 기본적인 정보는 제조업체의 카탈로그, 팸플릿, 설명서 등을 활용하는 것이 좋다. 수집한 카탈로그는 품목별, 업종별, 회사별로 정리하여 보존하면 유용하게 활용할 수 있다. 식품 산업이 발달하고 식품에 관한 사회적 관심이 많아지면서 관련 전시회 및 박람회가 자주 개최되므로 여기에서 신제품에 대한 최신 정보를 획득하고 카탈로그를 손쉽게 얻을 수 있다.

(2) 업체 명부

새로운 구매 거래처를 선정하고자 할 때에는 상공 회의소나 업계의 단체에서 발행하는 업체 명부를 활용하는 것이 좋다. 업체 명부에는 업체의 주소, 회사 규모, 상품명, 재무 상황 등의 내용을 포함하고 있다. 또한 과거의 계약 상황이나 실적 등이 종합적으로 기록되어 있는 기존 거래처 명부도 공급업체 선정 시 주요한 정보원이 된다.

(3) 각종 간행물

신문, 잡지, 정부 기관(통계청, 산업통상자원부, 농림축산식품부 등)에서 발행한 통계 연(일)보 등은 가장 좋은 정보원이 된다. 특히, 전문 기관에서 정기적으로 발행하는 간행물을 활용하면 많은 정보를 제공받을 수 있다. 농림축산식품부에서는 해마다 농수산물 도매시장 통계 연보를 발간하여 도매시장의 일반 현황, 거래 동향, 거래 실적 등에 대한 정보를 제공하고 있으며, 교육부 및 각 시·도 교육청에서는 해마다 학교 급식 기본방향(혹은 정책방향)을 발표하여 식품구매를 포함한 학교 급식 운영 전반에 걸친 기준을 제시하고 있다. 또한 서울특별시 학교보건진흥원에서는 학교 급식 식재료 시장조사 결과를 정기적으로 발표하고 있다.

(4) 전문 조사 기관에서 발행한 자료

경제 연구소, 은행, 증권 회사, 대기업 등의 전문 조사 기관에서 발표한 각종 보고서도 일반적인 경제 동향에 대한 좋은 정보를 제공한다. 또한 급식 혹은 외식 관련 전문 기관에서 발행한 자료에는 관련 업계에 대한 상세하고 구체적인 정보를 제공하고 있어 유용하게 활용할 수 있다.

11월 물가 동향 요약

- **소비자 물가 지수(기획재정부 · 통계청)**
  - 10월 소비자 물가는 국제 유가 상승에 따른 석유류 가격 상승, 농산물 기저 효과 등으로 전년 동월 대비 2.0% 상승
  - 농축수산물은 기상 · 수급 여건 개선으로 전월 대비 하락하였으나 폭염 여파 및 작년 기저 효과로 오름 폭 확대(7.1→8.1%)
  - 전체 소비자 물가 상승률은 물가 안정 목표인 2% 수준에서 유지
  - 다만, 최근 국제 유가의 변동성이 확대되고 있는 가운데 물가 오름 폭이 확대되고 있는 점 등을 감안
    - 가격 강세 농산물 수급 가격 안정 대책 추진 및 생활 물가 관리 노력 강화
  - 주요 등락 품목
    (전월 대비)
    - 상승: 토마토(22.9), 쌀(5.9), 현미(5.1), 오징어(2.9), 수입 소고기(2.2)
    - 하락: 시금치(-60.6), 배추(-38.3), 상추(-42.8), 무(-24.1), 돼지고기(-3.7), 호박(-44.0), 사과(-8.8)
    (전년 동월 대비)
    - 상승: 쌀(24.3), 토마토(45.5), 파(41.7), 무(35.0), 고춧가루(18.8)
    - 하락: 양파(-27.2), 계란(-9.7), 돼지고기(-1.7), 갈치(-11.4), 마늘(-5.3), 배추(-4.5), 전복(-6.9)
- **식품 안전 섭취 가이드 프로그램(식품의약품안전처)**
  - 식품 안전 섭취 가이드 프로그램 개발, 식품안전나라에서 서비스 제공
  - 식품 안전 섭취 가이드 프로그램은 ▲일반 정보 ▲식사 정보 ▲섭취량 확인 ▲섭취량 결과 순서로 정보를 입력하고 그 결과를 확인하는 방식으로 진행
- **2018년 9월 농축수산물 수입 가격 동향(관세청)**
  - (농산물) 견과류 · 일반 채소류 · 곡물류는 전년 동월 대비 전반적으로 수입 가격이 상승한 반면, 양념 채소류 · 과일류 · 농산물 가공 제품은 전년 동월 대비 전반적으로 수입 가격이 하락
  - (축산물) 소고기(+3.0%) · 축산물 가공 제품은 전년 동월 대비 전반적으로 수입 가격이 상승한 반면, 돼지고기(△6.2%) · 닭고기(△5.7%)는 전반적으로 하락
  - (수산물) 신선 어류 · 냉동 어류는 전년 동월 대비 전반적으로 수입 가격이 상승한 반면, 활어류는 전반적으로 하락
- **부류별 수급 동향 및 전망**
  - **농산물**
    - 무: 11월 출하량 감소하면서 가격 상승 전망
    - 배추: 김장철(11~12월) 출하량 작년보다 감소하면서 가격 소폭 높을 전망
    - 무: 김장철(11~12월) 출하량 작년보다 증가
    - 양배추: 11월 가격 작년보다 높으나, 12월은 낮을 전망
    - 당근: 11월 출하량 작년보다 감소, 가격 높을 전망
    - 마늘: 11월 가격 전월 대비 소폭 상승 전망
    - 양파: 재고 및 출하량 많아 11월 가격 전년 대비 하락 전망
    - 대파: 11월 출하량 전년 대비 감소하면서 가격 높을 전망
  - **수산물**
    - 10월 동향: 전갱이, 고등어는 평년비 순조, 참조기, 갈치, 멸치는 평년 수준, 살오징어는 평년비 부진
    - 11월 전망: 고등어, 참조기는 순조, 전갱이, 갈치는 순조롭거나 평년 수준, 멸치, 살오징어는 부진할 것으로 전망
  - **축산물**
    - 한육우: 11월 한우 도매 가격 전년보다 상승 전망(수입육 동반 상승)
    - 돼지: 11월 돼지 등급 판정 마릿수 전년보다 증가, 도매 가격은 전년보다 하락 전망
    - 육계: 11월 육계 산지 가격 전년보다 낮은 1,200~1,400원/kg 전망
    - 오리: 10~11월 오리 생체 가격 전년보다 약세 전망
  - **가공식품**
    - 락토프리, 글루텐프리 식품에 대한 표준 지침 마련

그림 3-6
2018년도 11월
학교 급식
식재료 물가 동향

자료: 서울시교육청 학교보건진흥원

경남교육청 '학교급식거래실례가격조사시스템'을 구축

경남교육청은 2018년 학교 급식 정보 센터 홈페이지와 연계해 '학교급식거래실례가격조사시스템' 을 구축하였다. 이 시스템은 식재료 시장조사 정보를 전산화·자동화 처리해 인터넷 네트워크를 통해 학교에서 활용할 수 있도록 하였으며 이에 따라 기존에 학교 급식 구매를 위해 학교 급식 담당자들이 합동으로 조사한 시장조사 정보를 취합·검토해 도 교육청에서 단위 학교에 전파하는 데 10일 가량 소요되던 기간이 2~3일 내로 획기적으로 단축되며, 정보 취합, 검토 등에 따른 보고 절차와 업무 처리가 간소화되어 담당자들의 행정 업무도 경감된다. 특히, 자동 검증 기능이 탑재돼 있어 친환경 식재료가 일반보다 가격이 낮은 경우 등 오류 가능성이 있는 자료는 자동으로 확인해 조사자가 입력 단계에서 재검토할 수 있다.

자료: 경상남도교육청, 2018

그림 3-7
KAMIS
농산물 유통 정보

자료: KAMIS 농산물 유통정보 홈페이지

(5) 학술지, 학술 대회 자료집

전문 단체에서 발간하는 학술지 또는 전문 단체가 개최하는 학술 대회, 세미나 및 심포지엄 자료집은 전문적이고 객관적인 자료를 제공한다.

(6) 인터넷, 홈페이지

인터넷이 발달하기 전에는 구매와 관련된 최신 정보를 신속히 얻기가 쉽지 않았다. 하지만 최근 인터넷의 발달로 구매 활동과 관련된 환경이 급격히 변화하였다. 앞에서 설명한 정보원들은 대부분 인터넷 홈페이지를 구축하고 있어 관련 정보를 언제 어디서든 구할 수 있게 되었다(표 3-3). 따라서 시장조사 담당자는 인터넷을 통해 필요한 정보를 빠르게 찾을 수 있는 능력뿐만 아니라 찾아낸 수많은 정보 중 올바르고 신뢰도와 타당성을 갖춘 정보를 선택하여 활용할 수 있는 능력을 갖추어야 한다.

웹사이트명	웹사이트 주소	제공 정보
농산물 유통정보	http://www.kamis.co.kr	· 가격 정보, 시장 동향, 유통 실태, 유통 시설, 제철 농산물
국립농산물품질관리원	http://www.naqs.go.kr	· 농업 통계, 농산물 검사, 농산물 품질 관리사 · 농산물 품질 관리·정보 · 좋은 농산물 고르는 방법 · 농산물 관련 법령 자료 · 원산지 표시 위반 공표
국립수산물품질관리원	http://www.naqs.go.kr	· 수산물 안전성 검사 · 수산물 품질인증 · 원산지 표시 · 법령 정보
농림축산식품부 도매시장 통합 홈페이지	http://market.okdab.com	· 전국 도매시장 소개 · 전자 경매 결과 제공 · 거래 동향 · 품목별 가격 안내 · 농산물 유통 정보
농식품정보누리	https://www.foodnuri.go.kr	· 농식품 정보 · 레시피 제공 · 알뜰 장보기 · 제철 농식품, 식품 인증
축산유통종합정보센터	http://www.ekapepia.com	· 축산 유통 정보 · 축산물 가격, 통계 자료 · 축산 정보 제공
한국소비자원 참가격	https://www.price.go.kr	· 가격 비교 정보 제공 · 가격 동향 · 할인 정보 제공
한국물가협회	http://www.kprc.or.kr	· 전문 가격 조사 기관 · 물가 자료 제공
가락시장	http://www.garak.co.kr	· 경매 정보, 유통 정보

표 3-3
식품구매 관련
웹사이트

CASE 3-1 | 도매시장의 변신

가락시장 옥상에 서울시 최대 규모 '옥상 텃밭' 조성

서울시와 서울시농수산물유통공사가 가락시장 내 가락몰 옥상에 전국에서 기증받은 과채류로 대규모 텃밭을 조성했다. 전체 규모는 천200㎡로, 서울에 있는 옥상 텃밭 중 가장 큰 규모입니다. 가락몰 옥상 텃밭은 전국 농산물의 집결지인 가락시장의 상징적 의미를 살리기 위해 조성한 공간으로, 서울시는 텃밭을 농업 체험 공간으로도 운영할 계획이다.텃밭에는 각종 채소와 고사리·더덕 등 산나물, 보리·수수 등 곡식류 등을 심어, 서울시민과 가락시장 상인, 농업인이 함께 가꿀 수 있다.

자료: KBS NEWS 2019.12.04.

인천 남촌동 개장 농산물도매시장⋯ 시장통 벗어나 '농식품 복합타운' 변신

개장 26년 만에 인천 남동구 남촌동으로 이전하는 인천 구월농산물도매시장이 농식품분야 스타트업 기업 육성과 창업농지원센터 등의 기능을 갖춘 농업분야 '복합타운'으로 새롭게 변신한다. 기존 농산물 경매나 도·소매 기능 외에 농업분야와 관련된 다양한 시설을 입점시켜 농산물 복합타운으로 탈바꿈시키겠다는 게 인천시의 구상이다.

인천시 관계자는 "2020년 3월 2일 이전해 공식 개장하는 농산물도매시장의 유휴공간을 시민들에게 개방하고 농식품 분야 특화사업을 추진할 수 있는 거점으로 조성할 방침"이라고 밝혔다. 남촌농산물시장은 남동구 남촌동 17만㎡에 경매장·직판장·관리사무동 등 7채의 건물로 구성됐다. 인천시는 우선 농산물 경매 등이 이뤄지는 3개 건물 옥상을 도시체험농장으로 시민들에게 개방할 계획이다. 3개 건물 옥상면적은 각각 1만6천㎡로 이중 2천㎡씩 총 6천㎡를 일반시민들의 주말 농장으로 개방할 예정이다. 연면적 6천㎡, 지하 1층·지상 3층 규모의 업무동에는 인천지역 농산물 홍보전시관을 비롯해 농산물 안테나숍(상품개발이나 판매촉진방안 등을 연구하기 위해 개설된 전략점포), 시민 대상 요리 교실 등이 들어선다.

자료: 경인일보 2020.01.22

eaT, 급식 식재료 시장조사 대행 '검토 중'

학교 영양(교)사들이 주로 맡고 있는 식재료 시장조사를 학교 급식 전자 조달 시스템(이하 eaT)을 운영하고 있는 한국농수산식품유통공사(사장 이병호, 이하 aT)가 대신해 주는 방안을 검토하고 있는 것으로 확인돼 귀추가 주목된다. aT 사이버 거래소 관계자는 지난 4일 본지와의 면담에서 "학교 영양(교)사들의 업무 경감과 업체들의 불필요한 민원을 줄이기 위해 여러 가지 방안을 검토하던 중 식재료 가격 시장조사를 eaT에서 직접 맡는 것으로 내부 검토 중"이라고 말했다. 현재 각 학교는 정기적으로 급식에 사용할 식재료 구매를 위한 입찰을 eaT와 조달청 나라장터를 통해 실시하고 있다. 그리고 입찰을 위한 평균 식재료 가격을 조사하는데, 이 업무는 학교 내에서 영양(교)사가 맡는다. 일부 지역에서는 영양(교)사와 학부모, 유통 전문가 등이 포함된 공동 조사단을 구성해 시장조사를 하지만, 기본적으로는 영양(교)사가 주도적으로 하고 있는 실정이다. 이 같은 시장조사가 중요한 이유는 입찰을 위한 예정 가격(입찰을 위해 발주자가 기초로 삼는 가격)이 이로 인해 결정되기 때문이다. 이에 따라 예정 가격이 높으면 실제 낙찰 가격도 높아져 응찰하는 업체 입장에서도 매우 중요한 부분이다. 하지만 그동안 업체 측에서는 학교 측이 제시하는 예정 가격이 시장 유통 가격보다 매우 낮아 납품하기가 어렵다는 민원을 제기해 왔다. 일부 지역에서는 예정 가격이 낮은 이유를 들어 집단 응찰 거부를 벌이기도 했었다. 이런 상황에서 식품 유통의 전문 기관인 aT가 직접 시장조사를 통해 식재료 가격을 공시하면 업체들이 학교와 영양(교)사 측에게 불필요한 민원을 제기할 일이 없을뿐더러 aT는 기존 유통 전문가들을 활용하면서 시장조사에 필요한 예산도 절감할 수 있다.

aT 사이버 거래소 관계자는 "시장조사를 위해 1년에 쓰이는 예산을 검토해 본 결과 영양(교)사 출장비, 회의비 등 대략 40억 원이 소요되는데, aT에서 맡게 되면 절반 가량인 22억 원 정도가 들어가는 것으로 분석됐다"며 "물론 관계 법령 검토와 부처 간 협의를 거쳐야 하지만 반드시 필요한 정책이라고 본다"고 말했다.

자료: 대한급식신문, 2018. 10. 10. (일부)

거대한 '룅지스 식품 도매시장'

파리의 숨은 명소인 세계 최대 시장　　　　　세계 최대의 식품 도매시장인 룅지스

파리 시민들 대부분이 직장에서의 긴 하루를 보내고 잠자리에 들 시간인 자정 무렵이면 이때부터 활기를 띠는 곳이 있다. 프랑스 수도에서 남쪽으로 5마일 떨어진 룅지스(Rungis)에 있는 거대한 식품 도매시장이다. 면적이 모나코보다 조금 더 크다. 길이가 축구장만한 냉장 홀 안에서 파스칼 뒤페이스는 은빛 물고기에서 얼음 조각들을 털어 내며 생선의 눈을 가리킨다. 완벽하게 맑다. 싱싱하다는 증거이다.

인근의 30개가 넘는 육류, 과일, 채소, 꽃 도매 파빌리언들에서 이른 새벽 내내 이루어지는 거래는 수천 건. 그리고 파리의 스카이라인에 해가 떠오를 때쯤이면 시장 근로자들이 삼삼오오 동네 단골 바인 르 생 위베르 카페에서 마신 커피가 거의 3,000잔에 이른다.

573에이커에 걸쳐 펼쳐진 광활한 시장에서는 1만 3,000명의 직원들이 일을 하고, 식당이 19개, 은행, 우체국 그리고 자체 경찰까지 갖춰져 있다. 룅지스는 도시 안의 도시이다. 유럽 대륙과 세계를 잇는 통로이자 수백만 톤의 싱싱한 식재료들이 들어오고 나가는 곳이다.

신시장 룅지스는 초현대식 시장이다. 연 매출이 90억 유로(대략 104억 달러)에 달한다. 시장 내 파빌리언은 4개 주요 식품 그룹으로 나뉘고, 쓰레기 재처리 시스템, 글로벌 단위의 전자 상거래 시스템을 갖추고 대단히 효율적으로 운영되고 있어서 모스크바, 아부다비 등 세계의 수도들이 룅지스를 모델로 자국의 도매시장들을 새로 만들고 있다.

자료: 한국일보-뉴욕 타임스 특약, 2018. 10. 18. (일부)

- 시장(market)

- 식품 시장

- 일차 시장(primary market)

- 이차 시장(secondary market)

- 지역 시장(local market)

- 도매시장

- 도매시장 거래 체계

- 도매시장종사자

- 도매시장개설자

- 출하자

- 도매시장법인

- 경매사

- 중도매인

- 매매참가인

- 시장도매인

- 시장조사

DISCUSSION QUESTIONS

1. 시장에 대하여 정의하고 식품 시장의 종류에 대해 설명하시오.

2. 도매시장의 거래 체계 및 종사자의 역할에 대하여 기술하시오.

3. 시장조사의 개념, 내용, 원칙 및 방법에 대하여 기술하시오.

4. 외식업체, 급식업체, 식자재 유통업체 등을 대상으로 구매 시스템에 대하여 조사하시오.

5. 채소 및 과일류, 양곡류, 김치, 농산 가공품, 수산물, 축산물, 공산품 중 한 가지를 선택하여 구입처에 따른 판매 단위 및 가격을 조사하여 비교하시오.

MEMO

CHAPTER 4

구매
조직

| 학습 목표 |

1. 구매 부서의 필요성과 장단점을 설명할 수 있다.
2. 구매 부서의 경영 기능을 설명할 수 있다.
3. 구매 담당자의 직무 내용을 나열할 수 있다.
4. 구매 업무의 평가 기준을 설명할 수 있다.

1. 구매 부서

조직 내에 **구매 부서**가 별도로 설치되어 구매 업무를 전문적이고 전략적으로 관리하는 것이 이상적이다. 대규모의 회사(위탁 급식업체, 외식업체, 식품 회사, 호텔 등)에서는 구매 부서가 존재하여 구매 업무를 전담하고 있지만, 소규모 급식소나 외식업체에서는 구매 부서가 독립되어 있지 않고 담당자가 구매 업무를 담당한다. 최근 대규모 위탁 급식 전문업체 및 외식업체가 **중앙 공급 주방 시스템**(central kitchen system)을 활용함에 따라 구매 부서의 중요성은 더욱 커지고 있다(그림 4-1).

1) 구매 부서 독립의 장단점

조직 내에 구매 부서가 독립적으로 존재할 경우의 **장점**은 다음과 같다.

- 시장의 정보, 물류 동향 등 구매 관련 정보를 신속히 입수할 수 있으므로 시장 및 환경 변화에 유연하게 대응할 수 있다.
- 최고 경영자가 구매 업무에 대하여 모든 부서장에게 각각 전달할 필요 없이 구매 부서장과 의사소통함으로써 조직 전체의 구매 관련 정책 수립 및 통제

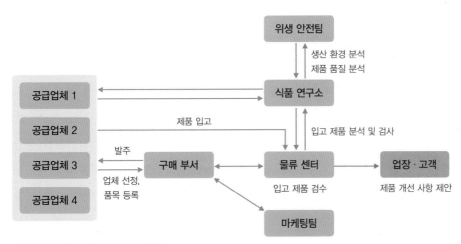

그림 4-1
위탁 급식 전문업체의
구매 조직

자료: (주) 아워홈(양일선 등, 2008 재인용)

업무가 일관성 있게 이루어질 수 있다.
- 고품질·저가격의 제품을 안정된 공급처로부터 구매할 수 있으므로 원활한 구매 업무가 가능하다.

구매 부서가 독립적으로 존재할 경우의 **단점**은 다음과 같다.

- 구매 부서의 설치·운영으로 인한 비용을 부담해야 한다. 구매 부서가 절감할 수 있는 구매상의 이윤보다 구매 부서의 유지에 소요되는 비용이 더 크다면 독립된 구매 부서를 설치·운영하는 것은 비효율적이다.
- 물품의 사용 부서에서 요구한 정확한 품질의 물품을 조달하기 어려울 경우가 있다.
- 시급한 물품의 조달에 있어서 시스템 지연에 따른 어려움이 있을 수 있다.

이를 보완하기 위해서 구매 담당자는 물품에 대한 해박한 지식을 가지고 있어야 하고 물품 사용 부서에서는 상세한 구매 명세서를 작성하여 구매 부서에 전달하도록 한다.

구매 부서가 독립적으로 존재하여 구매 업무를 전문적으로 수행하는 것이 이상적이지만 급식소가 처한 상황은 각기 다르므로 독립된 구매 부서의 설치 운영에 대한 장단점을 면밀히 살펴보고 설치 여부를 결정하도록 하여야 한다.

2) 구매 부서의 경영 기능

구매 부서에서는 구매 활동을 수행함에 있어서 **계획, 조직, 지휘, 조정, 통제**의 일련의 관리 업무를 수행한다.

계획화(planning)는 조직의 목표를 설정하고 설정된 목표를 달성하기 위한 전반적인 전략을 수립하는 기능이며, **조직화**(organizing)는 수립된 계획을 성공적으로 달성하기 위해서 어떠한 형태로 조직을 구성할 것인가를 결정하고 인적 자원과 물적 자원을 배분하는 행위이다. 특히, 구매 부서에는 업무를 효율적으로 수행하기 위한 우수한 인적 자원을 확보하는 것이 매우 중요하므로 조직화 기능에는 구매에 관

ISSUE
4-1

CJ 전략 구매 조직

CJ 제일제당 통합 구매 조직인 전략 구매팀은 1·2차 농산물, 가공식품 원료, 식품 첨가물, 전사 포장재, OEM 제·상품, 설비 기자재, MRO 자재의 통합 구매를 담당하고 있으며, indirect(용역·서비스) 부문으로 구매 관여 범위를 확대하는 등 구매 부문의 선진 프로세스 구현과 가치 구매 실천, 시너지 창출을 통해 value chain을 최적화하여 수익성 향상에 기여하는 구매 전문 그룹을 지향하고 있다. e-Procurement 실현을 위해 ERP 시스템 기반의 구매 활동을 전개하고 있으며, Global SRM 등의 시스템 구축을 통해 구매 프로세스 개선 노력을 하고 있다.

전략 구매팀 조직도

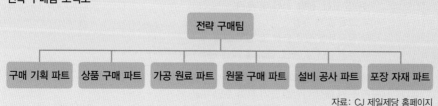

자료: CJ 제일제당 홈페이지

련된 요원(구매 부서장, 구매 담당자, 검수 요원, 창고 담당자, 사무원 등)으로 적합한 사람을 선발·훈련하는 충원(staffing)의 업무를 포함한다. 소규모의 조직에서는 구매 담당자를 따로 두지 않고 급식 관리자가 구매 업무를 겸하며, 규모가 큰 급식소의 경우에는 구매 업무를 담당하는 전담 직원을 고용한다. **지휘**(leading)는 조직의 목표를 달성하기 위하여 조직 구성원들에게 리더십을 발휘하며 조직 구성원과 의사소통을 하고 동기를 부여하는 과정을 말한다. **조정**(coordinating)은 개인과 부문에서 이루어지는 일들이 원활하게 협력을 이루어 나가도록 집단의 노력을 통합하고 이견을 조정하는 기능을 의미한다. **통제**(controlling)는 설정한 계획과 성과의 차이를 측정하고 필요한 수정 조치를 취하거나 다음 계획을 수립할 때 수정 자료를 제공해 주는 경영의 기능이다. 구매 부서에서 수행하는 계획, 조직, 지휘, 조정, 통제의 경영 기능별 세부 업무는 표 4-1과 같다.

경영 기능	세부 업무 내용
계획	· 구매 업무 관련 정보의 수집 및 분석 · 구매 부서의 장·단기 계획 수립 · 구매 부서의 업무 수행의 목표 수준 설정 · 목표 달성을 위한 수행 방법 모색 및 최선의 방법 선택 · 구매 절차의 확립 및 절차 단계별 업무 내용 결정
조직	· 구매 부서의 조직 · 구매 부서 내의 업무 할당 · 구매 부서 내에서 책임 권한의 범위 설정 및 부여 · 구매 업무 수행을 위한 인원(구매 부서장, 구매 담당자, 검수 요원, 창고 담당자, 사무원 등)의 모집, 선발, 교육 및 훈련 · 직무 교육 교재 개발 · 업무 담당자별 직무 분석 및 직무 설계 · 구매 부서 내에서 예산, 설비 등 자원 분배
지휘	· 구매 관리자의 효율적인 리더십 발휘 · 구매 요원 대상 다양한 동기 부여 수단 제공 · 조직 내 원활한 의사소통을 위한 다양한 제도 확립(공식적 의사소통과 비공식적 의사소통, 수직적 의사소통과 교차적 의사소통 등) · 구매 요원의 직무 만족도 향상을 위한 다양한 방안 모색 및 실시
조정	· 구매 부서와 타 부서와의 연계 및 협력 관계 형성을 위한 방안 모색 · 구매 부서 내 직원들 간의 분쟁 발생 시 해결
통제	· 구매 부서 및 담당자의 업무 수행도(재료비, 재고 회전율, 재고 고갈 빈도, 공급업체 관리 등)에 대한 평가 · 구매 부서 및 담당자의 업무 수행도와 목표치와의 비교 · 구매 부서 및 담당자의 업무 수행 결과에 대한 적절한 피드백 제공 · 구매 부서 및 담당자의 업무 수행도에 대한 평가를 근거로 보상

자료: 홍기운 외, 2001(저자 재작성)

2. 구매 담당자

1) 구매 담당자의 직무 내용

구매 담당자는 단순히 급식을 위한 식재료를 사는 것뿐 아니라 비식품류(주방 기기, 소도구류 등)의 구매까지 담당하여 경영기능을 수행하므로 구매하고자 하는 물품의 특성, 시장 및 유통 환경, 관련 법규에 대한 지식을 갖추고 있어야 한다. 구매 담당자는 **상품 구매 기획자**(MD, Merchandising Director)로 역할이 확대되고 있는데, 상품 구매 기획자는 상품 기획자, 상품 개발 담당자라고도 하며, 소비자의 수요 분석과 철저한 시장조사를 통하여 상품의 기획부터 개발, 구입, 가공, 진열, 판매 등 상품 흐름의 전 과정을 총괄하는 역할을 담당한다. 원래는 패션 분야에서 시작된 직종이지만 유통 체계의 변화로 인하여 할인점, 인터넷 쇼핑몰, 백화점 등 다양한 분야에서 활동하고 있으며 향후 업무 영역은 더욱 넓어질 것으로 예상된다.

미국에서 구매 담당자에게 필요한 능력을 조사한 결과 대인 간 의사소통 능력(interpersonal communication), 고객 위주의 사고 방식(customer focus), 의사 결정 능력(ability to make decision), 협상 능력(negotiation), 분석 능력(analytic ability), 경영 혁신 능력(managing change), 분쟁 해결 능력(conflict resolution), 설득력(influence and persuasion), 컴퓨터 사용 능력(computer literacy)의 순으로 나타났다. 즉, 구매 담당자는 단순히 필요한 물품을 구입하는 보조적인 업무가 아니라 급식 조직이 전략적으로 성장하는 데 있어서 매우 중요한 역할을 하며 급식 조직의 경쟁력의 근원이 되는 업무를 수행한다고 할 수 있다.

위탁 급식 전문업체의 구매 담당자의 직무를 소개하면 그림 4-2와 같다.

2) 구매 담당자의 인적 자질

구매 담당자는 다음과 같은 인적 자질을 갖추어야 한다. 첫째, 근면·성실해야 하며, 둘째, 신뢰성이 있어야 하고, 셋째, 성격이 치밀하고 꼼꼼해야 한다. 넷째, 업무에 적극성을 띠어야 하며, 다섯째, 예상치 못한 일에 대처할 수 있는 임기응변력이 있어야 하고, 여섯째, 청렴결백해야 한다. 일곱째, 구매 관련하여 전문적인 지식을 갖춰야 할 뿐만 아니라 연계 부서와의 업무 흐름 및 절차, 그리고 규정에 대하여 잘 숙지해야 하며, 구매 분야에서의 다양한 경험을 가지고 있는 것이 필요하다.

직무명: 식자재 상품 구매자(MD)

- **직무 내용**

  MD는 경쟁력 있는 식재를 고객이 원하는 시기에 적량으로, 최적의 가격으로 공급하는 업무를 담당한다. 각 상품별로 전문적인 구매 담당자가 있으며, 경쟁력을 강화하기 위해 끊임없이 새로운 구매 혁신을 시도하고, 신상품, 신규 업체 발굴의 업무를 주로 진행한다. 또한 최적의 구매를 위하여 구매 기획, 협력업체 선정 및 관리, 구매 가격 결정, 계약, 발주, 상품 관리, 매입 관리, 전략 수립 등의 업무도 한다. CJ 프레시웨이는 그룹 내에서 상품 구매 및 유통을 담당하여 관계사와의 물량 소비량을 예측하여 상품 수급의 원활한 역할을 하기도 한다. CJ 프레시웨이의 MD는 상품을 크게 6가지로 나눠서 농산 MD, 축산 MD, 수산 MD, 가공 MD, 관계사 MD, 상품 개발 MD로 구별할 수 있다. 농·수·축·가공 MD들은 본연의 업무인 합리적인 구매 업무가 주를 이루고 관계사 MD는 그룹 전반적인 상품 구매를 담당하며, 상품 개발 MD들은 PB 상품이나, CK 상품 개발 업무를 담당하고 있다.

- **하루 일과**

  MD의 하루 시작은 MA(유통 영업 담당자)와 함께 시작한다. 고객들에게 전달되었던 상품의 품질이나 기타 여러 가지 클레임이 발생되었을 경우 MA와 협조하여 즉시 해결하며 그에 따른 문제점들을 파악하여 원인 규명과 함께 향후 동일한 문제가 발생되지 않도록 조치를 한다. 이후에는, 각자가 맡고 있는 상품에 대하여 관리를 시작한다. 상품 재고, 출하, 품질, 가격 등의 항목을 매일 점검하여 상품 수급을 원활하게끔 매일 관리하고 유지하고 있다. 또한 연간 구매 계획의 실행률을 점검, 보고하며 상품 부진 사유가 있을 경우 대응책을 수립한 뒤, 재발 방지를 위하여 노력한다. 기존 상품 관리뿐만 아니라 신규 상품을 발굴하여 매출 증대에 많은 힘을 보태고 있다. 끊임 없는 시황 정보, 시장 트렌드, 주요 이슈 상품 정보 등을 통하여 신상품 개발에 많은 노력을 기울이고 있다.

- **업무 네트워크**

  MD는 상품 입고, 수급, 품질, 신규 개발 등을 담당하고 있어 회사 내외 모든 조직과 의사소통하고 있다. 특히, 상품 품질 등의 문제로 인한 고객과의 불만이 있을 경우 문제 해결을 위하여 담당 MA와 긴밀하게 협조를 하며, 원활한 상품 공급을 위해 협력사와 긴밀한 유대 관계를 맺고 상생 지원을 아끼지 않는다. 또한 상품의 법적인 문제점이나 이슈 사항에 대해서 식품 안전 센터와 지속적인 협의를 하며 상품 입고의 물류 효율성을 높이기 위해 물류팀과 끊임없는 혁신 활동을 벌이고 있다. 국내에서 뿐만 아니라 해외에서도 상품을 소싱, 수출하므로 전 세계에 나가 있는 그룹 관계사들을 통하여 해외 상품에 대한 정보를 지속적으로 제공받기도 한다.

- **업무에 요구되는 자질과 기술**

  우선적으로 MD는 상품을 다루기 때문에 상품에 대한 전문 지식이 필요하다. 상품의 시황, 원산지 등 표면적인 정보보다는 상품의 특징, 상품 개발 연관성, 상품 수요자 등 상품의 응용력이 매우 중요하다. 그리고 트렌드성이 높은 상품이 주를 이루고 있으므로 끊임없는 상품에 대한 연구도 중요하다. 또한, MD는 협력사의 도움 없이는 상품 업무를 잘할 수 없으므로 협력사와 좋은 관계를 유지하기 위한 노력이 중요하다. 지속적인 원가 절감을 위하여 구체적인 구매 방법 등의 노하우를 협력사에 제공하여 상호 협력할 수 있는 자세를 가져야 한다. 신입 사원이 MD 업무를 수행하기 위해서는, 식품 관련 전공이거나

그림 4-2
구매 담당자의
직무 소개 예
(위탁 급식)

계속

상경계열, 어학 전공이라면 기초 소양을 가졌다고 볼 수 있을 것이다. 하지만 무엇보다도 MD는 단순히 구매만 하는 업무가 아니라 종합적으로 봐야 하는 업무이기 때문에 넓게 보는 시각과 많은 업무에도 흔들리지 않는 인내, 끈기가 필요하다.

- **자기 개발 기회 및 비전**
  앞서 언급하였듯이 식자재 유통 시장은 매우 큰 시장이며 현재 많이 낙후되어 있는 실정이다. 그러나 현재는 식자재에 대한 안전 의식이 고취되어 있고, 내식(가정에서의 식사)보다는 외식 위주로 생활이 재편되면서 보다 중요한 산업, 시장으로 떠오르고 있다. 그만큼 기회도 많을 것이며 경쟁 또한 치열하다. 과거에는 광물 자원 확보가 국가 경쟁력을 좌우했지만, 향후 미래에는 각국이 식량 자원 확보를 통해 국가 경쟁력을 높일 것이라고 많은 보고서가 나오고 있다. CJ 프레시웨이의 MD는 국내 B2B(사업자와 사업자 간의 비즈니스) 시장에서 구매량이 제일 많고 매출액이 가장 높은 회사에서 근무하고 있다. 또한 국내 최초로 1차 상품 수출을 시작하였고 대기업 최초로 지방 자치 단체와 MOU 체결을 통해 지역 특산물을 관리하고 있다. CJ 프레시웨이의 MD로 근무한다면, B2B 시장의 리더로서 보다 많은 기회와 무한한 성장 가능성을 경험할 수 있을 것이다.

자료: CJ 프레시웨이 홈페이지(저자 재작성)

3) 구매 담당자의 윤리

최근 정치, 경제, 사회 등 다양한 방면에서 윤리(ethics)의 중요성이 강조됨에 따라 조직에서 윤리 경영의 도입은 필수적 요건이 되었다. 구매 분야는 조직을 대표하여 다량의 거래와 대금지불 등의 행위가 이뤄지므로 다른 부서보다도 더욱 윤리적 측면이 강조되고 있기에, 급식 조직은 구성원이 행동해야 하는 기준이나 표준을 제시한 윤리 지침 혹은 윤리 규범을 마련하여 구매 부서 및 구매 담당자에게 제시하고 있다(부록 4-1).

구매 담당자가 일상적인 구매 업무를 수행하는 데 필요한 윤리 지침은 구체적으로 제시되어야 하며 상위 경영층부터 일반 종업원까지 조직 내 모든 직원에게 적용된다.

구매 담당자와 공급업자의 관계는 무엇보다 윤리성이 많이 요구되므로 윤리 지침을 반드시 공급업자와 공유함으로써 바람직한 공급업자와 구매자 간의 관계를 정립하여야 한다. 그와 동시에 구매 담당자는 공급업자에게 정중하게 대하되 공정한 관계를 유지함으로써 회사의 명성을 지키도록 해야 한다.

3. 구매 업무의 평가

구매 업무의 수행 정도를 객관적으로 평가하는 것은 인사 고과 및 업적 평가의 근거 자료를 제공하고 조직원들로 하여금 성장에 대한 욕구를 자극하여 능력 개발을 유도할 수 있다. 따라서 구매 부서의 평가는 반드시 필요하며 객관적인 기준에 의한 평가 결과를 제시할 수 있어야 한다. 구매 업무의 수행도를 평가하는 기준은 다음과 같다.

1) 재료비의 적절성

외식업의 경우에는 30~40%, 단체급식의 경우에는 50~60%의 식재료비 비율을 유지하고 있으나 급식소마다 편차가 크다. 급식 산업에 있어서 재료비는 주로 식재료비를 의미하는데, 식재료비가 다른 산업 분야에 비해 높은 편으로 인건비와 함께 주요 원가로 관리된다.

급식소마다 재료비의 목표 수준을 설정한 후 일정 기간 동안 사용한 실제 재료비의 수준과 목표 수준을 비교함으로써 구매 업무의 수행 수준을 평가한다. 따라서 급식소별 재료비의 목표 수준은 구매 업무의 수행 평가 기준이자 업무의 표준이 된다.

2) 재고 회전율의 적절성

일정 기간 동안 저장 시설에 있는 물품의 평균 사용 횟수를 나타내는 재고 회전율(inventory turnover)은 구매 능력을 간접적으로 평가할 수 있는 척도이다. 각 급식소마다 상황에 맞는 재고 회전율의 기준을 설정하고 실제 재고 회전율을 기준치와 비교하여 평가한다.

3) 재고 고갈 빈도

재고의 고갈은 급식 생산에 차질을 발생시키며 급식 조직의 목표 달성에도 직접적인 타격을 주므로 구매 업무의 수행 평가 기준에 포함된다. 재고 고갈 빈도의 증가는 적정 재고량과 적정 재고 회전율을 잘못 산출하였거나 발주 시점에서 구매가 즉시 이루어지지 않았음을 의미한다. 따라서 재고 고갈 빈도가 잦아지게 되면 구매 절차에 대하여 전반적인 재검토가 필요하다.

4) 공급업체의 관리

배달 지연 및 반품 횟수의 증가는 급식 생산에 차질을 유도하므로 구매 담당자는 공급업체로부터 납품된 물품의 품질 수준 혹은 배달 기한의 정확성을 지속적으로 평가하고 관리하도록 한다. 객관적인 공급업체 평가 기준이 마련되어 있어야 공급업체에 대한 공정한 평가가 이루어질 수 있다. 현재 공급업체에 대한 지속적인 평가를 실시함과 동시에 새로운 공급업자 개발에도 노력해야 한다.

ISSUE 4-2

부정 청탁 및 금품 등 수수의 금지에 관한 법률(청탁금지법)

2015년 3월 27일 제정된 법안으로, 2012년 김영란 당시 국민권익위원회 위원장이 공직 사회 기강 확립을 위해 법안을 발의하여 일명 '김영란법'이라고도 한다. 이 법은 1년 6개월의 유예 기간을 거쳐 2016년 9월 28일부터 시행됐다. 법안은 당초 공직자의 부정한 금품 수수를 막겠다는 취지로 제안됐지만 입법 과정에서 적용 대상이 언론인, 사립 학교 교직원 등으로까지 확대됐다. 이 법은 「부정 청탁 및 금품 등 수수의 금지에 관한 법률(청탁금지법)」 적용 대상에 공공기관 등에 재직 중인 급식 관계자들에게도 대폭 확대되었다. 특히 학교의 경우 사립 학교까지 적용되면서 국·공립 학교는 물론, 사립 학교에 재직 중인 급식 관계자들도 상당수 '청탁금지법'의 적용을 받는다. 이에 따라 납품업체 등과 잦은 접촉을 해야 하는 급식 관계자들의 각별한 주의가 요구된다.

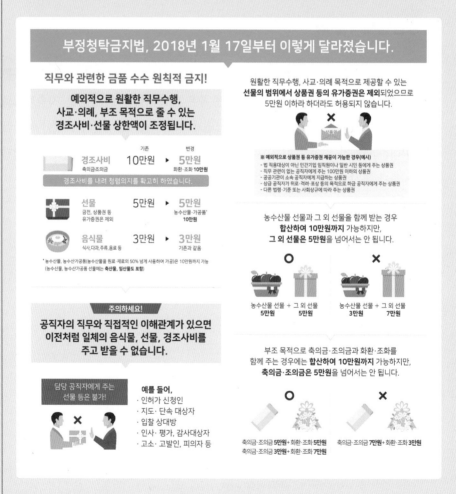

수수 금지 금품 등 관련 Q&A

Q 금품 등을 수수하면 언제나 처벌되는가?

A 직무 관련 여부를 불문하고 1회 100만 원 또는 매 회계 연도 300만 원을 초과하거나 직무와 관련하여 1회 100만 원 이하의 금품 등을 수수하는 행위가 금지됨. 다만, 직무와 관련 없이 1회 100만 원 이하 금품 등이나 법 제8조 제3항에서 규정하고 있는 8가지 예외 사유에 해당하면 수수 금지 금품 등에서 제외됨

Q 직무와 관련된 자로부터 3만 원 상당의 저녁 식사를 접대받고, 주변 카페로 자리를 옮겨 6,000원 상당의 커피를 제공받은 경우는?

A 식사 접대 행위와 음료수 접대 행위가 시간적·장소적으로 근접성이 있어 1회로 평가 가능하며, 음식물 3만 원 가액 기준을 초과하였으므로 「청탁 금지법」 위반임

Q 직무 관련자로부터 3만 원 이하의 식사를 지속적으로 제공받아 연 300만 원을 초과한 경우 「청탁 금지법」 위반일까?

A 원칙적으로 회계 연도 300만 원 초과 여부 산정 시 예외 사유에 해당하는 금품 등의 가액은 제외됨. 그러나 사례의 경우 3만 원 이하의 식사를 연 100회 넘게 제공한 경우에는 사교·의례 목적을 벗어날 가능성이 크므로 예외 사유로 인정되지 않을 수 있음

Q 금지된 금품 등을 제공하겠다는 약속을 하는 것도 위반일까?

A 금지된 금품 등을 수수하는 것뿐만 아니라 요구 또는 약속하는 행위도 금지되며, 누구든지 교직원 등에게 금지된 금품 등을 제공하거나 제공의 약속 또는 의사 표시를 하는 행위도 금지됨

Q 자신이 소속된 공공기관에서 주최하는 체육 행사에 경품을 협찬할 것을 직무 관련자에게 요구한 경우 「청탁 금지법」 위반일까?

A 교직원 등은 금지된 금품 등을 수수하는 것뿐만 아니라 요구하는 행위도 금지되므로, 청탁 금지법 위반임

Q 업무 협조가 필요한 부처 및 과에 방문 시 가벼운 음료수를 들고 갈 수 있을까?

A 원활한 직무 수행, 사교·의례 목적으로 제공되는 3만 원 이하의 음식물, 5만 원 이하의 선물(단, 농수산·가공품은 10만 원 이하)은 수수 금지 금품 등의 예외 사유(법 제8조 제3항 제2호)에 해당되어 허용됨

Q 가액 기준 내의 선물은 직무 관련성·대가성 유무에 관계없이 수수해도 될까?

A 가액 기준 내라도 직무 관련성 및 대가성이 있으면 원활한 직무 수행, 사교·의례의 목적을 벗어나 허용되지 않고 나아가 형법상 뇌물죄로 형사 처벌됨

Q 직무 관련자로부터 10만 원 상당의 선물을 받고, 지체 없이 반환하고 신고한 경우 선물 제공자는 「청탁금지법」 위반일까?

A 직무와 관련된 경우 가액 기준을 초과하는 선물을 제공하면 실제 수수하였는지 여부와 상관없이 「청탁금지법」 위반임

자료: 국민권익위원회

CASE
4-1

CJ 프레시웨이, 양파 계약 재배로 농가·기업 상생

CJ 프레시웨이는 재배 면적 확대로 인한 가격 폭락에 '잎마름병'까지 더해져 어려움을 겪고 있는 양파 농가의 시름을 계약 재배를 통해 해소하고 있다고 밝혔다. CJ 프레시웨이가 충남, 전북 등지에서 추진 중인 양파 계약 재배 사업에는 총 30여 곳에 달하는 농가가 동참하고 있으며, 이를 통해 연중 출하 예정인 양파 약 5천 톤을 구매한다는 계획이다. 이렇게 구매한 농산물은 식품 제조 기업의 공장이나 대형 단체급식 점포 및 프랜차이즈 외식업체 등으로 유통된다.

시세 하락으로 예상되는 농가의 수익 감소분 일부에 대해 기업이 보전해줌으로써 시황 변동에 의한 불확실성을 해소하고 농가와 기업이 함께 윈윈(win-win)할 수 있는 구조를 만들고 있는 것이다.

통계청의 지난달 발표 자료에 따르면 올해 양파 재배 면적은 2만 6,418ha로 지난해(1만 9,538ha)보다 35% 이상 늘어났다. 시장 수요는 한정적인 데 반해 비약적으로 증가한 공급량으로 시세 하락은 기정사실화됐다. 여기에 '잎마름병'이 대규모로 발생해 수확량 감소까지 이어져 이중고를 겪고 있는 상황이다. 서울 가락동 농수산물 시장의 양파 가격은 지난달 30일 기준 1kg당 515원을 기록해 평년에 비해 15%, 지난해에 비해 30% 이상 낮았다.

전국 11개 지역, 1천여 농가와 계약 재배

"(양파가) 애물단지라니요. 천만의 말씀입니다. 흘린 땀만큼 제값으로 채워 주니 보물단지죠. 무엇보다도 판로는 CJ 프레시웨이가 대신 걱정해 주니 저희 농가는 오로지 좋은 품질의 양파를 공급할 수 있도록 최선을 다하면 됩니다. 웃음이 저절로 나오죠."

이번에 CJ 프레시웨이가 함께 추진한 계약 재배는 농가의 생산 원가 이상 수준의 고정 가격에 농산물을 판매하는 방식으로, 시장이 하락세일 때 시세 차 발생으로 인한 농가의 피해는 최소화하고 기업에게는 양질의 농산물을 안정적으로 공급하는 효과가 있다.

배지환 신선 농산팀 MD(과장)는 "일명 '밭떼기 구매' 등 단순히 시세 차익을 낸다는 관점으로 농산물 시장에 뛰어들면 구매자와 판매자 모두 시장에 의존하는 결과를 낳는다"며 "앞으로도 농가와 함께 상생할 수 있는 선순환 구조를 만들 수 있도록 계약 재배 사업을 발전시켜 나갈 계획"이라고 밝혔다.

한편 CJ 프레시웨이는 올해 기준 전국 11개 지역에서 1천여 곳의 농가와 손잡고 계약 재배 사업을 추진 중이며, 전체 1,800ha(550만 평)에 달하는 계약 재배 면적에서 연간 4만여 톤의 농산물을 구매할 계획이다.

자료: 식품외식경제, 2018. 6. 4.

DISCUSSION QUESTIONS

1. 구매 부서 독립 시의 장점과 단점을 비교하여 설명하시오.

2. 구매 담당자가 갖추어야 할 능력 및 자질에 대하여 설명하시오.

3. 구매 업무의 평가 기준에 대하여 설명하시오.

4. 구매자와 공급자와의 바람직한 관계에 대해 설명하고 바람직한 관계를 유지하기 위해 구매 담당자가 취해야 할 윤리적 태도에 대해 본인의 의견을 피력하시오.

5. 국내외 기업의 윤리 규범 및 지침에 대해 조사하고, 구매 업무를 수행하는 데 있어서 윤리 가 중요한 이유를 서술하시오.

6. 구매 부서와 관련하여 기업 경영의 최근 추세에 대하여 조사하시오.

구매 업무의 실제

CHAPTER 5

구매
활동

| 학습 목표 |

1. 구매 유형을 설명할 수 있다.
2. 구매 계약 방법을 구분할 수 있다.
3. 구매 절차를 나열할 수 있다.
4. 구매 서식의 특징을 기술할 수 있다.

1. 구매 유형

구매에 참여하는 급식소 수, 구매 물량 규모, 구매 부서(구매 담당자)의 존재 유무 등에 따라 구매 유형을 **독립 구매**, **중앙 구매**, **공동 구매**로 분류한다. 대규모 급식소 나 규모가 큰 급식 회사, 외식 프랜차이즈 업체는 대체로 중앙 구매에 의해 구매 업무를 수행하지만 독립적으로 운영하는 소규모 급식소는 독립 구매 혹은 공동 구매를 이용하고 있다(표 5-1). 그 외에 급식소의 상황에 따라서 **일괄 위탁 구매**와 **JIT 구매**를 이용할 수도 있다.

1) 독립 구매

독립 구매(independent purchasing)는 **분산 구매**(decentralized purchasing)라고 도 하며 물품을 필요로 하는 급식소에서 독립적으로 단독 구매하는 형태이다. 급식 소의 운영 책임자(예: 영양사, 점장, 매니저 등)가 필요한 물품을 공급업체로부터 직 접 구매하는 경우이다. 독립 구매는 구매 절차가 간단하여 긴급할 때 유용한 장점 이 있으나 구입 단가가 높아지는 단점이 있다.

2) 중앙 구매

중앙 구매(centralized purchasing)는 조직 안에 구매 부서(혹은 구매 담당자)가 독 립적으로 존재하여 여러 부서에서 필요한 물품의 구매 업무를 전담하는 형태이다. 규모가 큰 위탁 급식업체, 대규모 체인 음식점, 병원, 호텔 등에서 주로 사용한다. 중 앙 구매의 장점은 일관된 구매 방침을 확립하여 구매 업무를 통제하므로 능률적이 며, 전문가에 의한 효율적인 구매가 가능하다는 것이다. 일반 부서의 관리자는 복잡 한 구매 업무로부터 해방되어 고유 업무에 집중할 수 있으며, 무엇보다 대량 구매로 인해 구매 가격이 저렴해지므로 경제적인 구매가 가능하다. 그러나 중앙 구매는 구 매 부서의 설치 및 운영을 위한 비용이 소요되며, 구매 부서에서 구매 업무를 총괄 하게 되므로 사무 절차가 복잡해지는 단점이 있다.

표 5-1
구매 유형의 특징

특징　＼　구매 유형	독립 구매	중앙 구매	공동 구매
참여 급식소 수	1개	2개 이상 (소속이 같음)	2개 이상 (소속이 다름)
구매 물량 규모	소량 구매	대량 구매	대량 구매
구매 부서(혹은 구매 담당자)의 존재 유무	없음	있음	경우에 따라 다름

3) 공동 구매

공동 구매(group purchasing, cooperative purchasing)는 각기 소속이 다른 여러 급식소들이 공동으로 협력하여 구매하는 형태이다. 여러 급식소가 함께 구매하는 것은 중앙 구매와 공통점이나 중앙 구매는 참여하는 여러 급식소가 하나의 조직에 속하지만 공동 구매는 서로 다른 조직에 속하는 차이점이 있다. 공동 구매는 독립 구매보다 구매량이 많아 원가 절감 효과를 기대할 수 있을 뿐만 아니라 대량 공급이 가능한 공신력 있는 공급업체와 거래할 수 있는 장점이 있다. 하지만 공동 구매를 위해 각 구매 품목에 대한 명세서 내용에 참여 급식소들이 동의해야 하고 사전에 물품의 운송에 대한 사항 등과 같은 세부 사항을 결정해야 하는 절차가 필요하다. 최근 학교 급식에서 인근에 위치한 소규모 학교 여러 곳이 함께 공동 구매를 실시하여 학교 급식 품질 향상 및 신뢰도 제고, 구매 관련 행정 업무 경감 등의 긍정적인 반응을 이끌어 내고 있다. 특히, 외진 지역에 위치한 소규모 학교 급식소들이 협력하여 공동 구매를 실시함으로써 급식소 측면에서는 공급업체의 확보와 함께 대량 구매로 인한 원가 절감을 기대할 수 있고 공급업체 측면에서는 경영의 안정성을 보장할 수 있는 물량 확보가 가능하게 되었다.

4) 일괄 위탁 구매

일괄 위탁 구매(one stop purchasing, single-sourcing)는 구매하고자 하는 물품의 양이 소량이면서 종류가 다양한 경우에 구입 원가를 명백히 책정한 후 특정 공급업체에게 일괄 위탁하여 구매하는 방식이다. 소규모 급식업체에서 주로 이용하며 공급업체의 신뢰성과 효율성이 가장 중요한 요소가 되므로 공급업체의 평가와 긍정적인 관계 형성에 신중을 기해야 한다.

5) JIT 구매

JIT 구매(just-in-time purchasing)는 급식 생산에 필요한 물품을 재고로 보유하지 않고 필요할 때 즉시 구입하여 사용하는 방법이며, 이 경우에 입고된 식재료는 검수 후 저장 공간을 거치지 않고 곧바로 조리장으로 이동하여 급식 생산에 사용된다. JIT 구매는 재고량의 최소화와 구매 비용의 절감을 목표로 하며 최근 물류 센터를 통한 식재료 유통 체계가 활성화되면서 더욱 증가하고 있다.

2. 구매 계약 방법

구매 계약의 방법은 경쟁 입찰 계약과 수의 계약으로 분류된다(그림 5-1, 표 5-2).

1) 경쟁 입찰 계약

경쟁 입찰 계약은 공식적(formal) 구매 방법으로 여러 공급업체 중 급식소가 원하

그림 5-1
구매 계약 방법

는 품질의 물품을 가장 합당한 가격으로 제시한 업체와 계약을 체결하는 방법이며, 일반 경쟁 입찰, 지명 경쟁 입찰, 제한 경쟁 입찰로 나눌 수 있다. **일반 경쟁 입찰**은 불특정 다수의 공급업체를 대상으로 공고하여 상호 경쟁을 통해 업체를 선정하는 방법이며, **지명 경쟁 입찰**은 특정한 자격을 구비한 업체만을 지명하여 경쟁 입찰하는 방법이고, **제한 경쟁 입찰**은 공고에 제시된 자격 요건을 갖춘 업체만이 경쟁 입찰에 참가할 수 있도록 제한하는 방법이다. 지명 경쟁 입찰과 제한 경쟁 입찰은 불성실한 업체의 입찰 참가를 배제할 수 있어 계약 이행의 확실성을 보장할 수 있다. 부록 5-1에 구매 입찰 공고의 예를 제시하였다.

2) 수의 계약

수의 계약은 공급업체들의 경쟁 없이 계약 내용을 이행할 자격을 가진 특정 업체와 계약을 체결하는 계약 방법으로 비공식적(informal) 구매 방법이라고 한다. 수의 계약은 여러 공급업체로부터 견적서를 요청한 후 최적 업체를 선정하는 **복수 견적 계약**과 한 공급업체로부터 견적서를 받는 **단일 견적 계약**으로 나뉘며 다음과 같은 경우에 주로 사용된다.

- 물품이 긴급하게 필요하여 즉각적인 배달이 요구될 때
- 한 개 혹은 두 개의 업체에서 구매 가능한 물품일 때
- 구매량이 적은 소규모 급식소일 때
- 경쟁 입찰에 의한 계약 체결에 실패한 경우(입찰을 공고했는데도 입찰자가 없을 때, 입찰자가 있다 하더라도 낙찰자가 없을 때, 낙찰자가 계약 체결을 거부할 때)

부록 5-2에는 수의 계약을 위한 기안서의 예를, 부록 5-3에는 견적서의 예를 제시하였다.

구분	경쟁 입찰 계약 방법 (공식적 구매 방법)	수의 계약 방법 (비공식적 구매 방법)
종류	· 일반 경쟁 입찰: 불특정 다수의 공급업체를 대상으로 공고하여 상호 경쟁을 통해 업체를 선정하는 방법 · 지명 경쟁 입찰: 특정한 자격을 구비한 업체만을 지명하여 경쟁 입찰하는 계약 방법 · 제한 경쟁 입찰: 일정한 자격 요건을 구비한 업체만이 경쟁 입찰에 참가할 수 있도록 제한하는 방법	· 복수 견적: 여러 공급업체로부터 견적서를 요청한 후 최적 업체를 선정 · 단일 견적: 한 공급업체로부터 견적서를 요청하여 선정
계약 절차	· 입찰 공고: 계약 내용, 조건, 자격 등을 신문, 관보, 홈페이지 및 기타 매체를 통해 공고, 최소한의 공고 기간은 일주일 · 입찰: 계약을 원하는 업체들이 계약 조건(납품 가격, 품질, 납품 시기 등)을 명시한 입찰서 제출 · 개찰: 사전에 공고된 날짜와 장소에서 입찰자 입회하에 입찰서 공개 · 낙찰: 최적 조건을 제시한 공급업체 선정 · 계약 체결: 계약서에 서명하여 계약 체결	· 견적서 요청: 계약을 이행할 수 있는 자격을 가진 특정 업체 또는 몇몇 업체에 구매 물품의 견적서를 요청 · 발주서 송부: 최적 업체에 물품의 명세서 및 발주서를 송부함으로써 계약 체결
법적 효력	· 계약서가 법적인 효력을 발휘	· 계약서를 별도로 작성하지 않을 때에는 발주서가 법적인 효력을 발휘
장점	· 구매 절차가 공정함 · 구매 계약 시 생길 수 있는 의혹이나 부조리를 미연에 방지 · 새로운 공급업체를 발굴할 수 있음	· 구매 절차가 간편함 · 경비와 인원의 절감 · 신용이 확실한 업체 선정이 가능함 · 신속한 구매가 가능함
단점	· 일반 경쟁 입찰의 경우 자격이 부족한 업체가 응찰할 수 있음 · 업체 간 담합으로 비싼 단가로 낙찰되거나 계약 체결이 실패할 수 있음 · 공고일부터 낙찰까지의 절차가 복잡함	· 구매자의 구매력이 제한됨 · 불리한 가격으로 계약할 수 있음 · 공정성 결여로 의혹을 살 수 있음 · 새로운 거래처 발굴이 어려움
용도	· 대규모 급식소 및 외식업체에서 주로 사용 · 정기적으로 구매할 때 사용	· 소규모 급식소 및 외식업체에서 주로 사용 · 수시로 구매할 때 사용

표 5-2
구매 계약 방법별
특징

자료: 홍기운 등, 2001; 양일선, 2006; 양일선 등, 2008(저자 재작성)

3. 구매 과정

1) 급식소의 구매 절차

급식소 내에서 구매 활동이 정확하고 빠르게 이루어지기 위해 급식 조직 내에 일정하게 정해진 구매 절차가 있어야 한다. 기본적인 **구매 절차**는 그림 5-2와 같으며 급식소의 상황에 따라 새로운 과정이 생길 수도 있고 생략되거나 수정될 수도 있다.

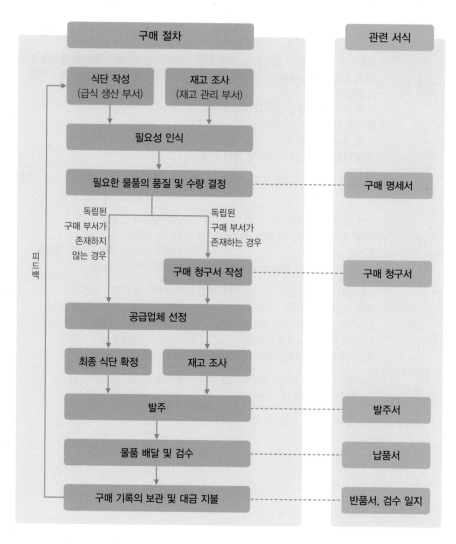

그림 5-2
구매 절차

구매 업무 수행 시 구매 절차의 단계마다 필요한 서식을 정확하게 작성하여 공정한 구매가 이루어질 수 있도록 하여야 한다.

(1) 필요성 인식

급식소 운영에 있어서 구매의 필요성을 인식하는 부서는 주로 급식 생산 부서와 재고 관리 부서이다. 급식 생산 부서는 급식소에서 가장 빈번하게 물품 구매에 대한 필요성을 인식하는 곳으로 식단을 작성함으로써 구매의 필요성을 인식하게 된다. 재고 관리 부서에서는 물품의 재고 수준이 기준치 이하일 경우, 혹은 재고가 소진되었을 경우에 적정 재고량을 유지하기 위해 구매의 필요성을 인식한다.

(2) 필요한 물품의 품질 및 수량 결정

물품에 대한 구매의 필요성을 인식하면 우선 구매하고자 하는 물품의 품질과 수량을 결정해야 한다. 물품의 품질은 구매 명세서(specification)를 통해 제시할 수 있으며, 물품의 수량은 식단과 표준 레시피(standardized recipe)를 기준으로 수요 예측을 통해 결정할 수 있다.

(3) 구매 청구서 작성

구매 청구서(purchase requisition)는 구매 요구서라고도 하며, 구매 부서가 독립적으로 존재하는 경우에 작성한다. 구매의 필요성을 인식한 부서에서 구매 청구서를 작성하여 구매 부서에 제출함으로써 구매를 공식적으로 의뢰하게 되는데, 구매 부서가 따로 존재하지 않는 경우에는 구매 절차에서 이 과정이 생략된다.

(4) 공급업체 선정

공급업체를 선정하는 방법은 구매 계약 방법에 따라 경쟁 입찰 계약 또는 수의 계약에 의해 이루어진다. 학교 급식의 경우 급식 규모 및 여건에 따라 자율적으로 구매 방법을 결정할 수 있는데, 주로 큰 규모의 학교 급식에서는 품목별(농산물, 축산물, 수산물, 공산품, 김치류 등)로 구분하여 경쟁 입찰 계약을 실시하지만 소규모 학교 혹은 구매 물량이 적은 경우에는 수의 계약에 의하여 업체를 선정한다. 공급업체 선정은 1개월, 2개월, 6개월 혹은 1년을 주기로 하며, 급식소 상황 및 구매 품목에 따라 달라질 수 있다. 예를 들어, 쌀이나 공산품처럼 연간 사용량이 일정한 경우에는 6개월에서 1년 단위로 공급업체를 선정하고, 과일, 채소, 육류, 생선 등과 같이 단가와 사용량이 계절에 따라 변동이 있는 경우에는 1개월, 2개월 등의 짧은 주기로 공급업체를 선정하는 것이 보편적이다. 여러 공급업체 중 가장 적합한 공급업체를 선택하기 위해서는 객관적인 공급업체 평가 기준이 마련되어 있어야 하며, 부록 5-4에 학교 급식 공급업체 평가 기준을 제시하였다.

(5) 발주

공급업체가 선정되면 우선 발주 품목 및 발주량을 확정하는 과정이 필요하다. 왜냐하면 구매 절차를 진행하는 동안 급식소 내외부 환경 변화에 의해 구매 품목 및 수량의 조정이 필요하기 때문이다. 최종 식단 및 예측 식수를 결정하고 재고 조사를 통해 변화된 재고 수준을 고려하여 최종적으로 발주 품목 및 발주량을 확정하면 구매 부서에서는 발주서(purchase order)를 작성하여 공급업체에 송부한다. 만약 구매 부서가 별도로 설치되어 있지 않은 경우에는 급식 생산 부서의 구매 담당자가 직접 발주서를 작성하여 공급업체로 송부한다. 이때 구매 명세서도 함께 송부하여 구매하고자 하는 물품의 품질에 대한 정확한 정보를 공급업체에게 제공하는 것이 중요하다.

(6) 물품 배달 및 검수

발주서에 근거하여 공급업체가 물품을 배달하면 검수 담당자는 검수를 실시한다. 이때 공급업체에서는 납품서(invoice)를 함께 제출한다. 검수 과정에서 검수 담당자는 입고된 물품을 발주서 및 납품서에 기재된 품목별 품질, 수량, 가격과 꼼꼼히 대조하여 확인하여야 한다.

(7) 구매 기록의 보관 및 대금 지불

검수 담당자는 검수 과정에서 확인한 사항을 검수 일지에 기록하여야 하며 배달된 물품이 적절하지 않아 반품할 경우에는 반품서도 함께 작성하여야 한다.

급식 구매 절차의 모든 단계에서 기록되는 서류들은 대금 지불의 근거 서류가 될 뿐만 아니라 향후 구매 활동의 참고 자료가 되므로 자세히 기록하여 보관한다. 특히, 계약서나 발주서와 같이 법적 효력을 갖는 서류는 반드시 일정 기간 동안 보관한다.

2) 구매 서식

급식을 위한 구매 활동에 필요한 서식은 구매 명세서, 구매 청구서, 발주서, 납품서, 반품서, 검수 일지 등이다(표 5-3).

(1) 구매 명세서

구매 명세서(Spec., Specifications)는 구매하고자 하는 물품의 특성에 대하여 기록한 양식으로 구입 명세서, 물품 명세서, 시방서라고도 한다. 구매 명세서는 발주서와 함께 공급업체에 송부하여 급식소에서 요구하는 물품의 특성을 알리는 역할을 하며, 검수 시 배달된 물품의 품질을 확인하고 반품 여부를 결정하는 근거 서류가 된다(그림 5-3, 5-4). 구매 명세서의 요건, 내용 및 작성자는 다음과 같다.

① 구매 명세서의 요건

- 구매자와 공급업체 모두가 쉽게 이해할 수 있도록 명확하고 구체적이어야 한다.
- 등급, 무게 기준, 당도, 크기 등의 내용을 상세히 기재한다.
- 현재 시장에서 유통되는 제품명과 등급을 사용한다.
- 반품 여부를 결정할 수 있는 객관적이고 현실적인 품질 기준을 제시한다.
- 구매자와 공급업체 모두에게 타당하고 공정한 기준을 제시하여야 한다.
- 공급업체 간에 경쟁이 가능하도록 하여야 하며 특정 업체만 공급이 가능한 조건을 제시하는 것은 바람직하지 않다.

현품 설명서(입찰용)

기간: 2019. 3. 1.~2019. 3. 31.

No	식품명/상세 식품명	규격	단위	총량	적요
1	진간장	15kg	통	7	몽고 송포, 15kg/통
2	국간장	15kg	통	6	몽고, 15kg/통
3	갈치/생것(kg)	40g/개	kg	48	국산, 제주산, 40g/개, 한려 엔쵸비, 거제수협
4	깐 감자	국산, 진공	kg	123	국산, 깐 것, 진공 포장
5	강낭콩/말린 것(kg)	2018년산	kg	3	국산, 2018년산, 포장 제품
6	게(꽃게)/생것(kg)	국산	kg	51	국산, 집게발 자른 것
7	깐 고구마/진공	국산, 깐 것	kg	13	국산, 깐 것, 여주, 진공 포장
8	고등어/생것(kg)	40g/봉	kg	48	국산, 냉장, 40g/봉, 거제수협, 한려 엔쵸비
9	고사리/삶은 것	국산, 진공	kg	6	국산, 데친 것, 진공 포장, 고운들
10	꽈리고추	국산	kg	1	국산, 신선, 꼭지가 신선한 것
11	고추/붉은 고추, 생것(kg)	국산	kg	14	국산, 색이 선명하고 윤기 나는 것
12	고추/풋고추, 개량종(kg)	국산	kg	10	국산, 색이 선명하고 윤기 나는 것
13	고추장	15kg	통	5	15kg/통, 우리 쌀로 만든 현미고추장
14	고춧가루/고춧가루(kg)	1kg/봉	kg	18	국산 1kg/봉
15	곤약/생것, 판형(kg)	1kg/봉	kg	6	중국산, 대림, 유통 기한 충분한 것, 포장
16	귤(생과)/조생(kg)	상품 번호 4번인 것	개	1,100	국산, 상품 번호가 4번인 것, 신선
17	기장/도정곡(kg)	2018년산	kg	5	국산, 무농약, 2018년산, 도정일이 최근인 것
18	김가루/김가루(kg)	국산, 가미	kg	1	국산, 가미, 500g/봉, 거제수협
19	깨소금/깨소금(kg)	국산	kg	5	국산, 1kg/봉
20	깻잎/생것(kg)	국산	kg	5	국산, 친환경, 신선한 것
21	보리차	120g/봉	봉	35	유기농, 국산 보리차, 청정원, 무표백, 티백 사용
22	분홍수염새우/다시용	국산	kg	6	국물용, 국산, 냄새 나지 않는 것
23	꿀/아카시아꿀(kg)	국산	kg	9	국산, 동서벌꿀
24	날치/알(kg)	포장	kg	3	냉동, 날치알이 60% 이상인 것, 유통 기한 표기된 것
25	녹두/말린 것(kg)	2018년산	kg	3	국산, 2018년산, 포장 제품
26	건다시마	500g/봉	봉	20	500g/봉, 국산, 완도산, 한려 엔쵸비, 거제수협
27	계란	30개/판	판	34	무항생제란, 30개/판, 1등급, 위생란
28	액상 계란	국산	kg	46	국산, 전란, 1등급란, 유통 기한 표기된 것
29	닭고기/성계/무항생 제육	온마리	kg	63	국산, 무항생제육, 1등급, 온마리
30	닭고기/가슴살/무항생 제육	닭 정육	kg	48	국산, 무항생제육, 1등급, 가슴살, 토막
31	당근/생것(kg)	흙당근	kg	75	흙당근, 국산
32	당면/마른 것(kg)	1kg/봉	kg	10	자른 당면, 오뚜기 옛날당면
33	대구/생것(kg)	40g/개	kg	48	러시아산, 40g/봉, 한려 엔쵸비, 거제수협
34	쥐눈이콩	국산	kg	3	몽고산, 무농약, 2018년산
35	저농약 건대추	저농약	kg	2	국산, 저농약, 포장, 특상품
36	도라지/생것(kg)	국산, 실채	kg	3	국산, 가는 실채, 진공 포장, 고운들
37	된장	14kg/통	통	4	14kg/통, 해찬들

그림 5-3
구매 명세서의 예
(학교 급식)

물품 명세서(가금류) 규격 표준

식품군	식육 제품	상품 코드	상품명
식품 유형	포장육	400303	닭냉장도리(50±5g)
축종	계육(국내산)		
등급			
상품 범주 내역	국내 냉장 계육		
상품 범주	40121010		
유통 온도	냉장(−2~10℃)		
유통 기한	7일		

품질 표준

관능	색상	껍질이 유백색으로 윤기가 있을 것	
	외관	털 구멍이 울퉁불퉁 튀어나오고, 멍이 들지 않을 것	
	맛	결이 살아 있고 연할 것	
	냄새	닭 비린내가 나지 않을 것	
	조직감	수분이 촉촉할 정도로 느껴지고 껍질이 축 늘어지지 않을 것	
이물질		닭털, 내장 등 이물 혼입이 없을 것	CP
크기 및 중량		50±5g	CP
유통 온도		−2~10℃	
포장 상태		PE 봉지 실링 후 종이 박스 포장	
표시 사항		제품명, 축산물 가공품의 유형, 영업 신고 기관명 및 영업 신고 번호, 영업자 명칭 및 소재지, 유통 기한, 내용량, 원재료명 및 함량, 보관 및 취급 방법	
배송		배송 차량 온도 0℃ 내외, 작업 후 24시간 내 입고	
기타		기타 목, 내장(허파, 식도, 심장, 내장, 근위)이 완전히 제거된 것	

입고 상품 품질 점검 기준

구분	체크 방법	기준	CLAIM	반품	비고
관능	육안	표준 참조	표준 미달	표준 미달	−
이물질	육안	없음	응고혈 등	뼈, 비닐 등	−
크기	크기 측정	표준 참조	비규격품 10% 이하	비규격품 10% 초과	−
중량	중량 측정	납품서 참조(비닐 포함)	−	±1% 이상	저울 이용
유통 온도	온도 측정	−2~10℃		10℃ 초과	온도계 이용
포장 상태	육안	표준 참조	포장 일부 불량	포장 파손	−
표기 사항	육안	있음	경미한 오류	일부 항목 누락	−
허가 사항	육안	영업 신고, 원료/첨가물 위반	−	−	−

자료: CJ 프레시웨이(양일선 등, 2008 재인용)

그림 5–4
구매 명세서의 예
(위탁 급식)

② 구매 명세서의 내용

일반적으로 구매 명세서에 포함하는 내용은 표 5-4와 같다. 최근 식재 유통 전문업체에서는 식재 가공 센터를 운영하여 축산물, 수산물, 채소류 등의 식재료를 다양한 조리 용도에 맞도록 전처리 혹은 가공하여 공급하고 있다(표 5-5).

③ 구매 명세서의 작성자

구매 명세서는 급식 관리자를 포함하여 영양사, 조리사, 구매 부서장 및 담당자, 재무 담당자 등이 팀을 이루어 작성하는 것이 바람직하다. 하지만 구매 명세서 작성에 시간과 노동력이 많이 소요되므로 소규모 급식소에서는 고기, 해산물 등의 고가의 물품부터 우선적으로 구매 명세서를 작성하는 것이 합리적이다.

표 5-3
구매 활동 단계별
필요 서식

구분	작성자	특징	주요 기능
구매 명세서	팀(급식 관리자, 영양사, 조리사, 구매 부서장 및 담당자, 재무 담당자 등으로 구성)	물품에 대한 특성을 자세하게 기술한 서식	급식 생산 부서, 구매 부서, 공급업체, 검수 담당자 간의 물품에 대한 정보를 공유함
구매 청구서	급식 생산 부서, 재고 관리 부서	구매하고자 하는 물품과 수량에 대하여 기록한 문서	급식 생산 부서에서 구매 부서에 공식적으로 구매를 의뢰함
발주서	구매 부서(구매 부서가 존재하지 않는 경우에는 급식 생산 부서)	주문하고자 하는 품목 및 수량에 대하여 기록한 문서	공급업체에 공식적으로 주문을 의뢰
납품서	공급업체	납품된 물품명, 수량, 가격 등에 대하여 기록한 문서	공급업체로의 대금 지불의 근거가 됨
반품서	검수 담당자	반품 시 반품 품목 및 수량, 사유에 대하여 기록한 문서	입고된 물품에 대한 반품 요구 혹은 환불 요구에 대한 근거 자료
검수 일지	검수 담당자	납품된 물품의 검수 결과에 대하여 기록	납품된 식재료의 품질 및 규격 등의 적정성 확인

특징	내용
물품명	구매하고자 하는 품목에 대한 정확한 명칭을 기재한다. 시장에서 통용되는 용어도 함께 기록하면 정확한 물품에 대한 이해에 도움이 된다. 예) 올리브/검은 올리브, 오이/다대기 오이
용도	구매하고자 하는 품목의 용도를 정확하게 기재한다. 축산물의 경우 부위명을 기재하기도 한다(12장 참조). 예) 상추(쌈용/겉절이용), 감자(샐러드용/구이용), 배추김치(김치찌개용), 소고기(장조림용, 홍두깨살)
상표명(브랜드)	구매자가 선호하는 상표(브랜드)가 있다면 명시하는 것이 효율적이다. 또한 구매명세서에 상표명을 명시할 때에 상표명 바로 뒤에 '이와 유사한 업체'란 말을 첨가해 두면 경쟁 입찰 시에 여러 공급업체들이 경쟁할 수 있다는 것을 보장하는 것이고, 구매 명세서에 특정 업체명을 기재하게 되면 이는 한 개의 공급업체와만 거래하는 것을 의미한다. 예) 고추장(대상: 샘표식품, 순창, 진미식품, 오복식품 등)
품질 및 등급	구매 명세서에는 원하는 등급을 명시한다거나 최소한 '혹은 이와 동등한 품질'이라고 명기할 필요가 있다. 학교 급식용 식재료의 경우 「학교 급식법」에 의해 품질 관리 기준을 제시하고 있다. 예) 소고기(육질 등급 2등급 이상), 계란(품질등급 1등급 이상)
크기	원하는 크기 및 중량을 정확하게 기재하는 것이 좋다. 국립농산물품질관리원에서 농산물 표준 규격을 제정하여 실시하고 있으며 학교급식의 경우 학교 급식용 식재료 규격을 표준화하여 사용하고 있다(부록 5-5). 전처리 식재료 주문 시 원하는 전처리 형태 혹은 크기를 정확히 명시하고 병원 급식의 경우 환자의 열량 기준에 맞도록 식사를 제공해야 하므로 정확한 크기 및 중량을 제시하는 것은 매우 중요하다. 또한 음식이 제공되는 그릇의 크기를 고려하여 크기 및 중량을 정하도록 한다. 예) 고등어(조림용 1조각 80g), 사과(개당 250g 내외), 감자(중/개당 250g 내외)
형태	스테이크(개당 250g, 두께 2cm), 영계(마리당 500g 내외) 가공품의 구매 시 원하는 형태에 대하여 제시하도록 한다. 예) 덩어리 치즈/슬라이스 치즈
숙성 정도	농산물, 김치나 육류의 구입 시 숙성 정도를 기입하여야 한다. 같은 품목이라 하더라고 급식소 상황에 따라 각기 다른 숙성 상태를 원할 수도 있으므로 꼭 명시하도록 한다. 김치의 경우 급식소에 김치 냉장고가 따로 있어 숙성시킨 후 고객에게 제공하는 경우에는 '숙성하지 않은 김치'라고 명시해야 하며, 김치용 냉장고가 따로 없는 경우에는 '숙성한 김치'로 명기한다. 예) 배추김치(숙성한 김치), 배추김치(숙성하지 않은 김치)
산지명	최근 원산지 표시제 실시에 따라서 품목에 따라 생산 국가 또는 지역을 정확하게 제시하여야 한다. 생산지를 기재하는 주요 이유는 산지에 따라 각 상품의 재질, 향미가 모두 달라지며 가격 또한 차이가 많기 때문이다. 예) 마늘종(국내산/중국산)

표 5-4
구매 명세서의 내용

표 5-4
(계속)

특징	내용
전처리 및 가공 정도	최근 급식 생산성 향상을 위하여 전처리 및 가공된 식재료를 구입하는 급식소가 많아지고 있다. 따라서 구매하고자 하는 식재료의 전처리 및 가공 정도를 명시하도록 한다. 예) 대파(흙대파, 깐 대파), 당근(잡채용), 닭(닭볶음탕용), 마늘(통마늘, 다진 마늘)
보관 온도	냉장식품이나 냉동식품의 경우 배달되는 동안 및 배달되는 시점에서의 온도 기준을 함께 제시하는 것이 좋다. 왜냐하면 같은 품목이라도 냉장과 냉동에 따라 품질 및 가격 차이가 있기 때문이다. 냉장·냉동식품은 영세한 공급업체의 경우 냉장·냉동 운반 시설이 제대로 갖춰지지 않은 경우도 있고 갖추어져 있더라도 비용 절감을 위하여 냉장·냉동 시설을 켜지 않은 채 운반하는 경우가 종종 있다. 따라서 검수 담당자는 필요에 따라 불시에 운반 차량의 온도 점검을 실시하도록 한다. 예) 닭(냉동/냉장), 돈가스(냉동)
폐기율	식품의 폐기율 범위 또는 최소한의 가식 부위의 중량 비율을 기재해야 한다. 정확한 폐기율을 명시하지 않으면 공급업체에서는 전체 중량만을 기준으로 납품하기 때문에 결국 고객에게 제공 시 남거나 혹은 부족할 수 있다. 특히, 폐기율이 많은 채소류의 경우에는 꼭 기재하도록 한다. 예) 깻잎순(폐기율 45% 이내), 달래(폐기율 40% 이내)
제품 규격	구매하고자 하는 물품의 포장이나 용기의 규격을 정확히 기재하여야 한다. 통조림이나 병 제품의 용기 규격은 반드시 기재하여야 한다. 때론 통조림(예: 참치 통조림이나 과일 통조림)의 경우 내용물 양의 기준도 함께 제시하기도 한다. 예) 참치 통조림(1캔당 100g/150g/165g/200g/250g/300g/1,880g), 크림 수프 　(1봉당 1kg)
포장 단위	필요한 경우 정확한 포장 단위에 대해 기재하도록 한다. 예를 들어, 1인 분량의 스테이크가 개별적으로 포장되기를 원할 때에는 이를 명시하는 것이 좋다. 부록 2-4에는 채소 및 과일류의 표준 거래 단위를 제시하였다. 예) 양송이버섯(2kg 박스 단위), 등심스테이크(개별 포장)
포장 재질	품목에 따라서는 포장 재질을 명시하기도 한다. 공급업체에 따라 포장 재질에 주의를 기울이지 않는 경우가 있어서 상품 자체의 질은 구매 명세서에 부합하지만 포장 상태가 부실하여 구입한 물품의 질을 저하시키는 경우도 있기 때문이다(예: 유제품, 냉동식품). 우리나라 농산물의 포장 재질은 골판지 상자, 그물망, 폴리에틸렌대(P.E대), 직물 제포대(P.P대), 플라스틱 상자, 다단식 목재 상자, 금속재 상자 등이 있다. 예) 양파(그물망), 양배추(그물망)
재료의 함량	공산품의 경우 재료의 함량을 제시하기도 한다. 예를 들어, 햄, 소시지 등의 육가공품의 경우 원재료의 종류(닭고기, 칠면조, 돼지고기)와 함량 비율 기준을 제시하며, 어묵의 경우 생선살 함량 기준을 제시한다. 예) 햄(돈육 85% 이상), 멸치액젓(멸치 원액 90% 이상), 버터(가염버터/무염버터), 　버터(생크림 99% 이상)

표 5-5
가공 식재료의 예
(위탁 급식)

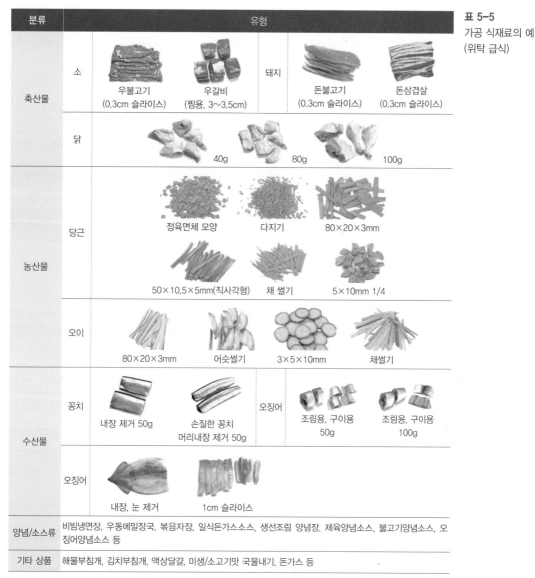

분류	유형				
축산물	소	우불고기 (0.3cm 슬라이스)	우갈비 (찜용, 3~3.5cm)	돼지	돈불고기 (0.3cm 슬라이스)	돈삼겹살 (0.3cm 슬라이스)
	닭		40g	80g	100g
농산물	당근	정육면체 모양	다지기	80×20×3mm	
		50×10.5×5mm(직사각형)	채 썰기	5×10mm 1/4	
	오이	80×20×3mm	어슷썰기	3×5×10mm	채썰기
수산물	꽁치	내장 제거 50g	손질한 꽁치 머리내장 제거 50g	오징어	조림용, 구이용 50g	조림용, 구이용 100g
	오징어	내장, 눈 제거	1cm 슬라이스		

양념/소스류	비빔냉면장, 우동메밀장국, 볶음자장, 일식돈가스소스, 생선조림 양념장, 제육양념소스, 불고기양념소스, 오징어양념소스 등
기타 상품	해물부침개, 김치부침개, 액상달걀, 미생/소고기맛 국물내기, 돈가스 등

자료: 아워홈 홈페이지

(2) 구매 청구서

구매 청구서(purchase requisition)는 구매 요구서라고도 하며, 급식 생산 부서나 재고 관리 부서에서 구매의 필요성을 인식한 후 구매를 의뢰하기 위해 필요한 물품 목록 및 수량을 작성하여 구매 부서로 제출하는 서식이다. 구매 청구서에는 청구

번호, 물품명 및 필요량, 물품에 대한 설명, 납품 일자 등이 포함된다(그림 5-5). 구매 청구서는 보통 2부를 작성하여 원본은 구매 부서에 보내고 사본은 급식 생산 부서에 보관한다.

(3) 발주서

발주서(purchase order)는 주문서, 구매표, 발주 전표라고도 하며, 급식 생산 부서에서 보내온 구매 청구서와 재고량을 고려한 후 구매 부서에서 작성하여 공급업체에 보내는 문서이다. 급식소명과 주소, 공급업체명과 주소, 발주 번호, 품목 번호, 상품 코드, 상품명, 물품에 대한 설명, 발주량, 구매 단위, 단가, 발주 금액, 납품 일자 등의 내용이 포함된다(그림 5-6, 5-7).

(4) 납품서

납품서(invoice)는 거래 명세서 또는 송장이라고도 하며, 급식소에 공급한 물품의 명세와 대금에 대해 공급업자가 작성하는 문서이다. 납품서에 기재되는 내용은 물품명, 수량, 단위 가격 및 총 구매 금액 등이다. 납품서는 회계 부서로 보내져 공급업자에게 대금을 지불하는 근거 서류가 되므로 검수 담당자는 검수 시 실제 배달되어 입고된 물품과 발주서의 내용, 납품서의 내용이 일치하는지 확인해야 한다(그림 5-8).

(5) 반품서

반품서(credit memo)는 검수 과정에서 물품의 수량과 품질 등이 발주서의 내용과 일치하지 않아 반품할 때 검수 담당자가 작성하는 문서로 납품업체명, 납품 일시, 반품 품목 및 수량, 반품 사유 등의 내용을 포함한다. 반품서를 근거로 하여 적절한 물품으로 다시 공급할 것을 공급업체에게 요구할 수 있고, 반품된 물품의 대금이 이미 지불되었을 경우에는 환불을 요구한다(그림 5-9).

구매 청구서

No	물품 코드	물품명	제조사	규격	단위	신촌	영동	합계	비고
1	F1AAD101	메조		500g	봉	540	240	780	상품
2	F1AAE131	밀가루, 중력분	제일제당 대한제분	3kg	봉	75	80	155	유통 기한 이내의 것
3	F1AAI101	쌀, 멥쌀가루	경도식품	500g	봉	2		2	상품, 날멥쌀가루
4	F1AAJ111	옥수수, 가루	경도식품	500g	봉	5		5	방부제나 이물질이 첨가되지 않은 100% 순수 자연 성분으로 제조일 30일 이내의 것
5	F1AAM131	찹쌀, 가루	경도식품	500g	봉	10	160	170	방부제나 이물질이 첨가되지 않은 100% 순수 자연 성분으로 제조일 30일 이내의 것. 볶지 않은 날찹쌀가루
6	F1AAN141	혼합 잡곡		800g	봉	120		120	현미, 현미찹쌀, 흑미, 찹쌀, 보리쌀, 서리태, 기장, 적두, 흑태, 차수수, 차조, 거두
7	F1BAA111	떡, 가래, 떡국용			kg	250	600	850	100% 쌀떡(일반미), 떡국용으로 썬 것. 식품 제조 허가업체일 것. 식품 표시 기준 부착
8	F1BAA121	떡, 가래떡, 떡볶이용			kg	100	20	120	100% 쌀떡(일반미), 떡볶이용, 지름 1cm, 길이 5cm 정도의 당일 제조품. 식품 제조 허가업체일 것. 식품 표시 기준 부착
9	F2AAA101	감자			kg	15		15	개당 200g 내외로 '왕'이나 '왕특' 상품, 외상이 없으며 흙이 심하게 묻지 않은 것
10	F2AAA102	감자, 깐 것			kg	1515	760	2275	개당 200g 내외, 껍질과 싹, 홈이 파진 부분 등을 깨끗하게 제거한 것, 감자의 알이 잘 여물고 굵고 단단한 것
11	F2AAA111	감자, 알감자			kg	340	120	460	상품, 조림용, 개당 20~30g, 싹이 나지 않고 표면에 상처가 없는 것. 크기가 일정한 것
12	F2AAB101	고구마			kg	5	60	65	상품, 개당 200g 내외, 병충해, 홈, 부패 및 싹이 나지 않고 모양이 단단하며 통통한 타원형, 잘랐을 때 속에 심이 없어야 하며 골이 없고 매끄러운 것
13	F2BAE101	양장피			kg	16	40	56	상품, 이물이 없는 것
14	F4AAC131	녹두, 탄 녹두			kg	50	60	110	국산, 껍질이 없고 낟알이 반으로 갈라져 있는 것, 이물질이 섞이지 않은 것
15	F4AAF101	두부	풀무원		kg	1870	800	2670	유통 기한 이내의 것, 찬마루
16	F4AAF121	두부, 순두부	풀무원		kg	320	120	440	유통 기한 이내의 것, 찬마루
17	F4AAF131	두부, 연두부	풀무원	300g	모	2690	1200	3890	유통 기한 이내의 것, 찬마루
18	F6AAA101	고구마순			kg	10		10	상품, 신선하고 깨끗한 것, 색깔이 연녹색으로 연한 것. 만졌을 때 촉감이 좋고 꼬들꼬들하며 미끈하지 않은 것

그림 5-5
구매 청구서의 예
(병원 급식)

자료: 신촌세브란스병원 영양팀(양일선 등, 2008 재인용)

5월 부식 구매 예정량 통계표

○○초등학교
기간: 20××. 5. 1.~20××. 5. 31.(중식)

No	식품명/상세 식품명(단위)	5/3	5/4	5/6	5/7	5/10	5/11	5/19	5/20	5/24	5/25	5/26	2/27	5/28	5/31	총량
1	가지/생것(kg)															3.0
2	간장/양조간장(병)													3		3.0
3	갈치/생것(kg)								5							5.0
4	감자/생것(kg)		3						4	2						11.0
5	게(꽃게)/생것(kg)					3										6.0
6	겨자/페이스트(개)	9														9.0
7	고구마/생것(kg)					1										1.0
8	고등어/생것(kg)									5						5.0
9	고사리/삶은 것(kg)							0.5								1.5
10	고춧가루(kg)	1													1	2.0
11	고추/붉은 고추, 생것(kg)	0.3									0.3				0.2	1.6
12	고추/풋고추, 개량종(kg)				0.3				0.1							0.8
13	고추/풋고추, 청량초(kg)							0.5			0.2					1.3
14	고추장/고추장, 개량식(통)														1	1.0
15	고춧가루/고춧가루(kg)														1	2.0
16	곤약/생것, 판형(봉)											1				1.0
17	굴소스/굴소스(병)														2	2.0
18	김가루/김가루(kg)														0.1	0.1
19	김치/깍두기(kg)			3						3						9.0
20	김치/배추김치(kg)	20						25							25	70.0

그림 5-6
발주서의 예
(학교 급식)

발 주 서

부서명: 영양팀
발주 일자: 20××. 1. 20.

발주 번호	품번	상품 코드	상품명	발주 수량	단위	단가	발주 금액	납품 일자
	0030	100747	칠성사이다(롯데, 1.5L×12)	2	EA	1,410	2,820	20××. 1. 27.
	0040	100786	오렌지주스(델몬트 롯데)	6	EA	2,620	15,720	20××. 1. 27.
	0050	102199	소시지(프레시안허브프랑크)	1	EA	1,820	1,820	20××. 1. 27.
4401767991	0060	102255	베이컨(백설 150g×16(25g/ea))	1	EA	3,120	3,120	20××. 1. 27.
	0070	103087	냉동 감자(벌집심플로트)	1	EA	8,220	8,220	20××. 1. 27.
	0080	103731	당면(옛날오뚜기 1kg)	6	EA	7,280	43,680	20××. 1. 27.
	0120	105627	생크림(매일유업 500mL)	2	EA	2,530	5,060	20××. 1. 27.
	1130	105815	해찬들고추장(알찬 14kg)	2	EA	27,400	54,800	20××. 1. 27.

그림 5-7
발주서의 예
(병원 급식)

자료: 신촌세브란스병원 영양팀(양일선 등, 2008 재인용)

거래 명세서

공급자	사업자 번호		공급받는자	사업자 번호	
	주 소			주 소	
	상 호	○○유통		상 호	○○초등학교
	성 명	○○○		성 명	
거래 일자	20××. 3. 6.		담당자		

번	학교 품목	물품 설명	단위	수량	단가	금액	비고
1	전분/감자 전분	국산 감자 100% 샘초롱/산내 밀봉	kg	2	6,000	12,000	
2	다시마/말린 것	연근해산 100% 낱포장 유통 기한 표시	kg	1	10,000	10,000	
3	고구마줄기/생것	껍질 제거 국산 상품	kg	4	3,000	12,000	
4	간장/재래간장	국산콩 100% 샘초롱 메주간장/오복/몽고/합천	통	1	12,500	12,500	
5	깨소금/깨소금	갓 볶은 것 PT 밀봉 중국산	kg	1	12,900	12,900	
6	파/대파	국산 흰 부분 많고 깨끗	kg	1	2,000	2,000	
7	마늘/생것(국내산)	국산 상품 꼭지 제거	kg	4	5,500	22,000	
8	생강/국내산	국산 상품	kg	1	8,500	8,500	
9	느타리버섯/생것	국산 갓 피지 않고 찢어지지 않은 것	kg	1.5	6,000	9,000	
10	멸치/자건품(큰멸치)	다시멸치 품질 등급상 연근해 기름에 찌들지 않음	kg	2	9,000	18,000	
11	콩나물/두절콩나물	깨끗한 두절 국산 포장 제품 유통 기한 표시	kg	1.5	3,500	5,250	
12	둥글레(산채)/말린 것	국내산 볶은 것	kg	1	25,000	25,000	
13	멸치/젓	3kg 청정원 멸치액젓 멸치 원액 99.2%(국산)	통	1	7,900	7,900	
14	찹쌀/백미	국산 친환경(무농약 이상) 생산 1년 이내	kg	20	4,700	94,000	
15	조선무/뿌리	국산 바람들지 않은 것 개당 2kg 내외	kg	2	800	1,600	
16	물엿/물엿	5kg 청정원/백설/해표/대상	통	1	7,000	7,000	
17	찹쌀/화선찰벼	발아현미 국산 무농약 이상 생산 1년 이내	kg	1	5,400	5,400	
18	배(생과)/국내산	국산 개당 600g 이상 최상품	kg	1	3,000	3,000	
19	배추/생것	통배추 국산 김치용 속차고 신선	kg	35	1,200	42,000	
20	설탕/백설탕	3kg 백설/삼양	봉	1	4,000	4,000	
21	볶은 보리/볶은 보리	식수용 보리차 농협 밀봉 국내산	kg	1	5,300	5,300	
22	붕장어/냉동품	튀김용 연근해 활복 절단 후 급냉 HACCP업체	kg	10	12,540	125,400	
23	새우젓(육젓)	연근해산 샘초롱/한성/한려 엔쵸비	kg	1	8,500	8,500	
24	소고기(한우)/양지	한우 국 수육 탕 3등급 이상 냉장	kg	2	25,000	50,000	
25	양파/생것, 국내산	국산 단단 크기 균일 300g 이상	kg	1	1,200	1,200	
26	고추장/고추장, 개량식	10kg 국산 100%(푸르나이)	통	1	70,000	70,000	
27	튀김가루/튀김가루	고성밀/우리밀(주) 국산	kg	1	5,800	5,800	
28	파/실파	국산 김치용 신선(쪽파 가능)	kg	0.7	5,000	3,500	
29	찹쌀가루/찹쌀가루	국산 샘초롱/농협/산내마을/하얀 햇살	kg	1	5,700	5,700	
30	고춧가루/고춧가루	농협/이상업/샘초롱/케이엠푸드 국산 100%	kg	4	15,000	60,000	
31	청주/청주	1.8L 백화수복 냄새 제거 및 절임용	병	1	9,500	9,500	
32	콩기름/콩기름	18L 카놀라유 해표/백설식용유	통	1	47,000	47,000	
33	토마토케첩/토마토케첩	오뚜기 진한	kg	1	2,800	2,800	
34	간장/양조간장	양조 100%(오복, 송표, 몽고, 청정원)	병	3	6,000	18,000	
35	고추/붉은 고추, 생것	국산 고추 꼭지 신선 윤기 나는 것	kg	0.1	5,000	500	
36							
37							

전 미 수	0	과세 합계	151,300
금일 합계	727,250	면세 합계	575,950
총 합 계	727,250	인 수 자	(인)

그림 5-8

거래 명세서의 예
(학교 급식)

식재료 부적합품 확인서

납품 일시	○○○○년 ○월 ○일 ○요일 ○○:○○						
납품업체	업체명				대표자		
	식품군				연락처		
요구 품목	식품명	규격	수량	단위	지적 사항		비고

구분	항목 내용	세부 항목/위반 항목	비고
❶ 품질(Quality)	일반 품질 불량	□ 사양 및 규격 미준수	
		□ 수량 및 중량 부족	
		□ 품질 등급 불량	
		□ 미납, 미배송분 발생	
		□ 포장 및 외관 불량	
	오염 및 신선도 불량	□ 교차 오염, 이물질 혼입	
		□ 식품 온도 불량	
		□ 상품 변질	
	법적 표시 사항	□ 법적 표시 사항 준수 여부	
		□ 원산지 표시 사항 준수 여부	
❷ 납기(Delivery)	일반 납기	□ 납품 시각 준수 여부	
	반품 및 미배송 납기	□ 미배송분 납품 시각 준수 여부	
		□ 반품 후 재배송 납품 시각 준수 여부	
❸ 위생 및 안전 (Safety)	배송 차량 위생	□ 차량 청소 상태 불량	
		□ 차량 온도 및 표기	
	운반자 위생	□ 운반자 위생 불량	
	배송 차량 안전	□ 차량으로 인한 교내 사고	
	위생 관련 제출 서류	□ 위생 관련 법정 서류 미제출(건강 진단 결과서 등)	
❹ 서비스 및 협조도 (Responsiveness)	클레임 처리 협조도	□ 반품 및 납품 거부	
		□ 반품 시 재납품 품질 불량	
	검수 협조도	□ 대면 검수 불이행	
		□ 무책임한 배송(택배)	
	업무 협조도	□ 시정서, 확인서 거부 및 미제출	
❺ 기타	계약 위임 위탁	□ 타업체 차량 이용	
	공급업체 점검	□ 식약처 합동 및 교육청 점검 시 지적 발생(계약 기간 내)	
	기타	□ 그 외 식재료 납품 과실로 원활한 학교 급식 운영에 차질을 발생한 경우	

상기 내용으로 인하여 학교 급식에 지장을 초래한 사실이 있었음을 확인하며
차후 이러한 사례가 없도록 하겠습니다.

○○○○년 ○월 ○일

검 수 자: 학교 직)   성명)   ㉕
검수 참여자: 학교 직)   성명)   ㉕
납 품 자: 업체명)   성명)   ㉕

그림 5-9
식재료 부적합품
확인서의 예
(학교 급식)

자료: 교육부, 2016

식재료 검수서

[검수 일자: 20××. 3. 5.]

아래와 같이 검수합니다.

검수 일자: 20××년 3월 5일   중식
검수자: ○○○ (인)
            (인)   ○○초등학교장 귀하

결재	계	교감 (전결)		

No	식품명/ 상세 식품명	적요	단위	수량	원산지	포장 상태	식품 온도	유통 기한 제조일	품질 상태	업체명	조치 사항
1	고구마줄기/생것	껍질 제거 국산 상품 급식 식재료의 품질 관리 기준에 적합한 제품	kg	3	국산	○			○		
2	고추/붉은 고추, 생것	국산 고추 꼭지 신선 윤기 나는 것	kg	0.4	국산	○			○		
3	고추/풋고추, 개량종	국산 풋고추 꼭지 신선 윤기 나는 것	kg	0.1	국산	○			○		
4	고춧가루/고춧가루	농협/이상업/샘초롱/케이엠푸드 국산 100%	kg	4	국산	○		19. 1. 3.	○	푸른송영농 조합 법인	
5	꽃새우(독새우)/자건품	건새우 수입산	kg	1	북한산	○		19. 2. 25. ~24개월	○	대곡상회	
6	다시마/말린 것	연근해산 100g 낱포장 유통 기한 표시	kg	1	완도산	○		20. 3. 30	○	금빛수산	
7	닭고기(토막, 도리육)/ 닭고기(토막, 도리육)	무항생제 체리부로/마니커/하림/키토랑/해맑은 냉장 국산	kg	17	국산	○	1	19. 3. 15	○	마니커	
8	당근/생것	국산 흙당근 굵기 일정	kg	1.6	국산	○			○		
9	대구/생것	냉동 국거리 수입산 절단 HACCP업체	kg	10	러시아	○	-2	19. 2. 28. ~12개월	○	동원산업	
10	두부/두부	샘초롱/풀무원/CJ 푸드 시스템 부침용 국산	kg	2	국산	○	7	19. 3. 12.	○	차회마을	
11	들깻가루/들깻가루	들깨 거피 100% 국산 샘초롱/농협/산내마을	kg	1	국산	○		19. 1. 10.	○	금호식품	
12	마늘/생것(국내산)	국산 상품 급식 식재료의 품질 관리 기준에 적합한 제품 푸른들/초록들	kg	4	남해	○		19. 3. 11.	최상	푸른들	
13	멸치/자건품(큰 멸치)	다시멸치 품질 등급상 연근해 기름에 찌들지 않음	kg	2	국산 (남해안)	○		20. 1. 10.	상	동원산업	
14	물엿/물엿	5kg 청정원/백설/해표/대상	통	1		○		19. 11. 20.		청정원	
15	배(생과)/국내산, 신고	국산 개당 600g 이상 최상품	kg	1.5	국산	○			○		
16	배추/생것	통배추 국산 김치용 속차고 신선	kg	45	국산	○			○		
17	배추/얼갈이	단(속음)배추나물용 국산 부드럽고 깨끗	kg	4	국산	○			○		

그림 5-10
검수 일지의 예
(학교 급식)

(6) 검수 일지

검수 일지(receiving record)는 검수 후 물품명, 수량, 무게, 원산지, 가격, 냉장·냉동 제품의 경우에는 온도 등 전반적인 검수 결과에 대해 검수 담당자가 기록하는 서식 이다. 반품이 발생할 때에는 반품 내용 및 사유에 대하여 검수 일지에 자세하게 기 입하여 반품된 물품의 재입고 시 참고한다. 또한 공급업체에 대한 기록은 향후 공 급업자의 평가 시 근거 자료로 사용할 수 있으므로 공급업체의 물품 공급과 관련 한 사항에 대하여 정확하게 기록한다(그림 5-10).

KEY TERMS

DISCUSSION QUESTIONS

1. 구매 유형에 대해 설명하시오.

2. 구매 계약 방법에 대하여 기술하시오.

3. 구매 절차에 대하여 설명하시오.

4. 구매 명세서의 요건, 포함되어야 하는 내용, 작성자에 대하여 설명하시오.

5. 다양한 구매 관련 서식(구매 명세서, 구매 청구서, 발주서, 납품서, 반품서, 검수 일지)의 내용 및 특징에 대하여 기술하시오.

6. 급식 조직에서 구매하는 물품(식품 및 비식품류) 중 한 가지를 선택하여 구매 명세서를 작성하시오.

7. 외식업소나 단체급식소를 대상으로 구매 유형, 구매 절차 및 구매 관련 서식에 대한 사례 조사를 실시하시오.

MEMO

CHAPTER 6

발주

| 학습 목표 |

1. 발주 업무의 절차를 나열할 수 있다.
2. 급식소 상황에 맞는 수요 예측 기법을 선택할 수 있다.
3. 발주량을 산출할 수 있다.
4. 발주 형식의 특징을 설명할 수 있다.
5. 발주서를 작성할 수 있다.

1. 발주 업무의 절차

발주 업무는 계획된 식단에 대해 수요 예측에 의한 예측 식수를 결정하는 것으로 시작된다. 발주량을 산출할 때 **비저장 품목**들(채소 및 과일류, 난류, 두부류, 유제품 등)은 레시피의 1인 분량, 예측 식수, 폐기율을 고려한 출고 계수를 이용하여 계산한다. **저장 품목**들(곡류, 건어물, 통조림 등)은 적정 재고 수준을 고려하여 경제적 발주량을 산출한다. 발주할 품목과 수량이 확정되면 발주서를 작성하고 공급업체로 송부한다(그림 6-1).

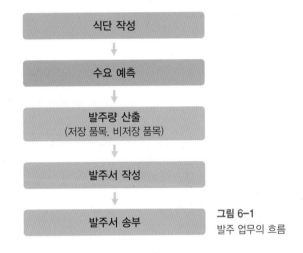

그림 6-1
발주 업무의 흐름

2. 수요 예측

1) 급식 경영에서의 수요 예측 기능

과거의 식수 분석과 외부 환경 변화를 감안한 **수요 예측**(demand forecasting)은 구매 및 생산 계획에 영향을 미치므로 급식 운영을 위한 기본 요소라 할 수 있다(그림 6-2). 객관적인 수요 예측을 위해 메뉴, 날짜, 요일, 식사 제공 시간, 제공한 날의 특수한 사항, 날씨, 소비자의 반응(잔반량, 불만, 칭찬 등) 등에 대한 과거 기록이 구비되어야 한다.

수요의 변동 폭이 큰 호텔 식음료부서 및 외식 서비스업계, 선택식으로 운영하는 단체급식소의 수요 예측은 수익성과 직접적인 연관성을 가지므로 정확한 수요 예측에 대한 중요성이 강조된다. 이에 따라 수요 예측의 정확성을 높이기 위한 경영과학적 기법들이 사용되고 있다.

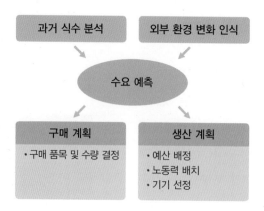

그림 6-2
수요 예측의 중요성

2) 수요 예측 방법

급식소에 적용할 수 있는 수요 예측 방법은 전문가 및 경력자의 경험 등의 주관적 판단에 의한 **주관적 수요 예측법**과 과거의 기록, 날씨, 기타 경제 관련 통계 수치 등의 객관적 자료를 토대로 이루어지는 **객관적 수요 예측법**으로 구분된다(표 6-1).

(1) 주관적 수요 예측법

주관적 수요 예측법은 전문가의 전문 지식이나 경험자들의 견해와 같은 주관적 요소를 이용하는 기법으로 **시장조사법**, **델파이 기법**(delphi technique), **패널 동의법**(panel consensus) 등이 있다. 이 방법은 예측 자료가 불분명하거나 불확실할 때, 과거의 자료가 시간적으로 일치하지 않을 때에 주로 사용된다.

표 6-1
수요 예측 기법

분류	세부 분류		
주관적 수요 예측법	시장조사법, 델파이 기법, 패널 동의법 등		
객관적 수요 예측법	시계열 분석법	이동 평균법	단순 이동 평균법
			가중 이동 평균법
		지수 평활법	
	인과형 예측법	회귀 분석법	

① 시장조사법

미래 급식소 상황에 대한 가설을 설정하고 이에 대해 실제 소비자들을 대상으로 기호도 및 소비 경향 및 패턴, 소비자 구매 의도 등을 조사하는 방법이다.

② 델파이 기법

전문가에 의뢰하여 미래 수요에 대한 의견을 조사하고 취합하는 과정을 여러 차례 반복하여 결과를 도출하는 방법이다.

③ 패널 동의법

전문가 집단을 구성하고 구성원 간의 의견과 논의를 거쳐 수요 예측에 대한 공통된 결론을 도출하는 방법이다.

(2) 객관적 수요 예측법

객관적 수요 예측법은 통계적 기법을 이용하여 과거의 기록과 같은 객관적인 자료를 이용하여 미래의 수요를 예측하는 과학적 경영 기법으로 **시계열 분석법**(time series model)과 **인과형 예측법**(casual model)이 있다.

① 시계열 분석법

과거의 매출, 판매량 등의 축적된 자료에 근거한 소비 경향을 이용해 미래 수요를 예측하는 방법이다. 이 방법에는 이동 평균법과 지수 평활법이 있다.

■ 이동 평균법

이동 평균법(moving average model)은 최근 일정 기간 동안의 판매 기록에 대한 평균값을 산정하여 수요를 예측하는 기법이다. 이와 같은 수요 예측법은 과거 판매 기록의 경향을 반영하는 특징이 있으며, **단순 이동 평균법**(SMA, Simple Moving Average), **가중 이동 평균법**(WMA, Weighted Moving Average)이 있다.

• 단순 이동 평균법

과거 여러 기간 동안의 자료에 동일한 가중치를 적용하는 방법이다. 일정한 단위 기간, 즉 일별, 주별, 월별 등의 급식 인원(매출 식수) 기록들을 이용하여 계속적으로 이동해 가면서 평균값을 산출함으로써 미래의 수요를 예측한다.

EXERCISE 6-1

문제. 다음은 A 급식소의 과거 판매 식수이다. 주어진 자료를 이용하여 과거 3개월의 식수를 근거로 한 단순 이동 평균법으로 4월(F1), 5월(F2), 6월(F3)의 수요를 예측하시오.

월	판매 식수	예측 식수
1	4,250	–
2	4,685	–
3	4,712	–
4	4,867	F1
5	4,971	F2
6	4,998	F3

정답. 1, 2, 3월의 식수를 근거로 4월의 식수를 예측한다면,

$$4월의 예측 식수(F1) = \frac{4,250 + 4,685 + 4,712}{3} = 4,549식$$

2, 3, 4월의 식수를 근거로 5월의 식수를 예측한다면,

$$5월의 예측 식수(F2) = \frac{4,685 + 4,712 + 4,867}{3} = 4,754.7식$$

3, 4, 5월의 식수를 근거로 6월의 식수를 예측한다면,

$$6월의 예측 식수(F3) = \frac{4,712 + 4,867 + 4,971}{3} = 4,850식$$

- **가중 이동 평균법**

단순 이동 평균법과 같이 일정 단위 기간별로 이동하면서 평균값을 산출하되 최근의 실적에 가장 높은 가중치를 적용하는 방법이다. 가중치의 배분은 급식소 운영자 또는 경영자의 판단에 따라 결정할 수 있다.

EXERCISE 6-2

__문제.__ 다음은 A 급식소의 과거 판매 식수이다. 주어진 자료를 이용하여 과거 3개월의 식수를 0.1, 0.3, 0.6의 가중치를 두어 가중 이동 평균법으로 4월(F1), 5월(F2), 6월(F3)의 수요를 예측하시오.

월	판매 식수	예측 식수
1	4,250	–
2	4,685	–
3	4,712	–
4	4,867	F1
5	4,971	F2
6	4,998	F3

__정답.__ 1, 2, 3월의 식수를 근거로 0.1, 0.3, 0.6의 가중치를 두어 4월의 식수를 예측한다면,

4월의 예측 식수(F1) = $4{,}250 \times 0.1 + 4{,}685 \times 0.3 + 4{,}712 \times 0.6 = 4{,}657.7$식

2, 3, 4월의 식수를 근거로 0.1, 0.3, 0.6의 가중치를 두어 5월의 식수를 예측한다면,

5월의 예측 식수(F2) = $4{,}685 \times 0.1 + 4{,}712 \times 0.3 + 4{,}867 \times 0.6 = 4{,}802.3$식

3, 4, 5월의 식수를 근거로 0.1, 0.3, 0.6의 가중치를 두어 6월의 식수를 예측한다면,

6월의 예측 식수(F3) = $4{,}712 \times 0.1 + 4{,}867 \times 0.3 + 4{,}971 \times 0.6 = 4{,}913.9$식

■ **지수 평활법**

지수 평활법(ESM, Exponential Smoothing Model)은 가장 최근의 판매 식수와 예측 식수를 이용하여 식수의 안정성에 따라 가중치를 부여하는 식수 예측 방법이다. 직전 시기의 자료를 이용하여 계산하므로 급식소에서 쉽게 적용할 수 있다.

$$\text{예측 식수} = \alpha \times D + (1 - \alpha) \times F$$

D: 가장 최근의 판매 식수
F: 가장 최근의 예측 식수
α: 평활 계수(0~1)
 • 안정한 수요의 메뉴 0.1~0.3
 • 불안정한 수요의 메뉴 0.4~0.6
 • 신 메뉴 0.7~0.9

EXERCISE
6-3

문제. 다음은 A 급식소의 과거 판매 식수이다. 주어진 자료를 이용하여 지수 평활법으로 4월(F1), 5월(F2), 6월(F3)의 수요를 예측하시오(α=0.3).

월	판매 식수	예측 식수
3	4,712	4,692
4	4,867	F1
5	4,971	F2
6	4,998	F3

정답. 3월의 식수를 근거로 α가 0.3일 경우 4월의 식수를 예측한다면,
4월의 예측 식수(F1) = $0.3 \times 4,712 + (1 - 0.3) \times 4,692 = 4,698$식

4월의 식수를 근거로 α가 0.3일 경우 5월의 식수를 예측한다면,
5월의 예측 식수(F2) = $0.3 \times 4,867 + (1 - 0.3) \times 4,698 = 4,748.7$식

5월의 식수를 근거로 α가 0.3일 경우 6월의 식수를 예측한다면,
6월의 예측 식수(F3) = $0.3 \times 4,971 + (1 - 0.3) \times 4,748.7 = 4,815.4$식

다중 회귀 분석에 의한 식수 예측 사례

다음은 Y대학의 학생 식당을 대상으로 수요 예측 모델을 개발한 사례이다.

Y대학의 학생 식당은 1식당, 2식당의 2개 식당을 운영하며, 1식당에서는 한식과 양식의 복수 메뉴를 제공하고 있고, 식단가는 2,300원이다. 식당 운영 시간은 오전 11시~오후 3시, 오후 4시~7시까지이며, 좌석 회전율은 7.5회이고, 방학 중에는 30분씩 단축 운영하고 있다.

Y대학의 연간 평균 식수의 추이는 다음 그림과 같으며, 방학 중 식수는 학기 중 식수에 비해 현저하게 떨어지고 학기별 식수 분포에서는 봄 학기의 식수가 가을 학기에 비해 많음을 알 수 있다.

주간 평균 식수의 추이

* 주간 평균 식수: 일주일 동안 일일 총 식수의 평균값

- 봄 학기 예측 식수

  = 561.964 + 0.898 × (1식당 B 메뉴의 선호도) − 23.227 × (기온)

- 가을 학기 예측 식수

  = 774.120 + 0.733 × (1식당 B 메뉴의 선호도) + 0.308 × (1식당 이용률) + 0.238 × (지난주 식수) + 0.133 × (기온) − 0.193 × (2식당 이용률) − 0.290 × (요일) − 0.563 × (1식당 A 메뉴의 선호도)

자료: 정라나, 2001

② 인과형 예측법

인과형 예측법(causal model)은 판매 식수와 이에 영향을 미치는 요인 간의 수학적 인과 모델을 개발하여 수요를 예측하는 방법으로 회귀 모형 기법을 이용한 수요 예측법이다. 식수(종속 변수)에 영향을 미치는 요인(독립 변수)이 하나인 경우에는 선형 회귀 분석 모델을 적용하고, 2개 이상의 요인이 식수에 영향을 미치는 경우에는 다중 회귀 분석 모델을 적용한다. 급식소의 식수에 영향을 미칠 수 있는 요인은 요일, 메뉴 선호도, 판매 가격, 특별 행사, 날씨, 계절, 주변 식당 이용률, 식당 회전율 등이며, 단일 요인보다는 다수의 요인들이 복합적으로 작용하므로 주로 다중 회귀 모형을 적용한다. 인과형 수요 예측법은 다른 방법에 비해 복잡하고 시간과 노력이 많이 소요되나 일단 수요 예측 모델이 구축되면 중·장기적으로 활용할 수 있어 효과적이다.

$$Y = f\,(X_1, X_2, X_3, \cdots, X_n)$$

$X_1 \sim X_n$: 판매 가격, 메뉴 선호도, 요일, 행사, 계절 등의 영향 요인
Y: 예측 식수

3) 수요 예측 기법의 선택 기준

여러 가지 수요 예측 기법 중 다음 사항을 고려하여 급식소 여건에 적합한 기법을 선택한다.

- 비용 효율성: 수요 예측 기법의 개발비, 도입비, 시스템 운영비(자료 수집 및 분석) 등을 미리 비교 분석하여 비용 측면에서 효율적인 기법을 선택한다.
- 예측 정확성: 수요 예측 기법 중 예측 오류(forecasting error)가 최소인 것을 선택한다.
- 사용의 편리성: 예측 기법을 급식 운영 시스템 내에서 쉽게 사용할 수 있는지의 여부와 이를 활용하는 데 요구되는 기술 및 지식 등의 복잡성을 비교 분석하여 편리하게 활용할 수 있는 기법을 선택한다.

3. 발주량 산출

1) 비저장 품목의 발주량 산출

당일 사용할 비저장성 품목들은 표준 레시피의 1인 분량, 예측 식수 및 식품별 폐기율을 이용하여 발주량을 산출한다. **폐기 부분이 없는 식품**의 경우에는 표준 레시피상의 1인 분량에 예측 식수를 곱하여 발주량을 계산하며, **폐기 부분이 있는 식품**의 경우에는 폐기율에 따른 출고 계수를 산출한 후 이를 발주량 산출 공식에 적용하여 계산한다. 폐기율과 가식부율을 이용한 출고 계수는 표 6-2와 같다. 식품별 평

폐기율(%)	가식부율(%)	출고 계수	폐기율(%)	가식부율(%)	출고 계수
2	98	1.02	40	60	1.67
3	97	1.03	45	55	1.82
5	95	1.05	50	50	2.00
8	92	1.09	55	45	2.22
10	90	1.11	60	40	2.50
15	85	1.18	65	35	2.83
20	80	1.25	70	30	3.32
25	75	1.33	75	25	4.00
30	70	1.43	80	20	5.00
35	65	1.54	85	15	6.67

표 6-2
폐기율과 가식부율을
이용한 출고 계수

식품군	가식부율(%)	식품군	가식부율(%)
채소류	85	어패류(생건)	90
감자류	90	어패류(염건)	82
과일류	76	어패류(염장)	72
생선(통째)	62	패류(껍질 포함)	25
생선(토막)	83	난류	87

자료: 현기순 외, 2003

표 6-3
식품별 평균 가식부율

균 가식부율은 표 6-3에, 각종 식품의 폐기율은 부록 6-1에 제시하였다.

폐기 부분이 없는 식품

발주량 = 표준 레시피의 1인 분량×예측 식수

폐기 부분이 있는 식품

발주량 = 표준 레시피의 1인 분량×예측 식수×출고 계수

$$출고 계수 = \frac{100}{100-폐기율(\%)}$$

EXERCISE 6-4

문제 1. 시금치나물 조리를 위한 시금치의 발주량을 산출하려고 한다. 시금치나물의 1인 분량이 70g이고 폐기율은 15%, 예상 식수가 720식일 때, 필요한 발주량을 계산하시오.

2. 두부조림을 위한 두부의 발주량을 산출하려고 한다. 두부조림의 1인 분량은 80g이고 예상 식수는 500식일 때, 두부의 발주량을 계산하시오.

정답 1. 출고 계수 $= \dfrac{100}{100-15} = 1.18$

시금치 발주량 = 70g×1.18×720식 = 59,500g → 59.472kg 발주 (10kg 포장 상자 6개 발주)

2. 두부 발주량 = 80g×500식 = 40,000g → 40kg 발주

2) 저장 품목의 발주량 산출

저장 품목의 발주량을 산출하기 위해서는 먼저 재고 품목별 적정 재고 수준에 대한 기준 및 지침을 설정해야 한다. 예를 들어, 재고를 보유하지 않고 필요한 물품을 필요한 때에 즉시 구매하는 방식인 JIT(just-in-time) 구매 방법을 적용할 경우에는 최소한의 재고량을 감안하여 발주한다. 그러나 시기에 따른 원가의 상승, 수량 할인

율 등의 경제적 효용성을 위해 재고 수준을 비교적 높게 책정한 조직에서는 최대한의 재고 수준을 유지하도록 발주량을 산출한다. 최대의 경제적 효과를 얻을 수 있는 적정 재고 수준은 조직의 유형과 규모, 저장 시설 여건 등의 내부 환경적 요소와 가격 변동률, 수량 할인율 등의 외부 환경적 요소에 따라 달라질 수 있다.

(1) 적정 재고 수준의 개념 및 의의

적정 재고 수준이란 조직에 최대의 경제적 효과를 주는 재고 수준을 의미하는데, 적정 재고 수준을 결정하기 위해서는 **저장 비용**(storage cost)과 **주문 비용**(order cost)을 고려해야 한다. 저장 비용은 일정 재고 수준을 유지하는 데 소요되는 비용으로, 재고 유지 관리비, 창고 임대료, 보험료, 재고 투자비(은행 이자), 재고 손실비 등이 포함된다. 주문 비용에는 발주 및 검수 등에 소요되는 인건비, 교통 통신비, 사무비, 소모품비 등이 포함된다.

적정 재고 수준을 최소화하면 재고 회전 속도가 빨라지고 그만큼 동일 품목의 주문 빈도가 증가하게 되므로 저장 비용은 감소하고 주문 비용은 증가한다. 반면, 적정 재고 수준을 높게 설정하면 1회당 발주량이 많아지고 주문 주기가 길어지므

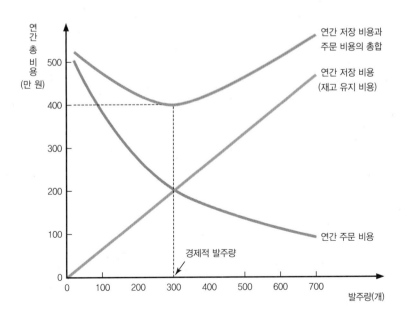

그림 6-3
경제적 발주량

로 저장 비용은 증가하고 주문 비용은 감소한다. 따라서 너무 적은 발주량은 주문 비용을, 너무 많은 발주량은 저장 비용을 증가시킨다.

(2) 경제적 발주량

조직에서 최대의 경제적 효과를 주는 적정 재고 수준은 저장 비용과 주문 비용의 합이 최소화되는 수준이며, 이를 **경제적 발주량**(EOQ, Economic Order Quantity) 이라고 한다(그림 6-3).

경제적 발주량은 재고 유지 관리 비용, 품목의 구매 단가 및 연간 소요량, 구매 비용을 이용하여 산출할 수 있는데, 연간 총 사용량을 알고 일정 수준을 유지할 때, 일정한 비율로 꾸준히 사용될 때, 대량 구매가 언제든지 가능할 때, 급식 생산의 필수 품목일 때, 단위당 가격이 일정할 때 적용할 수 있다.

$$\text{경제적 발주량(EOQ)} = \sqrt{\frac{2 \times F \times S}{C \times P}}$$

C: 재고 유지 관리 비용(총 재고액 대비 백분율)
P: 품목의 구매 단가(구매 가격)
F: 구매 비용(구매에 소요되는 고정비)
S: 특정 품목의 연간 소요량

EXERCISE 6-5

문제. 식품업체에서 A품목의 사용량이 연간 1,200kg이고 이것을 유지 관리하는 데 소요되는 비용이 재고 가치의 13%이며, 단위당 구매 가격은 15원, 발주에 소요되는 고정비는 6원이라고 한다. 1회 발주에 필요한 경제적 발주량(EOQ)을 계산하시오.

정답. $EOQ = \sqrt{\dfrac{2 \times 6 \times 1,200}{0.13 \times 15}} = \sqrt{\dfrac{14,400}{1.95}} = 85.9(kg)$

(3) 발주량 결정 요인

발주량을 최종 결정할 때에는 다음 사항을 고려한다.

- 물품의 특성: 물품에 따라 보관 기간이 길어지면 품질이 급격히 저하되는 것이 있다. 특히, 식품의 경우는 유통 기한이 있으므로 이를 반드시 고려하여야 한다.
- 거래 단위: 경제적 발주량을 산출하였더라도 거래 단위를 밑도는 수량은 납품업체에서 발주를 받지 않을 수 있으므로 기본 거래 단위를 고려하여야 한다.
- 계절적 요인: 계절 식품을 성수기에는 저렴한 가격으로 쉽게 구입할 수 있는 반면, 비수기에는 값이 비싸거나 구입하기 어려운 경우가 많다. 그러므로 저장성이 있는 식품이라면 제철에 발주량을 증가시켜 보관하였다가 필요할 때 사용한다.
- 가격의 변화: 장래에 가격이 오르거나 혹은 내려간다는 예측이 적정 발주량 결정 공식에는 포함되지 않지만 중요하게 고려해야 하는 사항이다. 만약, 단기간 내에 가격이 크게 인상될 예정이라면 주문 수량을 증가시킬 필요가 있다.
- 수량 할인율: 주문 수량의 증가에 따라 가격이 할인되는 물품인 경우 재고 유지 비용보다 할인 가격이 크다면 주문 수량을 증가시키는 것이 이익이다.
- 자금 공급력: 아무리 수량 할인율 등과 같은 경제적 효과를 감안하더라도 현재 조직의 여유 자금이 충분하지 않을 경우에는 다량의 재고로 인해 유동성 자금이 감소되므로 바람직하지 않다. 따라서 최종적인 발주량을 결정하는 시점에 조직의 유동 자금력을 고려해야 한다.
- 저장 공간 및 시설 여건: 경제적 효율성 측면에서 아무리 대량 구매 시의 가격 할인율이 높아도 조직 내 저장 공간이나 시설이 충분치 않을 경우에는 저장하기 어려우므로 발주량 결정 시 우선적으로 고려해야 한다.

4. 발주 형식의 유형

1) 정기 발주 방식

정기 발주 방식(P system, fixed-order period system)은 정해진 시기가 되면 부정량을 발주하는 시스템이다. 가격이 비싸서 재고 부담이 큰 품목, 사용률이 어느 정도 일정한 품목, 공급 기간이 오래 걸리는 품목 등의 발주량을 결정하는 데에 정기발주 방식이 적합하다. 정기 발주 방식을 적용하려면 품목별로 발주 주기 및 최대 재고량, 안전 재고량, 공급 기간 동안 사용할 양을 고려해야 한다(그림 6-4). **발주 주기**는 주 1회, 월 1회, 분기별 1회 등 일정한 시간 단위로 하며, **최대 재고량**은 급식소의 저장 능력, 비용 지불 능력 등을 고려하여 결정한다. **안전 재고량**은 예측되지 않은 수요 변화에 대비하기 위해 설정해 놓은 재고량이다. **공급 기간**(lead time)이란 발주 후 물품이 입고될 때까지의 기간으로, 발주 시 공급 기간 동안 사용할 양을 고려하지 않으면 재고 수준이 안전 재고량 이하로 내려가거나 심한 경우 재고 고갈로 인하여 급식 생산에 차질을 빚을 수 있다.

정기 발주 방식에 의한 발주량은 입고 후 발주 시점까지 사용한 양, 즉 최대 재고량에서 현재 재고량을 뺀 값에 공급 기간 동안 사용할 양을 더하여 산출한다. 현재

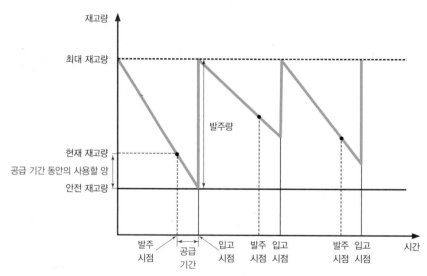

그림 6-4
정기 발주 방식

A 급식소에서는 정기 발주 방식을 적용하여 매월 25일 실사 재고 조사를 실시하고 26일에 발주하여 다음 달 1일에 입고되도록 관리하고 있다. A 급식소의 식용유에 대한 최대 재고량은 100통이며, 안전 재고량은 10통이다.

문제 1. 5월 25일 식용유의 재고량을 조사한 결과 30통이었으며, 입고 시까지 사용할 양은 6통으로 예상되었다. 5월 26일의 식용유 발주량을 산출하시오.

    2. 10월 1일부터 25일까지 사용한 식용유는 57통이었으며, 입고 시까지 사용할 양은 8통이다. 10월 25일의 식용유 발주량을 산출하시오.

정답 1. 발주량 = 100−30+6 = 76(통)

    2. 발주량 = 57+8 = 65(통)

재고량을 파악하기 위해서 정기적으로 실사 재고 조사를 실시해야 하며, 그 결과에 따라 발주량이 정해지므로 발주 시점마다 부정량을 발주하게 된다.

2) 정량 발주 방식

정량 발주 방식(Q system, fixed−order quantity system)은 정해진 양을 부정기적으로 발주하는 시스템이다. 정량 발주 방식에 알맞은 품목으로는 재고 부담이 적은 저가 품목, 항상 수요가 있기에 일정한 양의 재고를 보유해야 하는 품목, 시장에서 충분한 수량을 언제든지 확보할 수 있는 품목 등이 있다. 정량 발주 방식은 재고량이 정해 놓은 수준(발주점)에 이를 때 일정 발주량, 즉 경제적 발주량(EOQ)을 발주하는 것으로 **발주점 방식**(order point system)이라고도 한다(그림 6−5). 품목별 소비량에 따라 발주 주기는 달라지므로 현재 재고 수준을 지속적으로 파악할 수 있도록 영구 재고 조사를 이용한 철저한 재고 관리가 필수적이다.

정기 발주 방식과 정량 발주 방식을 비교한 내용은 그림 6−6, 표 6−4와 같다.

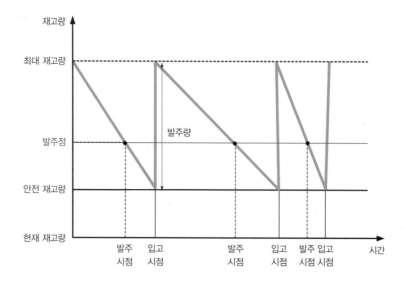

그림 6-5
정량 발주 방식

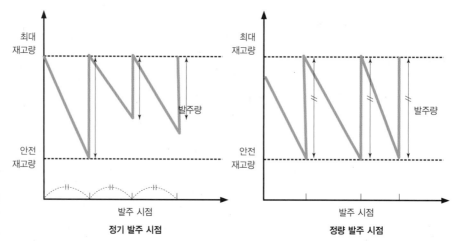

그림 6-6
정기 발주 방식과
정량 발주 방식의 비교

표 6-4
정기 발주 방식과
정량 발주 방식의
특성 비교

구분	정기 발주 방식	정량 발주 방식
발주 시점	정기적	부정기적
발주량	부정량	정량
재고 조사 방법	실사 재고 조사	영구 재고 조사
해당 품목	고가 품목, 사용률이 일정한 품목, 공급 기간이 오래 걸리는 품목	저가 품목, 항상 수요가 있는 품목, 시장에서 쉽게 구할 수 있는 품목

5. 발주서 작성

발주 품목과 발주량이 정해지면 **발주서**(purchase order)를 작성한다. 발주서는 1부의 원본과 2부의 사본이 작성되며, 원본은 납품업자에게 보내어 필요 물품을 주문하고, 사본 2부 중 1부는 구매 부서에서 보관하며 나머지 1부는 회계 부서로 보내어 대금 지불의 근거로 사용한다. 발주서에 대한 자세한 사항은 제5장에서 설명하였다. 최근 **급식 관리 전산 시스템**이 도입되어 메뉴 계획 후 급식 수요가 결정되면 표준 레시피에 의해 식품 품목별 발주량이 자동적으로 계산되어 발주서를 바로 출력할 수 있도록 지원되고 있다(그림 6-7). 위탁 급식업체의 경우 각 지점과 구매 부서 간의 전산 시스템을 통해 각 지점의 발주서를 종합하여 재고 물량을 감안한 최종적인 발주를 실시하는 통합 발주 시스템을 운용하고 있다.

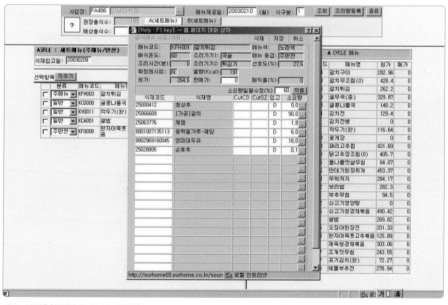

그림 6-7
급식소 전산
발주의 예(위탁 급식)

자료: 아워홈(양일선 등, 2008 재인용)

KEY
TERMS

· 발주 업무

· 수요 예측(demand forecasting)

· 주관적 수요 예측

· 시장조사법

· 델파이 기법(Delphi technique)

· 패널 동의법(panel consensus)

· 객관적 수요 예측

· 시계열 분석법(time series model)

· 인과형 예측법(casual model)

· 이동 평균법(moving average model)

· 지수 평활법(ESM, Exponential Smoothing Model)

· 발주량 산출

· 폐기율

· 출고 계수

· 적정 재고 수준

· 경제적 발주량(EOQ, Economic Order Quantity)

· 정기 발주 방식(P system, fixed order period system)

· 정량 발주 방식(Q system, fixed-order quantity system)

· 발주점 방식(order point system)

· 발주 주기

· 안전 재고량

· 최대 재고량

· 공급 기간(lead time)

· 발주서(purchase order)

· 통합 발주 시스템

1. 발주의 절차에 대해 설명하시오.

2. 발주하기 전에 정확한 수요 예측이 필요한 이유를 설명하시오.

3. 주관적 수요 예측법 3가지에 대해 간략히 설명하시오.

4. 객관적 수요 예측법 중 이동 평균법에 대해 설명하시오.

5. 저장성 품목의 발주량 산출 시 고려해야 하는 적정 재고 수준에 대해 설명하시오.

6. 비저장성 품목의 예를 5가지 이상 제시하고 발주량 산출 공식을 쓰시오.

7. 경제적 발주량의 개념에 대해 설명하시오.

8. 정기 발주 방식과 정량 발주 방식을 비교·설명하시오.

9. 조직의 유형 및 규모에 적합한 발주 방식의 유형에 대해 설명하시오.

10. 학교, 병원, 산업체 중 1개의 급식소의 예를 들어 1일 메뉴와 발주서를 작성하시오.

검수

1. 검수의 개념

단체급식소나 외식업체 등 대량 급식을 생산하는 기관에서는 체계적인 **검수**(receiving) **절차**가 반드시 필요하다. 검수는 구매 담당자가 발주한 물품이 제대로 배달되었는지를 확인하는 과정이다. 단순히 배달된 물품을 인수받고 날인하는 것에 그치는 것이 아니라 구매 명세서와 발주서에 명시된 품질, 크기, 수량, 중량, 가격 등을 확인하고 냉장·냉동품의 경우 온도를 확인하는 것을 포함한다. 부적절한 물품을 반품 조치하는 것도 검수 업무의 일환이다. 일반적으로 검수 절차는 배달된 물품의 **확인**(validating), **인수**(accepting), **서명**(signing)으로 이루어진다.

2. 검수를 위한 구비 조건

검수 업무를 효과적으로 수행하기 위해서는 유능한 검수 담당자, 적절한 검수 설비 및 기기, 충분한 검수 시간 및 일정, 구매 명세서, 발주서 혹은 구매 청구서가 필요하다.

1) 검수 담당자

효율적이고 효과적인 검수가 진행되려면 검수 업무를 전담하는 인력이 필수적이다. 검수 요원이 갖추어야 할 자질은 물품의 품질 확인 및 평가, 검수 절차 및 방법, 물품에 문제 발생 시 처리 방법 및 절차, 검수 일지 작성 및 기록 보관 절차 등에 대한 지식 및 이해이고, 이에 대한 적절한 교육 및 훈련을 받아야 한다.

　일반적으로 단체급식소에서는 영양사가 검수 업무를 담당하며 외식업소에서는 경력이 있는 조리사가 담당한다. 반드시 물품 발주자가 검수원일 필요는 없으며, 구매 관리의 투명성을 위해서는 발주와 검수 업무의 담당자를 분리하는 것이 이상적이다. 일부 단체급식소에서는 영양사가 발주 업무를, 조리사가 검수 업무를 담당하기도 하며, 학교 급식에서는 납품업자의 입회하에 영양(교)사와 학부모, 행정 직원 혹은 교사가 함께 검수 과정에 참여하는 복수 대면 검수를 원칙으로 하고 있다.

2) 검수 설비 및 기기

검수 장소는 물품 공급업체의 배달원이나 검수 담당자 모두에게 접근이 용이한 곳이어야 한다. **물품의 이동**이 검수 장소 → 저장 시설 혹은 전처리실 → 조리실로 연결되도록 하여야 물품의 이동과 저장에 소요되는 시간 및 노력을 절감할 수 있을 뿐만 아니라 일반 작업 구역과 청결 작업 구역이 구분되므로 위생 관리 측면에서도 바람직하다(그림 7–1). 만약 검수실이 별도로 확보되지 못하고 식당으로 물품이 반입되어 조리실에서 검수 업무를 수행한다면 일반 작업 구역과 청결 작업 구역의 교차 오염이 발생하여 바람직하지 않다.

검수 업무에 적합한 설비 조건은 다음과 같다.

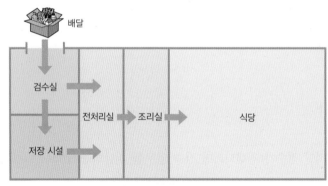

바람직한 물품의 이동

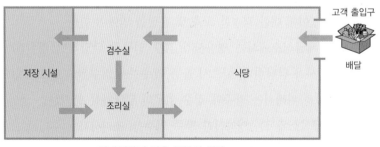

바람직하지 않은 물품의 이동

그림 7–1
급식소 내 물품의
이동 경로

- 물품이 배달되고 저장 시설 혹은 전처리실로 이동하기에 적합한 검수 장소의 위치
- 물건과 사람이 이동하기에 충분한 넓이의 공간
- 위생 및 안전성이 확보될 수 있는 장소
- 청소하기 쉬우며 배수가 잘되는 시설
- 물품을 검사하기에 적절한 밝기의 조명 시설(540Lux 이상)
- 물품 검수를 위한 검수대(바닥에 물품을 놓지 않도록 주의)

물품을 검수할 때 필요한 도구로는 저울, 온도계, 통조림 따개, 칼, 가위 등이 있다. 검수 기록과 보관을 위해 검수 일지, 계산기 등이 필요하며 검수를 마친 물품들은 운반차를 이용하여 저장 시설이나 전처리실로 옮긴다(그림 7-2).

검수에 사용하는 **저울**은 플랫폼형 전자저울(platform scales), 소형 전자저울 등이 있는데, 검수 과정에서 저울을 이용하여 포장지를 제외한 물품의 실제 중량을

L형 운반차

다단식 운반차

그림 7-2
운반차의 종류

자료: 에이치케이 홈페이지

플랫폼형 전자저울

소형 전자저울

그림 7-3
검수용 저울의 종류

자료: 에이치케이 홈페이지

그림 7-4
검수용 온도계의 종류   비접촉식 적외선 표면 온도계   탐침식 온도계   탐침식 온도계(펜 타입)

자료: 에이치케이 홈페이지

확인한다(그림 7-3).

냉장이나 냉동 상태로 배송된 식품의 온도는 **온도계**를 이용하여 확인하는데, 비접촉식 적외선 표면 온도계는 식품과 직접 접촉하지 않으므로 식품에 손상을 주지 않고 위생적으로 사용할 수 있어 여러 가지 식품의 검수에 유용하다(그림 7-4). 냉장 육류의 경우 탐침 온도계를 이용하여 중심 온도를 확인할 수 있는데 탐침 온도계는 사용 전 소독용 알코올 솜으로 소독 후 사용하고 검수가 끝나면 세척·소독해서 보관한다.

3) 검수 시간 및 일정

검수 시간 및 일정은 사전에 계획하여 납품업자에게 통보함으로써 동일한 시간에 물품이 배달되고 검수되는 것이 바람직하다. 농산물, 축산물, 수산물, 공산품 등 품목에 따라 납품업체가 다른 경우에는 여러 업체의 배송 및 검수가 한꺼번에 진행되어 물품의 혼돈이나 불충분한 검수가 초래되지 않도록 배송 일자(요일) 혹은 시간을 사전에 납품업체와 협의하여 중복되지 않게 배정하여야 한다.

학교 급식에서는 당일 입고 당일 소비의 원칙에 따라 쌀과 조미료 등의 일부 저장품을 제외한 당일 점심 급식용 식재료 전 품목이 매일 아침 8~9시경에 배달된다. 간혹 일부 외식업소나 급식소에서 납품업체의 배송 일정에 따라 검수원이 출근하기 전인 새벽에 물품을 배달하여 조리실 앞에 그냥 두고 가거나 납품업체 직원이 직접 급식소나 외식업소에 들어와서 창고에 넣어 두고 가는 경우도 있는데, 이는 검수 원칙에 어긋나는 것으로 금지하여야 한다.

4) 구매 명세서

구매 명세서는 물품에 대한 기술서로 물품명, 제조 회사명, 등급, 크기, 포장 단위, 포장 재질, 원산지 혹은 제조원 등의 내용을 포함한다. 구매 명세서에 기술된 품질 기준 및 규격에 적합한 물품이 납품되었는지 확인하여야 한다.

5) 발주서 혹은 구매 청구서

검수원은 배달된 물품과 발주서 혹은 구매 청구서 내역을 비교하여 품목과 수량, 가격, 납품 일자 등이 일치하는지 확인하여야 한다.

3. 검수 방법

단체급식소나 외식업소에서는 물품의 특성을 고려하여 전수 검수법과 발췌 검수법 중 적절한 방법으로 검수를 실시한다.

1) 전수 검수법

전수 검수법은 납품된 모든 물품을 검사하는 것으로 소량이거나 육류와 같은 비싼 식재료에 적용하는 검수법이다. 물품을 하나하나 검사하므로 우수한 품질의 물품 이 입고될 가능성은 높으나 시간과 비용이 많이 소요되는 단점이 있다.

2) 발췌 검수법

발췌 검수법은 납품된 물품 중 몇 개만 무작위로 선택하여 검사하는 것으로 수량이 많은 경우, 검수 항목이 많은 경우, 검수 시간과 비용을 절약해야 할 경우에 적용하 는 검수법이다. 무와 같이 잘라서 속을 확인해야 하는 식재료의 경우 파괴성 검수가 이루어져야 하므로 발췌 검수법을 선택하는 것이 효과적이다. 하지만 모든 물품을 확인하는 것이 아니므로 선택되지 않은 물품 중 낮은 품질의 물품이 섞여 있을 가능성이 있다.

4. 검수 절차

검수원은 물품이 도착하는 즉시 납품업자의 입회하에 그림 7-5와 같은 절차로 검수 업무를 수행한다.

1) 납품된 물품의 품질 및 수량 확인

검수 장소로 납품된 물품이 운반되면 물품명, 포장 단위 및 수량은 **발주서 혹은 구매 청구서와** 비교하고, 물품의 품질은 **구매 명세서와 비교**하여 일치하는지 확인한다.
　식재료의 위생적인 안전을 위하여 냉장식품, 냉동식품, 채소, 공산품의 순서로 검

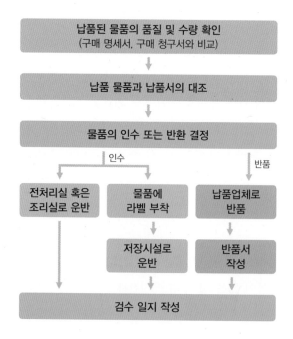

그림 7-5
검수 절차

수를 진행한다. 식재료는 맨바닥에 놓지 않고 **검수 팰릿**(pallet)이나 **검수대** 위에 올려놓고 확인한다(식품 취급은 바닥에서 60cm 이상, 그림 7–6, 7–7).

그림 7–6
3단 검수대

자료: 에이치케이 홈페이지

물품의 중량을 확인하고 개수를 정확히 세어야 하는데, 상자 포장된 물품은 상자당 포장된 내용물 개수가 정확한지 확인한 후 상자당 내용물 개수와 총 상자 수를 곱하여 총량을 계산한다. 상자에 배달되거나 얼음을 채워 배달된 식품은 상자나 얼음 무게를 빼고 측정한다. 물품의 색, 냄새, 신선도, 건조도 등이 구매 명세서에 기재된 기준에 맞는지 품질 상태를 검사한다. 포장이 찢어지거나 이물질이 혼입되었는지 확인하고 포장이 찢어진 경우 내용물에 영향을 주지 않았는지, 계란이나 수박과 같은 식품은 깨진 곳이 없는지 확인한다. 농축수산물 및 김치류는 원산지를, 공산품은 제조업체 명, 제조 연월일 및 유통 기한 등을 확인한다.

냉장·냉동 제품은 온도를 측정하고 구매 명세서에 기재된 허용 온도 범위 내에 있는지를 확인한다. 일반적으로 냉장 육류·어류와 전처리한 채소, 유제품 등은 5℃ 이하, 냉동식품은 –18℃ 이하여야 하고 녹은 흔적이 없는지 확인한다(그림 7–8). 식재료 유형별 검수 시 온도 측정 기준은 표 7–1, 식재료별 규격 및 품질 기준은 표 7–2, 7–3, 7–4와 같다.

검수 담당자는 식재료의 검수 외에 수시로 **식재료 배송 차량**의 청결 상태 및 온도

검수 물품 바닥 적재 금지

자료: 식품의약품안전청, 2009

식품 표시 사항 확인

관련 증빙 서류 확인

그림 7–7
검수 방법

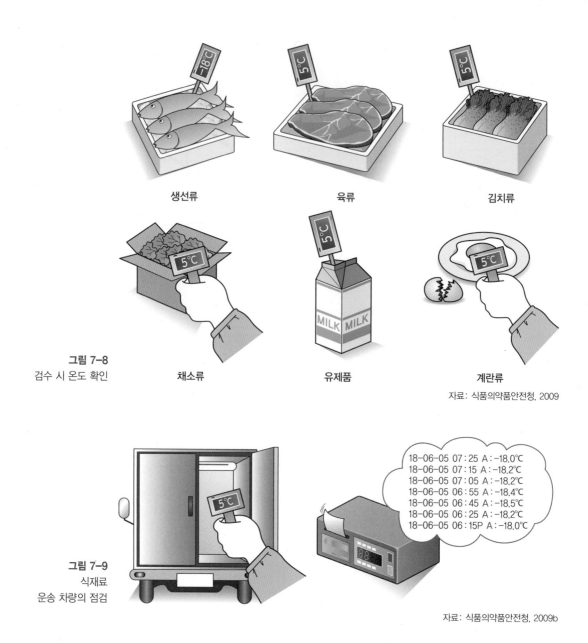

생선류   육류   김치류

그림 7-8
검수 시 온도 확인   채소류   유제품   계란류

자료: 식품의약품안전청, 2009

18-06-05 07 : 25 A : -18,0℃
18-06-05 07 : 15 A : -18,2℃
18-06-05 07 : 05 A : -18,2℃
18-06-05 06 : 55 A : -18,4℃
18-06-05 06 : 45 A : -18,5℃
18-06-05 06 : 25 A : -18,2℃
18-06-05 06 : 15P A : -18,0℃

그림 7-9
식재료
운송 차량의 점검

자료: 식품의약품안전청, 2009b

유지 여부를 확인하여 식재료가 비위생적인 환경에서 운송되지 않았는지, 적정한 온도로 계속 보관되어 배송되었는지도 점검하여야 한다(그림 7-9). 만약 냉동식품이 냉동 장치가 설치된 차량으로 배송되었다 하더라도 배송되는 과정에서 -18℃ 이하의 온도로 보관되지 않았다면 해동 과정이 진행되어 식재료의 위생에 문제가 발생

구분	측정 기준
냉장·냉동식품	· 냉장식품은 5℃ 이하 · 냉동식품은 −18℃ 이하이며 녹은 흔적이 없어야 함
채소류	· 일반 채소는 상온 · 전처리 식재는 5℃ 이하이어야 함
계란	· 계란은 깨서 온도를 확인함
포장 식품	· 진공 포장 식품은 2팩 사이에 온도계를 넣고 측정 · 포장된 냉동식품은 상자나 용기 옆면을 개봉하여 온도계를 용기 안의 포장 사이에 넣어 측정
기타	· 덩어리 형태의 것은 표면 온도계(가장 두꺼운 부분을 기준)를 사용함

표 7-1
식재료 유형별 검수 시
온도 측정 기준

자료: 한국식품연구원, 2005

분류	검수 시 주의 사항
배송 상태	· 배송 차량 식재 하차 시 차량 내부 온도가 −18℃ 이하인지 확인함
포장 상태	· 유통 기한, 규격을 확인함 · 포장이 파손되어 있는 것은 취급이 불량해서 건조가 일어나 품질 저하가 일어날 우려가 있고 내용물이 부스러져 있을 수 있으므로 포장이 제대로 되어 있는지 확인함 · 포장 내측에 서리가 과다하게 끼어 있으면 유통 과정 중 온도 관리가 불량한 것으로 품질이 저하되어 있을 우려가 있음
개봉 상태	· 충분히 동결되어 있지 않은 제품은 만져 보면 물컹거리므로 단단하게 얼어 있는지 확인함 · 식품의 일부가 하얗게 되어 있는 것은 취급이 불량해서 건조가 일어나 품질 저하가 일어난 것임 · 제품이 뭉쳐져 있는 것은 유통 과정 중 한 번 녹았을 때 나온 수분이 다시 동결된 것임. 특히, 제조 과정 중 완전 비가열로 제조된 것이 보관 온도가 불량하거나 유통 과정 중 한 번 녹았다가 재동결되면 이 현상이 심하므로 손으로 살짝 잡아 당겨도 떨어지지 않는 것이 있는지 확인함

표 7-2
냉동식품 검수 시
주의 사항

자료: 한국식품연구원, 2005

하게 된다. 따라서 검수 시 냉동식품의 해동 혹은 재냉동 여부를 확인하고, 배송 차량에 설치된 온도 기록 장치의 기록을 통해 냉장·냉동 식품의 배송 과정 중의 온도를 점검하도록 한다.

TIP

학교 급식 냉동식품 검수 시 온도 관리 기준과 관련법

『학교 급식 위생 관리 지침서(4차 개정판)』에 따라 검수 시 냉동식품은 냉동 상태를 유지하여야 하나, 「식품 위생법 시행 규칙」 제57조 별표17(식품 접객업 영업자 등의 준수 사항)에 의거 '냉동식품을 공급할 때 해당 집단 급식소의 영양사 및 조리사가 해동을 요청할 경우 해동을 위한 별도의 보관 장치를 이용하거나 냉장 운반을 할 수 있다. 이 경우 해당 제품이 해동 중이라는 표시, 해동을 요청한 자, 해동 시작 시간, 해동한 자 등 해동에 관한 내용을 표시하여야 한다'라고 규정되어 있다. 따라서, 냉동식품 구매 시 「식품 위생법」에서는 −18℃ 이하로 운반·검수하여야 하나, 실제로 −18℃ 이하의 온도로 운반이 어렵고, 이 온도의 제품을 아침에 받으면 당일 사용이 어려운 실정이므로, 얼어 있으나 완전 해동이 아닌 상태로 배송받는 것이 바람직하다고 볼 수 있다.

* 관련 법령: 「식품 위생법 시행 규칙」 제57조(식품 접객업 영업자 등의 준수 사항 등)
* 작성 부서: 경상남도교육청 경상남도 김해교육지원청 행정 지원국 행정 지원과

자료: 국민신문고 홈페이지

표 7-3
어패류의 관능적
선도 측정법

분류		선도 판정법
외관	체표	• 신선한 것은 광택이 있고 어종에 따라 특유의 색채를 가짐 • 비늘이 있는 생선은 신선한 상태에서 비늘이 단단하게 붙어 있음 • 신선한 상태에서는 어체 표면의 점질물이 투명하고 점착성이 적으나 선도가 떨어짐에 따라 진득진득해지고 황갈색으로 변함
	안구	• 신선한 것은 맑고, 혈액의 침출이 적음 • 신선도가 떨어지면서 혼탁해지고 내부로 침하하게 되며, 혈액의 침출이 많고 종국에는 탈락하게 됨
	아가미	• 가장 확인 쉬운 부위임 • 신선한 것은 담적색 또는 암적색이고 조직은 단단하게 보임 • 선도가 떨어지면 차츰 적색에서 회색을 띠고 종국에는 회녹색이 됨 • 변색은 아가미 주변부터 시작되어 전체에 퍼지게 됨
	복부	• 신선한 것은 내장이 단단하게 붙어 있어 연약감이 없음 • 선도가 저하되면 내장이 연화·팽창하여 항문으로 장 내용물이 노출되며 오래되면 녹아 나옴
냄새		• 신선한 것은 해수 또는 담수 냄새가 남 • 선도가 떨어지면 불쾌한 비린내가 나게 되며 차차 자극성을 띠게 되고 종국에는 완전한 부패취를 냄 • 어종에 따라 특유의 냄새를 가지는 것이 있으며 어체 부위에 따라 선도 저하의 진행이 다르므로 아가미, 내장, 체료, 육부 등 부위별로 조사해야 함

분류	선도 판정법
경도	• 신선한 것은 손가락으로 눌러 볼 때 탄력을 느낄 수 있음 • 선도가 떨어지면 특히 복부의 탄력이 떨어지며 손가락으로 누르면 장 내용물이 항문으로 밀려나옴
육질	• 신선한 것은 투명감이 있으며 잘게 썰면 껍질 부분이 활 모양으로 말려듦 • 근육 내부의 모세혈관도 선명하나 선도가 저하됨에 따라 불명료하고 혈액이 육에 침윤됨 • 신선한 어육은 뼈에서 발라내기 힘드나 오래된 것은 척골 주변의 육이 적갈색으로 변하고 분리하기 쉬움

표 7-3
(계속)

자료: 한국식품연구원, 2005

품명	검수 방법
소고기	• 고기의 몸통과 박스에 검사필을 확인함 • 냉동육 −18℃ 이하, 냉장육 5℃ 이하인지 온도계를 사용하여 측정함 • 색깔의 변화가 있는지 확인해야 함: 밤색, 초록색, 보라색의 큰 얼룩이나 반점은 미생물 균체의 증거이며, 검은색, 흰색, 초록색 반점은 곰팡이나 냉동 상태가 나쁜 증거임 • 포장이 손상되지 않아야 함 • 어두운 빨간색은 오래 저장된 경우에 나타나며, 엷은 보라색은 오랫동안 공기 순환이 없는 곳에 방치하였거나 상하고 있는 상태를 나타냄 • 품질이 우수한 소고기 − 근육 속에 우윳빛의 섬세한 지방이 고르게 많이 분포되어 있는 것 − 고기의 색이 선홍색을 띠며 윤기가 나는 것 − 지방색은 유백색인 것 − 결이 곱고 미세하며 탄력이 있는 것
돼지고기	• 조리 용도에 맞는 부위, 절단 크기와 모양을 선택해야 함 • 품질이 우수한 돼지고기 − 고기의 색이 분홍색을 띠는 붉은색일 것 − 지방의 색이 희고 굳은 것 − 고기의 결이 곱고 탄력이 있는 것
닭고기	• 얼리지 않은 생가금류는 얼음에 채워 배달되어야 함(5℃ 이하 유지) • 냄새, 신선도, 껍질 부위의 색택(color and gloss), 절단 부위 골단의 색(붉은색), 절단 크기와 모양, 입고 시 상태(냉동육 −18℃, 냉장육 5℃ 이하)를 확인함 • 선도가 낮은 것은 살이 단단하지 못하고 탄력성이 없으며 이취가 남. 날개 부분이 끈적거리거나 날개 끝이 어두운 색으로 변하면 부패하고 있다는 증거가 됨
계란	• 난각이 깔깔하고 광택이 없으며 기공이 없는 타원형으로 튼튼해야 함 • 계란을 깬 후에 난백의 수용화 정도가 낮고, 색이 맑고, 투명하며, 난황의 높이가 높고, 위치가 정 가운데 위치함 • 난황의 색이 비정상적인 황색을 띠지 않은 것(색소 사용 가능성 있음)
우유	• 유백색의 특유의 색택과 신선한 풍미를 가져야 함 • 온도(냉장 10℃ 이하)와 유통 기간을 확인한 후 검수서에 기록함

표 7-4
축산물의 감별법

자료: 한국식품연구원, 2005

ISSUE 7-1 | **학교 급식의 안전한 식재료 구입을 위한 식재료 규격**

구분	식재료 규격	비고
곡류 및 과채류	1. 원산지 표시 또는 친환경 농산물 인증품, 품질 인증품, 우수 관리 인증 농산물, 이력 추적 관리 농산물, 지리적 특산품 등을 표시한 제품	거래 명세서에 표기
전처리 농산물	1. 제품명, 업소명, 제조 연월일, 전처리하기 전식재료의 품질(원산지, 품질 등급, 생산 연도), 내용량, 보관 및 취급 방법 등을 표시한 제품	
어·육류	1. 육류의 공급업체는 신뢰성 있는 인가된 업체	
	2. 육류는 등급 판정 확인서가 있는 것	
	3. 수입육인 경우 수출국에서 발행한 검역 증명서, 수입 신고 필증이 있는 제품	
	4. 어류는 원산지 표시한 제품	
	5. 냉장·냉동 상태로 유통되는 제품	
어·육류 가공품	1. 인가된 생산업체의 제품	
	2. 원산지를 표시 및 유통 기한 이내의 제품	거래 명세서에 표기
	3. 냉장·냉동 상태로 유통되는 제품	
난류	1. 세척·코팅 과정을 거친 제품(등급 판정란 권장) ※ 가능한 한 냉소(0~15℃)에서 보관·유통	「축산법」 제35조, 축산물의 가공 기준 및 성분 규격(8. 보존 및 유통 기준)
김치류	1. 인가된 생산업체의 제품	
	2. 포장 상태가 완전한 제품	
양념류	1. 표시 기준을 준수한 제품	
기타 가공품	1. 모든 가공품은 유통 기한 이내의 제품, 포장이 훼손되지 않은 제품	거래 명세서에 표기

주 1) 어육 가공품 중 어묵·어육 소시지, 냉동 수산식품 중 어류·연체류·조미 가공품, 냉동식품 중 피자류·만두류·면류, 김치류 중 배추김치는 식품 안전 관리 인증 의무 품목이며, 그 이외의 품목도 식품 안전 관리 인증 제품 구매 권장

2) 김치류 업체 선정 시 상수도 사용하는 생산업체 또는 지하수 살균·소독 장치 등을 통해 살균·소독된 물을 사용하는 업체 권장

자료: 교육부, 2016

2) 납품 물품과 납품서의 대조

납품서에 기록된 물품의 항목 및 수량과 실제로 배달된 품목과 수량이 일치하는지 확인하여야 한다.

학교 급식에서는 축산물의 경우 납품서와 함께 **축산물 등급 판정서**를 제출받아 원산지와 품질 등급을 확인하고 검수 일지에 기록·관리하며 자료는 3년간 보관하도록 하고 있는데, 축산물 등급 판정 확인서는 축산물 이력제 홈페이지에서 이력 정보를 조회하여 위조 여부를 확인할 수 있다(그림 7–10).

3) 물품의 인수 또는 반환

배달된 물품에 문제가 없는 경우 물품을 인도받고 납품서에 검수 확인 서명이나 도장을 찍는데, 물품 대금 청구의 근거로 사용되므로 오류 사항이 있다면 반드시 정정하여야 한다.

만약, 배달된 물품이 온도, 품질, 위생 상태 등 정해진 검수 기준에 미달되거나 주문하지 않은 물품, 가격이 일치하지 않은 물품, 배달 시기가 잘못된 물품인 경우에는 인수하지 않고 **반품서**를 작성하여 반품 조치한다.

반품 시 잘못된 점을 검수원, 납품업자와 함께 확인한 후 요령 있고 확고한 태도로 반품을 요청하며 제대로 된 물품이 즉시 입고될 수 있도록 업체에 요구한다. 사전에 반품 절차와 규칙을 정하여 납품업체가 규칙을 준수하도록 유도하고 반품 발생 시 기록을 남겨 관리자에게 보고한다. 또한 벌점 제도를 두어 같은 문제가 반복되면 향후 업체 선정 및 계약에 제한을 두는 방법을 사용할 수도 있다.

4) 전처리실 혹은 조리실로 운반

반입된 물품은 검수가 끝나는 즉시 지체하지 말고 전처리실 혹은 조리실 등 적절한 장소로 이동되어야 한다.

CASE
7-1

축산물 이력 관리 시스템, 블록체인 기술 시범 적용

[농촌진흥청 제공]

정부가 소, 돼지와 관련된 유통 정보를 단계별로 신고하는 축산물 이력제에 블록체인(데이터의 위·변조를 막기 위해 거래 정보를 수많은 컴퓨터에 동시에 분산 저장하는 기술)과 사물인터넷 기술을 시범 적용한다.

농림축산식품부와 과학기술정보통신부는 내달까지 전북 지역 소 농가를 대상으로 블록체인과 사물인터넷 기술을 접목한 축산물 이력 관리 시스템을 시범 구축하겠다고 20일 밝혔다. 현행 이력제는 가축의 출생, 도축, 포장, 판매 정보 등을 5일 이내 신고하게 되어 있다. 일일 평균 신고 건수가 7만 6,000여 건에 달해, 축산물 위생 문제가 발생하면 최대 38만 건의 기록을 단계별로 역추적해야 한다. 블록체인 시스템을 도입하면 이력 정보가 실시간으로 서버에 수집·공유돼, 추적에 소요되는 시간이 10분 내로 줄어들 것으로 기대된다.

도축 검사 증명서, 등급 판정 확인서, 친환경 인증서 등 각종 증명 서류도 실시간 공유돼 위·변조 가능성도 줄어들 것으로 보인다. 그 동안 도축업체, 유통업체 등이 직접 올린 서류만 조회할 수 있었지만 앞으로는 블록체인을 통해 상호 확인이 가능해진다.

농장주가 육안으로 일일이 확인해야 했던 가축의 개체 식별 번호도 사물인터넷을 통해 자동으로 기록되고 관리된다. 소 귀에 개체 식별 번호가 저장된 칩을 부착하고, 센서를 통해 개체 수와 출하 정보를 기록하는 방식이다. 이 같은 서비스는 연내 시스템 구축을 마친 뒤 내년 1월 전북 지역 축산 농가부터 본격 시행된다.

농식품부 관계자는 "이번 시범 사업을 통해 블록체인과 사물인터넷 기술의 활용 가능성을 검증하고 국민 먹거리 안전에 활용하는 방안을 적극 강구할 것"이라고 말했다.

자료: 한국일보, 2018. 11. 20.

② 축산물 이력번호 조회 화면
- 축산물 이력제 적용 판매장에서 이력추적제 적용 축산물인 경우 12자리 숫자로 되어있는 이력번호 또는 묶음번호를 입력 후 조회 버튼을 클릭합니다.

| 이력(묶음)번호 정보조회 | 이력(묶음)번호를 띄어쓰기 없이 입력 해 주세요. | 🔍 |

축산물 이력번호 12자리 또는 묶음번호 의 숫자를 입력합니다.

③ 쇠고기 이력번호 및 묶음번호 조회 결과
- 구입하신 쇠고기의 이력정보를 상세하게 보실 수 있습니다.

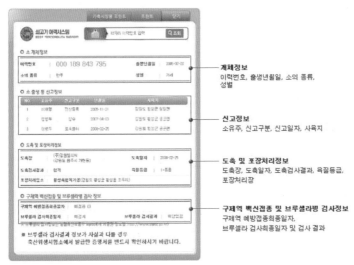

개체정보
이력번호, 출생년월일, 소의 종류, 성별

신고정보
소유주, 신고구분, 신고일자, 사육지

도축 및 포장처리정보
도축장, 도축일자, 도축검사결과, 육질등급, 포장처리장

구제역 백신접종 및 브루셀라병 검사정보
구제역 예방접종최종일자, 브루셀라 검사최종일자 및 검사 결과

그림 7-10
축산물 이력 정보 조회

자료: 축산물 이력제 홈페이지

5) 물품에 라벨 부착

검수를 마친 물품은 저장시설로 이동하기 전 포장이나 케이스에 검수 날짜, 납품업체, 무게나 수량, 보관 방법, 유통기한, 가격 등의 명세를 기재한 **라벨**(label)을 만들어 붙여 두면 저장시설 내 재고 관리에 유용하다. 특히, 육류, 가금류, 어류, 조개류 등은 반드시 라벨을 붙여 저장하도록 한다. 라벨은 공급업체를 확인하는 데 용이하고 출고 시 물품의 중량을 일일이 확인하는 번거로움을 덜어 주며 신속한 **실사 재고 조사**(physical inventory)를 하는 데 용이하다.

6) 저장시설에 저장

인수된 물품 중 당일 사용하지 않는 물품은 검수가 끝나는 즉시 건조저장시설이나 냉장·냉동저장시설 등 적절한 저장시설로 이동시켜 저장한다. 물품은 급식소 및 외식업소의 주요 자산이므로 저장시설에 저장하는 중에 도난이나 부정 유출로 인한 손실이 발생되지 않도록 안전하게 관리한다.

7) 반품서 작성

검수한 물품 중 품목, 수량, 세부 명세(크기, 신선도, 숙성도, 저장 온도 등)가 발주 내용과 상이한 경우 **반품** 처리할 수 있다. 이때 납품업자와 반품 사유를 함께 확인한 후 반품서 2부를 작성하고 원본은 납품업체, 사본은 급식소가 보관한다.

8) 검수 일지 작성

검수 절차의 마지막 단계로, 검수 과정에 대한 정보를 검수 일지에 기록하고 보관한다.

DISCUSSION QUESTIONS

1. 검수란 무엇인지 설명하시오.

2. 검수 담당자가 갖추어야 할 자질에 대해 설명하시오.

3. 검수할 때 필요한 설비 및 기기를 나열하고 조건 및 기준을 설명하시오.

4. 검수 방법별 장단점을 비교하시오.

5. 검수 절차를 설명하시오.

6. 축산물등급판정소 홈페이지에서 시판되고 있는 축산물의 축산물 등급 판정서 발급 번호를 입력하여 확인서 내용을 조회하고 판정서에 수록된 내용을 설명하시오.

CHAPTER 8

저장
관리

| 학습 목표 |

1. 저장 관리의 원칙을 나열할 수 있다.

2. 건조 저장 시설의 구비 조건을 설명할 수 있다.

3. 냉장 저장 시설의 구비 조건을 설명할 수 있다.

4. 냉동 저장 시설의 구비 조건을 설명할 수 있다.

5. 입·출고 관리의 업무 흐름을 제시할 수 있다.

1. 저장 관리의 의의

급식소에서의 저장 관리 업무는 구매한 물품이 저장 기간 동안에 품질을 유지하고 손실되지 않도록 하는 기능이다. 아무리 좋은 품질의 원재료를 구매하더라도 저장 기간 동안 부적절하게 관리된다면 생산에 공급되는 원재료의 질이 저하되므로 급식의 품질 관리 측면에서 올바른 저장 관리는 중요하다. 급식소에서는 저장 관리의 기준과 절차를 마련하고 실천함으로써 저장 기간 중 발생할 수 있는 품질 및 비용의 손실을 최소화해야 한다.

저장 관리의 목적은 다음과 같다.

- 위생적이고 안전한 상태에서 물품을 보존한다.
- 물품의 원상태를 유지하여 손실을 줄임으로써 폐기율을 최소화한다.
- 도난 및 부정 유출로 인한 손실을 방지한다.
- 적정 재고량을 유지하여 원활한 급식 생산이 이루어지도록 한다.
- 체계적이고 명확한 기준에 따라 입·출고 업무를 수행한다.

2. 저장 관리 원칙

저장 관리 담당자는 다음과 같은 저장 관리의 원칙을 고려하여 효율적이고 철저한 입·출고 관리를 하여야 한다.

1) 분류 저장 체계화의 원칙

저장품들은 품목별로 특성, 규격, 사용 빈도, 재고 회전율 등을 고려한 분류 체계에 의하여 분류한다. 분류된 품목들은 가나다순, 알파벳순 또는 입·출고 빈도의 순으로 정렬하는 것이 바람직하다.

2) 저장 위치 표식화의 원칙

저장된 물품들에 대해 품목별 위치를 명확히 표시해서 누구라도 해당 물품을 쉽게 찾을 수 있도록 저장한다. 저장 위치를 표식화하면 실사 재고 조사를 실시할 때에 시간과 노력을 최소화할 수 있다.

3) 선입 선출의 원칙

저장 관리자는 저장 식품의 유통 기한을 고려하여 먼저 입고된 물품을 먼저 사용하는 선입 선출(FIFO, First-In First-Out)의 원칙에 의거하여 입·출고 관리를 한다. 이를 위해 물품을 진열할 때에는 나중에 구입된 물품을 보관 중인 물품의 뒤쪽에 적재한다.

4) 품질 보존의 원칙

온도, 습도 등의 저장 기준 및 저장 기간은 식품에 따라 다르므로 식품별 적절한 품질 상태를 유지할 수 있는 적절한 저장시설에 보관한다(부록 8-1, 8-2, 8-3). 제품명과 관련 명세(수량, 중량, 원산지 등), 유통 기한을 표시한 라벨을 반드시 부착하고, 식품과 비식품류는 공간적으로 분리하여 보관한다.

5) 안전성 확보의 원칙

물품의 도난이나 부정 유출을 방지하기 위해서는 저장시설에 잠금장치를 설치하고 저장시설 열쇠는 담당자가 관리하며 창고 출입은 특정 시간으로 제한하는 것이 좋다.

6) 공간 활용 극대화의 원칙

저장시설은 급식소 관리 비용이 지출되므로 저장 공간이 커질수록 상대적으로 관

저장 관리 CHAPTER 8 169

리 비용의 지출이 증가한다. 따라서 저장 관리비를 최소화하기 위해 공간 효율을 극대화시킨 다단식 선반 등을 설치하여 활용한다. 저장 시설의 공간 분배 시에 물품 운반 장비의 이동 동선 및 적재량 등을 고려하여야 한다.

3. 저장 시설의 일반적 관리 기준

1) 저장 시설의 위치 및 규모

저장 시설의 위치는 입·출고가 편리한 장소인 검수 구역과 전처리·조리 구역 사이에 두는 것이 바람직하다(그림 7-1). 저장 공간의 규모는 반입되는 식재료의 양과 급식소의 재고 수준에 따라 결정한다.

2) 위생 관리

저장 시설은 항상 청결한 상태로 정리정돈하고 청소 스케줄 및 청소 담당자를 미리 계획해 주기적으로 청소 및 소독을 실시한다.

3) 안전 관리

저장시설 내에서 물품의 운반 및 적재 시에 발생할 수 있는 안전사고에 대비하기 위해 사다리, 소화기 등의 시설이 설치되어야 한다. 물품의 운반 담당자가 안전한 물품 운반 및 적재법 등을 숙지하도록 안전 수행 지침을 저장 시설에 붙여 놓는다.

4. 저장 시설의 유형

급식소 저장 시설의 유형으로 건조 저장 시설, 냉장 저장 시설, 냉동 저장 시설 등이 있으며 각 저장 시설이 적정 저장 환경을 유지하기 위해 갖추어야 하는 조건은 표 8-1과 같다.

1) 건조 저장 시설

건조식품 및 통조림 식품 등 상온에서 저장 가능한 품목들을 보관하는 건조 저장 시설은 해충의 침입을 막을 수 있는 방충·방서 시설, 통풍 및 환기 시설, 온도계 및 습도계 등을 갖추고 있어야 한다. 건조 저장 시설에 식품을 보관하는 요령은 그림 8-1과 같다.

2) 냉장 저장 시설

냉장 저장 시설은 주로 대부분의 비저장성 식품류를 단기간 저장할 때에 이용되며 가장 활용도가 크다. 냉장 저장할 품목의 식품류는 배달 즉시 냉장고로 운반하고 사용하기 전까지 냉장 보관하여 식품의 품질이 저하되고 위생 안전에 문제가 발생되지 않도록 한다.

품목별 구분 보관

식품과 비식품의 구분 보관

개봉 식재 밀봉

표시 사항 부착

유통 기한 확인

바닥 방치 금지

그림 8-1
건조 저장 시설의
식품 보관 요령

항목	건조 저장 시설	냉장 저장 시설	냉동 저장 시설
온도	·10~25℃ 유지	·0~5℃ 유지	·-18℃ 이하 유지
	·온도계 설치 및 온도 통제		
습도	·50~60%의 상대 습도 유지	·75~95%의 상대 습도 유지	·75~95%의 상대 습도 유지
	·습도계 설치 및 습도 통제		
선반	·공간을 효율적으로 활용하기 위해 스테인리스 재질의 선반 설치 ·최소한 벽면에서 15cm, 바닥에서 25cm 떨어진 곳에 간격을 두고 설치	·창고식 대형 냉장고인 경우 건조 시설과 유사한 조건이 요구됨	·창고식 대형 냉동고인 경우 건조 저장 시설과 유사한 조건이 요구됨
환풍 시설	·자연 환기를 위해 천장으로부터 30~50cm 떨어진 위치에 창문 설치 ·창문 유리는 직사광선의 투과를 최소화할 수 있는 재질 사용 ·천장 가까운 위치에 기계적 환풍기 설치	·창고식 대형 냉장고인 경우 온도 및 공기 순환이 원활히 이루어질 수 있도록 환기 팬 설치	·창고식 대형 냉동고인 경우 온도 및 공기 순환이 원활히 이루어질 수 있도록 환기 팬 설치
방충·방서 시설	·창고 내 유리창에 방충망 설치 ·배수관에 쥐막이 시설	-	-
바닥재 및 벽면 재질	·벽면은 방수용 페인트로 도색하여 습기가 차지 않도록 함 ·바닥면은 미끄럽지 않고 청소가 용이한 재질 사용	·창고식 대형 냉장고인 경우 벽면은 스테인리스 재질 사용 ·창고식 대형 냉장고인 경우 바닥면은 미끄럽지 않고 청소가 용이한 재질 사용	·창고식 대형 냉동고인 경우 벽면은 스테인리스 재질 사용 ·창고식 대형 냉동고인 경우 바닥면은 미끄럽지 않고 청소가 용이한 재질 사용
조명 시설	·식품의 유통 기한 및 품질을 확인할 수 있도록 적절한 밝기의 조도(110Lux 이상)를 갖춘 조명 시설		
성애 제거 장치	-	·자동 성애 제거 장치 설치	·자동 성애 제거 장치 설치
출입문	·출입문의 폭은 운반 도구가 통행 가능하도록 결정 ·잠금 장치를 달아 보안 관리를 할 수 있도록 함	·창고식 대형 냉장고인 경우 건조 저장 시설에서와 유사한 조건이 요구됨	·창고식 대형 내동고인 경우 건조 저장 시설에서와 유사한 조건이 요구됨

표 8-1
저장 시설의 구비 조건

급식소에서 이용하는 냉장 저장시설의 유형으로는 창고식 대형 냉장고(walk-in refrigerator), 편의형 소형 냉장고(reach-in refrigerator), 양문형 냉장고(pass through refrigerator) 등이 있다. **창고식 대형 냉장고**(그림 8-2)는 검수가 끝난 식재료를 다단식 운반차나 L형 운반차에 싣고 냉장고 출입문을 직접 통과하여 밀고 들어가 저장할 수 있는 형태이며, 대규모 급식소에서 주로 사용한다. 사람이 냉장고에 출입할 수 있으므로 안전을 위해 냉장고 내부에서 문을 열 수 있는 장치 및 비상 경보 장치를 설치하여야 한다. **편의형 소형 냉장고**(그림 8-2)는 일반 가정에서 사용하는 냉장고보다 저장 용량이 크며 주로 급식소 조리실 내에 설치하여 소량의 식재를 짧은 기간 동안 보관하는 데 이용한다. **양문형 냉장고**(그림 8-3)는 전처리실과 조리실 사이 또는 조리실과 배식실 사이에 설치하여 전처리된 식재나 조리된 음식을 임

편의형 소형 냉장고

창고식 대형 냉장고

그림 8-2
창고식 대형 냉장고와
편의형 소형 냉장고

자료: 기영공조냉동 홈페이지

자료: 하나냉동 홈페이지

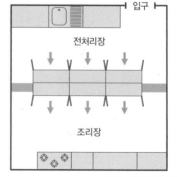

그림 8-3
양문형 냉장고

자료: 하나냉동 홈페이지

시적으로 보관한다. 뒷면 전처리실(또는 조리실)에서 전처리된 식재료(또는 조리된 음식)를 카트로 밀어 양문형 냉장고에 넣어 주면 앞면인 조리실(또는 배식실)에서 꺼낼 수 있으므로 음식의 적정 온도를 유지하여 위생적으로 조리(또는 배식)할 수 있다.

원칙적으로 전처리되지 않은 생식품, 전처리된 생식품, 조리된 식품은 각각 분리하여 별도의 냉장 저장시설에 보관되어야 하나, 급식소 여건상 용도를 구분하여 사용하지 못할 경우라면 가열 조리된 식품은 선반 위쪽에, 조리되지 않은 생식품은 선반 아래쪽에 두어 교차 오염(cross contamination)을 예방해야 한다. 또한 모든 냉장 시설에 보관하는 식품은 냉장고 용량의 70% 이하로 적정량을 보관해야 하며, 성애 제거를 주기적으로 실시하여 냉기 순환이 원활하도록 한다(그림 8-4).

3) 냉동 저장 시설

냉동 저장시설은 −18℃ 이하의 온도에서 식품을 장기 보관하는 데 유용하지만, 저장 기간이 길어질수록 냉해(freezer burn), 탈수(dehydration)로 인한 품질 저하의 가능성이 커지므로 가능한 한 저장 기간을 단축시키는 것이 바람직하다. 저장 시의

식품류별 구분 보관

전용 용기 및 덮개 사용

선입 선출 실시

적정 온도 확인

1일 2회 이상 온도 기록

적정량 이상 보관 금지

그림 8-4
냉장 저장고의
식품 보관 요령

포장 상태는 품질 유지에 매우 중요하므로 모든 냉동식품류는 밀봉하여 공기와의 직접적인 접촉을 피해야 한다.

5. 입·출고 관리

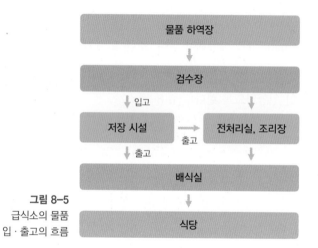

그림 8-5
급식소의 물품
입·출고의 흐름

물품의 입고 및 출고 시 이동하는 물품의 정보를 관리하고 수량을 통제하는 활동이 입·출고관리이다. 검수 절차를 거친 물품 중 당일 사용 품목의 경우 전처리실로 이동하지만 저장해야 하는 품목들은 저장 시설로 입고되며, 저장 시설에 있던 물품이 필요시 조리실이나 배식실로 출고된다(그림 8-5). 입고된 물품은 급식소 자산의 일부로 산정되어야 하며, 출고된 물품은 급식비 원가에 산정되어야 하므로 정확한 입·출고 관리는 급식소의 회계 및 원가 관리에 중요한 정보를 제공하는 기능을 한다. 입·출고 시의 수량 통제가 철저히 이루어질 때 급식소의 재고 품목별 현재 수량을 파악할 수 있게 되며 효율적인 발주 업무가 가능하므로 급식소에서는 체계화된 입·출고 관리 절차를 수립하여 관리해야 한다.

1) 입고 관리

입고 관리는 검수 단계를 거친 후 저장시설로 이동되는 물품들에 대한 정보를 관리하는 것으로 발주서, 납품서, 검수 일지 등에 의해 수량적으로 통제된다. 입고 관리의 기록 체계는 철저히 통제되어야 하며 입고 시에 품목에 대한 충분한 설명이 포함되도록 기록해야 한다. 예를 들어, 육류의 경우 등급, 부위, 용도 및 중량에 대한 내용을 라벨(label)에 기록하여 해당 품목에 부착한 후 입고한다.

2) 출고 관리

물품의 출고 시에 정확한 기록 체계를 유지하고 관리하기 위해 출고 전표를 활용하여 기록을 체계화하는 것이 바람직하다. 출고 전표에 기재되어야 할 내용은 출고 전표 일련번호, 출고 일자, 사용 부서명, 물품명, 물품별 수량 및 단가, 출고 요구자의 서명 등이다. 사용 부서에서 출고 전표를 작성하여 출고 담당자에게 청구하면 출고 담당자의 확인을 거쳐 출고한다.

3) 입·출고 관리의 전산화

입·출고 관리의 전산화는 물품의 이동에 대한 기록 체계가 전산상으로 계산되고 통합될 수 있도록 관리하는 것으로, 구매 부서, 생산 부서, 창고 부서, 회계 부서 간에 랜 네트워킹 시스템(lan networking system)을 이용하여 중앙 컴퓨터에 연결된 각 부서의 단말기에서 상호 정보를 교환할 수 있다. 예를 들어, 창고 부서에서 저장 시설로 입고되거나 출고된 물품들의 품목과 수량을 입·출고 관리 단말기에 입력하면 중앙 컴퓨터에서 현재 재고 품목들에 대한 수량을 자동적으로 계산하여 현재의 재고 수준을 파악할 수 있게 하며 구매 부서에서는 이와 같은 정보에 근거하여 필요시에 발주 품목 및 발주량을 산출하게 된다. 또한 생산 부서에서는 전산 시스템에서 구매 청구서를 작성하거나 출력할 수 있고 원가 계산을 할 수 있으며 회계 부서에서는 재고 물품의 수량과 가격을 확인하여 재고 자산을 산출할 수 있다.

KEY TERMS

- 저장 관리
- 저장 관리 원칙
- 분류 저장 체계화의 원칙
- 저장 위치 표식화의 원칙
- 선입 선출의 원칙
- 품질 보존의 원칙
- 안전성 확보의 원칙
- 공간 활용 극대화의 원칙
- 건조 저장 시설
- 냉장 저장 시설
- 냉동 저장 시설
- 창고식 대형 냉장고(walk-in refrigerator)
- 편의형 소형 냉장고(reach-in refrigerator)
- 양문형 냉장고(pass through refrigerator)
- 입고 관리
- 출고 관리
- 입·출고 관리
- 출고 전표

DISCUSSION QUESTIONS

1. 저장 관리의 기능에 대해 설명하시오.

2. 저장 관리의 원칙에 대해 설명하시오.

3. 저장 관리의 일반 기준에 대해 설명하시오.

4. 저장 시설의 유형별 구비 조건, 관리 기준 및 절차를 설명하시오.

5. 저장 관리 담당자의 업무 내용을 설명하시오.

MEMO

CHAPTER 9

재고
관리

| 학습 목표 |

1. 영구 재고 시스템을 이용하여 재고 기록 대장을 작성할 수 있다.

2. 실사 재고 시스템을 이용하여 재고 기록지를 작성할 수 있다.

3. ABC 관리 방식과 최소-최대 관리 방식의 특징을 설명할 수 있다.

4. 재고 회전율을 계산할 수 있다.

5. 급식소의 특성에 적합한 방법을 이용하여 재고 자산의 가치를 평가할 수 있다.

1. 재고 관리의 의의

물품의 수요가 발생했을 때 신속하고 경제적으로 대응할 수 있도록 재고를 최적의 상태로 유지하고 관리하는 과정을 **재고 관리**(inventory management)라고 하며, 발주 시기, 발주량, 적정 재고 수준을 결정하고 시행하는 제반 과정을 포함한다.

합리적인 재고 관리를 통해 물품 부족으로 인한 급식 생산 계획의 차질을 방지하고 재고 관리 비용을 최소화할 수 있다.

2. 재고 관리의 유형

재고 관리는 영구 재고 시스템과 실사 재고 시스템의 2가지 유형으로 나뉜다. 급식소에서는 영구 재고 시스템을 기본으로 하여 일상적인 재고 관리를 실시하면서 주기적으로는 실사 재고 조사를 병행함으로써 기록과 실제 간의 불일치를 최소화하는 것이 바람직하다.

1) 영구 재고 시스템

영구 재고 시스템(perpetual inventory system)은 저장 시설에 입·출고되는 물품의 수량을 계속해서 기록하여 현재 남아 있는 물품의 목록과 수량을 확인할 수 있도록 관리하는 방식이다. 품목별로 기록 대장을 작성하며 입고 혹은 출고가 발생될 때마다 그 수량을 대장에 기록하여 재고량을 산출한다(그림 9-1). 이 시스템에서 제공되는 현재의 재고량에 대한 정보를 통해 적정 재고 수준을 유지하고 재고 자산을 수시로 파악할 수 있다. 반면 수작업으로 기록할 경우에는 실수로 인해 자료가 부정확할 수 있는 단점이 있다(표 9-1).

2) 실사 재고 시스템

실사 재고 시스템(physical inventory system)은 주기적으로 창고에 보유하고 있는 물품의 목록 및 수량을 직접 확인하여 기록하는 방법으로 급식소의 규모에 따라 한 달에 한 번에서 두세 번 정도 실시한다. 실사 재고 조사를 실시할 때는 일반적으로 2명의 인원이 필요한데, 한 사람은 각 품목의 실제 수량을 확인하고 다른 사람은 재고 기록지에 그 정보를 기록한다. 재고 기록지에는 물품명, 포장 단위, 재고량, 단

영구 재고 기록지

식품명: 참기름
단 위: 1.8L/병
담당자: _____

일자	입고량	출고량	재고량	비고
전월 이월			16	
11월 1일	15	3	28	
11월 2일		4	24	
11월 3일		3	21	
11월 4일		4	17	
11월 5일		4	13	
11월 6일		4	9	
11월 7일		3	6	
11월 8일		4	2	
11월 9일	36	4	34	
11월 10일		4	30	
11월 11일		4	26	
11월 12일		3	23	
11월 13일		3	20	
11월 14일		2	18	
11월 15일		3	15	

그림 9-1
영구 재고 기록의 예

자료: 신촌세브란스병원 영양팀(양일선 등, 2008 재인용)

가, 재고액 등을 기록한다(그림 9-2). 실사 재고 조사가 효율적으로 신속하게 실시되기 위해서는 물품이 분류 저장 체계화의 원칙에 따라 순서대로 정렬되어 있고 기록지에 저장 순서와 일치하는 물품명이 기재되어 있어야 한다. 실사 재고 시스템은 재고 품목의 수량을 직접 확인함으로써 정확도가 매우 높으나 시간과 노력이 많이 소요되는 단점이 있다(표 9-1).

실사 재고 조사지

식품 분류: 곡류 및 조미료
조사 일자: .   .   .
담당자: _____

분류	코드 번호	물품명	포장단위	재고량	단가(원)	재고액(원)
곡류	A021	쌀, 백미	20kg	9	39,900	359,100
	A022	쌀, 흑미	1kg	1	5,600	5,600
	A033	압맥	1kg	23	1,700	39,100
	A034	메조	1kg	61	3,910	238,510
	A035	수수	1kg	17	2,500	42,500
	A036	적두	1kg	2	2,600	5,200
	A042	찹쌀	1kg	5	13,000	65,000
	A051	혼합 잡곡	1kg	9	4,050	36,450
조미료	E031	밀가루, 소	1kg	39	1,870	72,930
	E054	식용유, 대두유	1.8L	26	3,210	83,460
	E063	설탕	5kg	70	2,540	177,800

그림 9-2
실사 재고 기록의 예

자료: 신촌세브란스병원 영양팀(양일선 등, 2008 재인용)

유형	영구 재고 시스템	실사 재고 시스템
장점	· 적정 재고량 유지에 필요한 정보를 지속적으로 제공함 · 특정 시점에서의 재고 수준 및 재고 자산을 파악할 수 있음	· 재고 수준을 직접 눈으로 확인하여 파악함으로써 신뢰성 있는 정보 제공
단점	· 수작업의 경우 오류 발생 가능성 있음	· 시간 소요가 많음 · 노력이 많이 필요함

표 9-1
영구 재고 시스템과
실사 재고 시스템의
비교

3. 재고 관리 기법

재고 관리에 관한 의사 결정을 내리는 데 도움을 줄 수 있는 효율적인 기법에는 ABC 관리 방식과 최소-최대 관리 방식이 있다.

1) ABC 관리 방식

ABC 관리 방식(ABC inventory control method)은 재고 품목의 중요도 및 가치도에 따라 물품들을 A, B, C 세 등급으로 구분하고 등급별 재고 관리 기준을 정하여 차등적으로 관리한다. 재고품의 단가에 따라 재고량과 통제 정도가 달라지는데, 저가의 다수 물품보다는 고가의 소수 중요 물품을 중점 관리하도록 하는 방식이다. 재고가와 재고량을 기준으로 **파레토 곡선**(Pareto curve)을 그려 품목들을 A, B, C의 세 가지 범주로 분류한다(그림 9-3, 표 9-2).

A등급에 속한 품목들은 전체 재고량 중 10~20% 정도의 소량을 차지하지만 총 재고액의 70~80%를 차지하는 고가의 품목들로 육류나 주류 등이 해당된다. 이들 품목에 대해서는 영구 재고 시스템으로 재고량을 철저히 점검하고 주문량을 정확

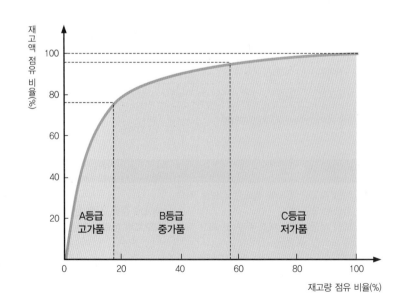

그림 9-3
ABC 관리 방식의
파레토 곡선

등급	특징	품목 사례	총 재고량 점유 비율	총 재고액 점유 비율
A	고가품	육류, 주류 등	10~20%	70~80%
B	중가품	과일류, 채소류 등	20~40%	15~20%
C	저가품	밀가루, 조미료, 세제 등	40~60%	5~10%

표 9-2
ABC 관리 방식의
등급 분류 기준

히 산출하여 관리함으로써 가능한 한 재고 수준을 적게 유지한다.

B등급에 속한 품목들은 전체 재고량 중 20~40%, 재고액의 15~20%를 차지하는 중가의 품목으로 저장 기간이 길어질수록 상품성이 떨어지는 과일류 및 채소류 등이 해당된다.

C등급에 속한 품목들은 전체 재고량의 40~60%, 재고액의 5~10%를 차지하는 저가의 품목으로 밀가루, 조미료, 세제, 기타 소모품 등이 해당된다. 이들 품목은 비교적 장기간 보관이 가능하므로 유효 기간을 감안하여 적정 재고 수준을 높게 책정하고 대량으로 일괄 구입하는 것이 구매 비용을 절감할 수 있다.

2) 최소-최대 관리 방식

최소-최대 관리 방식(minimum-maximum method)은 재고 품목별 재고량의 최소

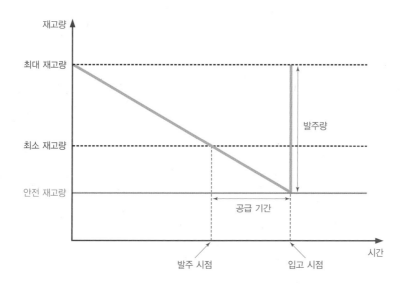

그림 9-4
최소-최대 관리 방식

TIP

파레토 법칙(20 : 80 법칙)이란?

이탈리아 사회학자 파레토(Pareto)는 우연히 개미들을 관찰하다가 열심히 일하는 개미는 약 20%뿐이고, 나머지 80%는 그럭저럭 시간만 때우는 것을 발견했다. 그는 이와 같은 현상이 사회에서도 나타나는지 실험해 보고자, 일 잘하는 20%의 사람만 따로 갈라놓아 일을 시킨 후 관찰했는데, 처음에는 모두 열심히 일하더니 곧 그중 80%는 놀기 시작했다. 80%의 일 안 하던 집단도 시간이 지나니 20% 정도의 일하는 무리가 생겼다. 유명한 '20 : 80 법칙'은 이렇게 탄생했다. 20 : 80 법칙에 의거한 사회적 현상은 다음과 같은 사례에서도 나타났다.

- 20%의 운전자가 전체 교통 위반 건수의 80% 정도를 차지한다.
- 20%의 범죄자가 80%의 범죄를 저지르고 있다.
- 전체 상품 중 20%의 상품이 80%의 매출액을 차지한다.
- 전체 고객의 20%가 전체 매출액의 80%를 기여하고 있다.
- 20%의 인구가 80%의 돈을 가지고 있다.
- 20%의 핵심 인력이 80%의 일을 한다.
- 직원 20%가 나머지 80%를 먹여 살린다.

최근 L백화점 이용 고객을 분석한 결과에 따르면 상위 20%의 고객이 전체 매출액의 73%를 차지했다고 한다. 모든 기업들이 충성 고객 관리에 심혈을 기울이는 이유가 이러한 법칙이 현실로 드러나기 때문이 아닐까?

및 최대 수준을 미리 정하여 두고 재고량이 **최소 재고량**에 이르면 발주하여 **최대 재고량**을 보유하도록 관리하는 방식이다. 발주 시점에서 입고 시점까지 공급 기간 동안의 사용량을 감안하여 안전 재고량이 확보되도록 발주량을 결정하여야 한다. 비교적 관리하기가 쉬워 실제 급식소에서 가장 많이 활용되고 있는 방식으로 **미니-맥스**(mini-max) 관리 방식이라고도 한다(그림 9-4).

4. 재고 회전율

재고 회전율(inventory turnover)이란 일정 기간 동안 재고가 몇 회 회전했는지를 나타내는 것으로 재고 물품의 평균 사용 횟수나 판매 횟수를 뜻한다. 급식소의 여건을 고려하여 표준 재고 회전율을 설정하여 적정 재고 수준을 유지한다. 재고 회전율이 표준치보다 낮으면 재고량이 많아지므로 물품의 낭비나 부정 유출이 발생할 수 있으며, 저장 기간이 길어져 물품의 손실이 커질 수 있다. 반면 재고 회전율이 표준치보다 높으면 재고량이 적어지므로 물품의 고갈로 인해 급식 생산이 지연되고 고객 만족도가 저하될 우려가 있다. 또한 물품을 비싼 가격으로 급히 구매하는 경우가 발생하여 식재료비가 증가할 수 있다.

$$재고회전율 = \frac{일정기간의\ 사용량(또는\ 금액)}{평균재고량(또는\ 금액)}$$

$$평균재고량(금액) = \frac{기초재고량(또는\ 금액) + 기말재고량(또는\ 금액)}{2}$$

문제 1. A급식소의 9월 1일 간장 재고량이 15통이고, 9월 30일 마감 재고량은 5통이었으며, 9월 한 달 동안 30통의 간장을 사용하였다. 간장의 재고 회전율을 계산하시오.

2. B급식소 5월의 월초 재고액이 750,000원이고, 월말 재고액이 50,000원이었으며, 5월 한 달 동안 소요된 식품비의 총액이 2,000,000원이었다. 이 급식소의 재고 회전율을 계산하시오.

정답 1. 간장의 평균 재고량 $= \dfrac{15+5}{2} = 10$통

간장의 재고 회전율 $= \dfrac{30통}{10통} = 3 \rightarrow$ 9월에 간장 재고가 3회전 되었음

2. 5월의 평균 재고액 $= \dfrac{750,000+50,000}{2} = 400,000$원

5월의 재고 회전율 $= \dfrac{2,000,000원}{400,000원} = 5 \rightarrow$ 5월에 재고가 5회전 되었음

5. 재고 자산의 가치 평가 방법

재고 물품은 현재의 자산으로 평가된다. 즉, 회계 기간의 마지막 시점에 재고 물품들의 가치를 평가하여 재무 상태표(S/F, Statement of Financial position)상에 자산 항목으로 기입된다. 구매된 물품의 구매 원가는 구입 시기나 구입처에 따라 조금씩 다를 수 있으므로 재고 자산을 평가할 때 구입 시기가 다른 물품들에 대해 어떻게 화폐 가치를 부여할 것인가의 문제가 발생한다. 이러한 문제를 해결하기 위하여 재고 자산의 산출 과정에 각기 다른 기준을 세워 계산하는 여러 가지 재고 자산 평가 방법이 제시되고 있다.

재고 자산 평가 방법에는 실제 구매가법, 총 평균법, 선입 선출법, 후입 선출법, 최종 구매가법 등이 있으며, 조직의 특성이나 자산 평가의 목적에 따라 가장 적절한 방법을 선택하여 자산을 평가하여야 한다.

1) 실제 구매가법

실제 구매가법(actual purchase price method)은 재고의 가치 평가 시에 품목마다

EXERCISE 9-2

문제. A레스토랑의 재고 대장에 기입된 9월에 내용량 500mL인 참기름의 구입 내역이 다음과 같았다. 9월 말일에 실사 재고를 조사한 결과, 10개의 재고가 남았는데, 이 중 3개는 구입 단가가 30,000원이었고 2개는 30,500원, 5개는 31,500원이었다. 실제 구매가법으로 현재 남아 있는 재고의 가치를 평가하시오.

날짜	구입량(cans)	단가	현 재고량(cans)
9월 1일	10	29,000원	0
9월 7일	14	30,000원	3
9월 15일	14	30,500원	2
9월 25일	8	31,500원	5

정답. 재고 자산: (3cans×30,000원)+(2cans×30,500원)+(5cans×31,500원) = 308,500원

실제 구입 단가를 적용해서 계산하는 방법이다. 이 방법을 적용하기 위해서는 입·출고 관리 시 물품의 구입 단가에 따른 철저한 재고 대장의 기록 체계를 유지해야 한다. 재고 품목이 많지 않은 소규모 급식소에 적용하기 좋다.

2) 총 평균법

총 평균법(weighted average purchase price method)은 일정 기간 동안에 구매한 특정 물품의 구매 총액을 같은 기간 동안 구입한 수량으로 나누어 평균 단가를 산출한 후, 이 평균 단가로 회계 말에 남은 재고량의 가치를 평가하는 방법이다. 물품이 대량 입·출고되는 대규모 급식소에 적합하다.

EXERCISE 9-3

<u>문제.</u> A레스토랑의 재고 대장에 기입된 9월에 내용량 500mL인 참기름의 구입 내역이 다음과 같았다. 9월 말일에 실사 재고를 조사한 결과, 10개의 재고가 남았다. 총 평균법으로 현재 남아 있는 재고의 가치를 평가하시오.

날짜	구입량(cans)	단가	현 재고량(cans)
9월 1일	10	29,000원	0
9월 7일	14	30,000원	3
9월 15일	14	30,500원	2
9월 25일	8	31,500원	5

<u>정답.</u>

$$평균\ 단가 = \frac{10cans \times 29,000원 + 14cans \times 30,000원 + 14cans \times 30,500원 + 8cans \times 31,500원}{46cans}$$

$$= 30,196원$$

재고 자산: 10cans × 30,196원 = 301,960원

3) 선입 선출법

선입 선출법(FIFO method, first-in first-out method)은 먼저 입고된 물품이 먼저

문제. A레스토랑의 재고 대장에 기입된 9월에 내용량 500mL인 참기름의 구입 내역이 다음과 같았다. 9월 말일에 실사 재고를 조사한 결과 10개의 재고가 남았다. 선입 선출법(FIFO method)으로 현재 남아 있는 재고의 가치를 평가하시오.

날짜	구입량(cans)	단가	현 재고량(cans)
9월 1일	10	29,000원	0
9월 7일	14	30,000원	3
9월 15일	14	30,500원	2
9월 25일	8	31,500원	5

정답. 재고 자산: (8cans×31,500원)+(2cans×30,500원) = 313,000원

출고된다는 선입 선출의 원칙하에 특정 시점에 남아 있는 재고 물품은 가장 최근에 들어온 것 순으로 남아 있다고 판단하여 기말 재고액 산출 시 가장 최근의 구입 단가부터 순차적으로 반영한다. 인플레이션이나 물가가 상승되는 상황에서 재고 자산을 높게 책정하고 싶을 때 활용된다.

4) 후입 선출법

후입 선출법(LIFO method, last-in first-out method)은 선입 선출법과 반대되는 개념으로 가장 최근에 구입한 것을 먼저 사용한다는 전제하에 회계 말에 남아 있는 재고량의 자산을 평가하는 방법이다. 즉, 후입 선출은 재고 자산을 산출할 때 가장 오래된 가격으로 적용하여 평가한다. 인플레이션이나 물가가 상승되는 상황에서 재무제표상의 이익을 최소화하여 소득세를 줄이고자 할 때 사용된다.

5) 최종 구매가법

최종 구매가법(latest purchase price method)은 재고 자산 평가 시 가장 최근의 구

EXERCISE
9-5

문제. A레스토랑의 재고 대장에 기입된 9월에 내용량 500mL인 참기름의 구입 내역이 다음과 같았다. 9월 말일에 실사 재고를 조사한 결과 10개의 재고가 남았다. 후입 선출법(LIFO method)으로 현재 남아 있는 재고의 가치를 평가하시오.

날짜	구입량(cans)	단가	현 재고량(cans)
9월 1일	10	29,000원	0
9월 7일	14	30,000원	3
9월 15일	14	30,500원	2
9월 25일	8	31,500원	5

정답. 재고 자산: 10cans×29,000원 = 290,000원

매 단가를 반영하여 계산하는 방식이다. 즉, 재고 물품의 실제 구매 가격이나 구매량에 상관없이 가장 최근의 구매 단가를 재고량에 곱하여 재고 자산을 산출한다. 인플레이션이나 물가가 상승되는 상황에서 재고 자산이 최대로 높게 평가된다. 간단하며 신속하게 재고 자산을 산출할 수 있는 장점이 있다.

EXERCISE
9-6

문제. A레스토랑의 재고 대장에 기입된 9월에 내용량 500mL인 참기름의 구입 내역이 다음과 같았다. 9월 말일에 실사 재고를 조사한 결과 10개의 재고가 남았다. 최종 구매가법으로 현재 남아 있는 재고의 가치를 평가하시오.

날짜	구입량(cans)	단가	현 재고량(cans)
9월 1일	10	29,000원	0
9월 7일	14	30,000원	3
9월 15일	14	30,500원	2
9월 25일	8	31,500원	5

정답. 재고 자산: 10cans×31,500원 = 315,000원

1. 재고 관리의 의의에 대해 설명하시오.

2. 재고 관리 2가지 유형에 대해 설명하고 각각의 장단점을 비교하시오.

3. 재고 관리 기법 중 ABC 관리 방식에 대해 설명하시오.

4. 재고 관리 기법 중 최소-최대 관리 방식에 대해 설명하시오.

5. 재고 회전율에 대해 설명하시오.

6. 재고 자산의 평가 방법 중 재고 자산을 가장 높게 평가하는 방법과 가장 낮게 평가하는 방법에 대해 예를 들어 설명하시오.

식품의
품질 관리

CHAPTER 10

식품 품질 관리 제도

| 학습 목표 |

1. 축산물 등급 제도를 설명할 수 있다.
2. 식품 품질인증 제도의 특징을 기술할 수 있다.
3. 농축수산물의 이력 추적 관리 제도를 이해하고 농축수산물의 이력을 조회할 수 있다.
4. 안전 관리 인증 기준을 설명할 수 있다.
5. 식품 품질 표시 제도를 설명할 수 있다.

1. 축산물 등급 제도

축산물 등급제는 우리 식생활에 이용되는 축산물(소고기, 돼지고기, 닭고기, 오리고기, 계란)의 품질을 정부가 정한 일정 기준에 따라 구분하여 품질을 차별화하는 제도이다. 이를 통해 소비자에게 구매 지표를 제공하고, 생산자에게 좋은 품질의 축산물을 생산하게 하며, 유통업자는 소비자에게 맞춤형 품질의 축산물을 제공하여 소비자와의 신뢰 구축을 가능하게 한다.

1) 소고기 등급 제도

소고기(쇠고기) 등급은 육량 등급과 육질 등급 등을 종합적으로 평가하여 판정을 하고(그림 10-1), 모든 국내산 소고기는 등급 판정을 받은 후에 유통한다.

육량 등급은 소 한 마리에서 얻을 수 있는 고기의 양이 많고 적음을 나타낸다. 소도체의 육량 등급 판정은 등지방 두께, 배 최장근 단면적, 도체 중량을 측정하여 육량 지수 산식을 이용하여 산정된 육량 지수에 따라 A, B, C의 3개 등급으로 구분한다. 육질 등급은 고기의 품질 정도를 나타낸다.

소도체의 육질 등급 판정은 등급 판정 부위에서 측정되는 근내 지방도(marbling)를 9단계로 측정하고, 육색, 지방색, 조직감, 성숙도에 따라 1^{++}, 1$^+$, 1, 2, 3의 5개 등급으로 구분한다. 비육 상태(살이 붙은 상태) 및 육질이 불량한 경우에는

그림 10-1
쇠고기 등급기준

자료: 농림축산식품부 홈페이지

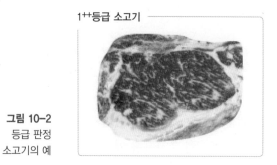

그림 10-2
등급 판정
소고기의 예

자료: 축산물품질평가원 홈페이지

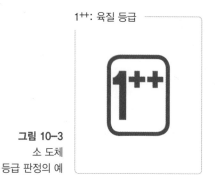

그림 10-3
소 도체
등급 판정의 예

자료: 국가법령정보센터 홈페이지

등외 등급으로 판정한다. 등급의 종류는 1⁺⁺A에서 등외 등급까지 있다(부록 10-1).

2) 돼지고기 등급 제도

돼지고기 등급은 돼지를 도축한 후 냉장하지 않은 상태에서 도체의 중량과 등 부위 지방 두께에 따라 1차 등급을 판정하고 비육 상태, 삼겹살 상태, 지방 부착 상태, 지방 침착 정도, 고기의 색깔·조직감, 지방의 색깔·질, 결함 상태 등에 따라 2차 등급을 판정하여 최종적으로 1⁺, 1, 2등급으로 판정한다. 비육 상태 및 육질이 불량한 경우에는 등외 등급으로 판정하며, 모든 국내산 돼지고기는 등급 판정을 받은 후에 유통한다.

또한 신청인이 희망하는 경우에는 도축한 후 냉장하여 등심 부위의 내부 온도가 5℃ 이하가 된 이후에 근육 내 지방 분포 정도, 근간 지방 두께, 고기의 색깔·조직

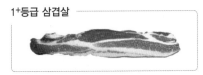

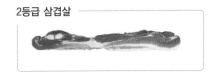

그림 10-4
등급 판정
돼지고기의 예

자료: 축산물품질평가원 홈페이지

그림 10-5
돼지 도체
등급 판정의 예

자료: 국가법령정보센터 홈페이지

감, 지방의 색깔·조직감 등을 추가로 측정한다(부록 10-2).

3) 닭·오리 등급 제도

닭·오리 등급은 닭·오리를 도축한 후 도체의 내부 온도가 10℃ 이하가 된 이후에 중량 규격별로 선별하여 품질 등급과 중량 규격을 판정한다. 품질 등급은 도체의 비육 상태 및 지방의 부착 상태 등을 종합적으로 고려하여 1⁺, 1, 2의 3개 등급으로 판정한다. 중량 규격은 도체의 중량에 따라 5호부터 30호까지 100g 단위로 구분한다.

닭 부분육의 등급 판정은 도축한 후 부분육의 내부 온도가 10℃ 이하가 된 이후

그림 10-6
닭·오리 도체 및
닭 부분육의
등급 표시 예

자료: 국가법령정보센터 홈페이지

에 부위별로 선별하여 부위별 품질 수준, 결함 등을 종합적으로 고려하여 1, 2의 2개 등급으로 품질 등급을 판정한다(부록 10-3).

4) 계란 등급 제도

계란 등급은 물 등을 통한 세척으로 이물질을 제거한 후 냉장하지 아니한 상태에서 중량 규격별로 선별하여 품질 등급과 중량 규격을 판정한다. 다만, 가공용 계란의 경우에는 등급 판정 후 이물질 제거 작업을 할 수 있다. 품질 등급은 계란의 외부 형태, 기실(공기주머니)의 크기, 흰자 및 노른자의 상태 등을 종합적으로 고려하여 1⁺, 1, 2의 3개 등급으로 판정하고, 중량 규격은 계란의 중량에 따라 왕란·특란·대란·중란·소란으로 구분한다(부록 10-4).

〈속 포장 용기〉　　　　　〈겉포장 용기〉　　　　　〈살균액란 포장 용기〉

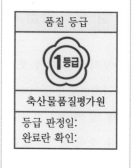

품질 등급	중량 규격
	왕란
	특란
	대란
	중란
	소란
등급 판정일: 축산물품질평가원	

등급 판정일:

품질 등급
축산물품질평가원
등급 판정일: 완료란 확인:

그림 10-7
계란 및 살균액란
제조용 계란의
등급 표시 예

자료: 국가법령정보센터 홈페이지

2. 식품 품질인증 제도

1) 농산물 우수 관리 인증(GAP)

농산물 안전과 관련된 국제 동향에 적극 대응하고, 생산 농가의 경쟁력을 확보하며, 농촌의 자연환경 보호 및 농업의 지속성 확보를 위하여 **농산물 우수 관리 인증**

농산물 우수 관리 인증 표시 사항		
GAP (우수관리인증) 농림축산식품부 인증 기관명 인증 번호: 제 호	생산자	이름: ****(또는 단체명) 주소: 전화번호:
	품목(품종)	쌀(현미/백미/유색미)
	원산지	국내산(시도, 시군구명)
	생산 연도	'쌀'만 해당함
	중량/개수	○○kg/10개

그림 10-8
GAP 인증품
또는 인증품의
포장·용기 표시 예

자료: 찾기 쉬운 생활법령정보 홈페이지

(GAP, Good Agricultural Practices)을 도입하게 되었다(그림 10-8). 농산물 우수 관리(GAP)의 목적은 생산 단계에서 판매 단계까지의 농산 식품 안전 관리 체계를 구축하여 소비자에게 안전한 농산물을 공급하는 데 있다. 또한 농산물의 안전성 확보를 통해 국내 소비자 신뢰를 제고하고 국제 시장에서 우리 농산물의 경쟁력을 강화하며, 저투입 지속 가능한 농업을 통한 농업 환경을 보호하는 데 있다. 농산물 우수 관리와 관련된 상세한 정보는 GAP 정보 서비스(www.gap.go.kr)에서 제공하고 있다.

농산물 우수 관리 인증은 국내에서 식용으로 재배되는 모든 품목을 대상으로 한다. 농산물 우수 관리 기준은 농산물의 안전성을 확보하고 농업 환경을 보전하기 위해 농산물의 생산, 수확 후 관리(농산물의 저장, 세척, 건조, 선별, 절단, 조제, 포장 등을 포함) 및 유통의 각 단계에서 작물이 재배되는 농경지 및 농업용수 등의 농업 환경과 농산물에 잔류할 수 있는 농약, 중금속, 잔류성 유기 오염 물질 또는 유해 생물 등의 위해 요소를 적절하게 관리하는 것을 말한다.

친환경 농수산물 인증과 농산물 우수 관리 인증은 인증 기준, 대상 품목 등에 차이가 있다. 친환경 농수산물은 생산 단계에서 농약과 비료 등의 사용을 제한하는 반면, 농산물 우수 관리(GAP)는 생산 단계에서 농약과 비료 등의 사용 제한은 물론이고 유통 단계에서도 식중독 등을 유발할 수 있는 위해 요소까지 관리하는 제도이다. 그러므로 소비자는 친환경 농수산물 인증과 농산물 우수 관리(GAP)를 모두 받은 농산물을 구매하는 것이 더욱 안심하고 구매하는 것이라 할 수 있다.

2) 친환경 인증

친환경 농축수산물은 친환경 농축어업을 통하여 얻는 것으로 친환경 농축수산물의 구분은 그림 10-9와 같이 한다. 친환경 농축어업이란 합성 농약, 화학 비료 및 항생제, 항균제 등 화학 자재를 사용하지 않거나 그 사용을 최소화하고 농업·수산업·축산업·임업 부산물의 재활용 등을 통하여 생태계와 환경을 유지·보전하면서 안전한 농산물·수산물·축산물·임산물을 생산하는 산업을 말한다.

    친환경 농축수산물 인증은 소비자에게 보다 안전한 친환경 농축수산물을 전문 인증 기관이 엄격한 기준으로 선별·검사하여 정부가 그 안전성을 인증해 주는 제도이다. 친환경 농축수산물의 종류 및 개념은 표 10-1과 같고, 유기 농산물 인증품 또는 인증품의 포장·용기 표지 및 표시 예는 그림 10-10과 같다.

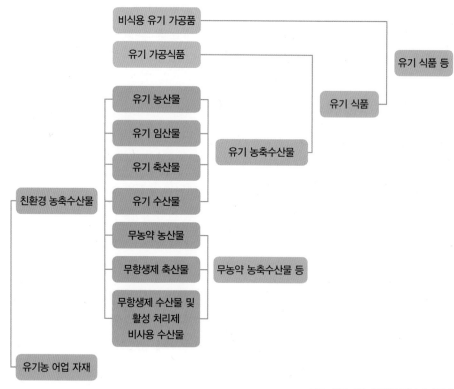

그림 10-9
친환경
농축수산물의 구분

자료: 찾기 쉬운 생활법령정보 홈페이지

구분		개념	인증 표시 도형
유기 식품 등	유기 농산물 (임산물 포함)	화학 비료와 유기 합성 농약을 전혀 사용하지 않고 일정한 인증 기준을 지켜 재배한 농산물	유기농 (ORGANIC) 농림축산식품부
	유기 축산물	100% 비식용 유기 가공품(유기 사료)를 급여하고 일정한 인증 기준을 지켜 사육한 축산물	
	유기 가공식품 (농축산물)	유기 농수산물을 원료 또는 재료로 하여 제조·가공·유통되는 식품	유기가공식품 (ORGANIC) 농림축산식품부
	유기 수산물	유기적인 방법으로 생산되거나 식용으로 어획된 수산물의 부산물 또는 식용이 가능한 수산물로 구성된 사료를 급여하고 일정한 인증 기준을 지켜 양식된 수산물	유기식품 (ORGANIC) 해양수산부
	유기 가공식품 (수산물)	유기 수산물을 원료 또는 재료로 하여 제조·가공·유통하는 식품	
무농약 농축수산물 등	무농약 농산물	유기 합성 농약을 사용하지 않고 화학 비료는 권장 성분량의 1/3 이하를 사용하고 일정한 인증 기준을 지켜 재배한 농산물	무농약 (NON PESTICIDE) 농림축산식품부
	무항생제 축산물	항생제, 합성 항균제, 성장 촉진제, 호르몬제 등이 첨가되지 않은 사료를 급여하고 일정한 인증 기준을 지켜 사육한 축산물	무항생제 (NON ANTIBIOTIC) 농림축산식품부
	무항생제 수산물	항생제, 합성 항균제, 성장 촉진체, 호르몬제 등이 첨가되지 않은 사료를 급여하고 일정한 인증 기준을 지켜 양식한 수산물	무항생제 (NON ANTIBIOTIC) 해양수산부
	활성 처리제 비사용 수산물	유기산 등의 화학 물질이나 활성 처리제를 사용하지 않고 일정한 인증 기준을 지켜 생산된 양식 수산물(해조류)	활성처리제 비 사 용 (NON ACTIVATOR) 해양수산부

표 10–1
친환경 농축수산물의
종류 및 개념

자료: 찾기 쉬운 생활법령정보 홈페이지

인증품의 표시 사항		
	생산자	**작목반(김**)
	품목	유기 재배 딸기
	생산지	안양시
	포장 장소	안양시 ○○구 ○○로
	전화번호	***−****−****
인증 기관명: ***인증원 인증 번호: *−*−*		

그림 10-10
유기 농산물 인증품
또는 인증품의
포장·용기 표지 및
표시 예

자료: 찾기 쉬운 생활법령정보 홈페이지

3) 가공식품 표준화(KS)

가공식품 표준화(KS, Korean Standard)는 합리적인 식품 및 관련 서비스의 표준을 제정·보급함으로써 가공식품의 품질 고도화 및 관련 서비스의 향상, 생산 기술 혁신을 기하며 거래의 단순·공정화 및 소비의 합리화를 통하여 산업 경쟁력을 향상시키고 국민 경제 발전을 이루고자 하는 제도이다.

표시 대상 품목은 농림축산식품부 장관이 매년 별도 지정·고시한다. 가공식품 생산업체가 KS 표시 인증 신청을 하면, 「산업 표준화법」에 의거하여 최근 3개월간의 관리 실적을 토대로 표준화 일반, 유통 관리, 자재의 관리, 공정 관리, 제품의 품질 관리, 제조 설비 관리, 검사 장비 관리 등 7개 평가 항목을 품목별 심사 기준에 의거하여 심사받는다. 공장 심사 시 심사원이 신청인 또는 그 대리인의 입회하에 해당 품목의 심사 기준에 따라 시료를 채취하여 한국식품연구원에 제품 심사를 의뢰하고 KS 기준치 이상으로 합격되면 인증서를 교부받게 된다. 최초 인증을 받은 연도부터 3년을 주기로 하여 KS 표시 제품 인증의 경우에는 공장 심사 및 제품 심사를 받고, 서비스 인증인 경우에는 사업장 심사를 정기적으로 받아야 한다. 가공식품 표준화 표시는 그림 10-11과 같다.

그림 10-11
가공식품
표준화(KS) 표시

자료: 국가법령정보센터 홈페이지

4) 전통식품 품질인증

전통식품 품질인증은 「식품 산업 진흥법」에 근거하여 국산 농산물을 주원(재)료로 하여 제조하고, 가공되는 우수 전통식품에 대하여 정부가 품질을 보증하는 제도이다. 생

인증 기관명:
인증 번호:

인증 기관명:
인증 번호:

자료: 국가법령정보센터 홈페이지

그림 10-12
전통식품 및
수산 전통식품의
품질인증 표지 및
표시 예

분류	품목명
농축산물	한과류, 메주, 청국장, 국수류, 묵류, 구기자차, 건표고, 무말랭이, 곶감, 엿, 조청, 약식, 고추장, 된장, 간장, 엿기름, 유자차, 참기름, 김치류, 두부, 죽류, 녹차, 식혜, 미숫가루, 삼계탕, 매실 농축액, 가래떡, 흑염소 추출액, 고춧가루, 둥글레차, 누룽지, 대추차, 메밀가루, 도라지 가공품, 도토리가루, 솔잎 가공품, 들기름, 양념육류, 머루즙, 족발, 칡즙, 수정과, 곡물식초, 감잎차, 증편, 새알심, 시래기, 찌는 떡, 치는 떡, 과실식초, 뽕잎차, 삶는 떡, 고추장 장아찌, 된장 장아찌, 간장 장아찌, 당면, 만두, 부각, 순대, 전, 편육, 홍삼 가공품, 곡물차, 육포, 농산물조림, 축산물조림, 백삼 가공품, 국화차, 막장, 생식, 수육, 백삼, 홍삼, 혼합장, 압착유, 건조 채소류, 수제비, 연차, 생강차, 곰국, 절임류, 고구마말랭이, 쑥차, 두유류, 절임배추
젓갈류(30)	• 젓갈(24): 오징어, 명란, 창란, 조개, 꼴뚜기, 까나리, 어리굴, 소라, 곤쟁이, 멸치, 대구아가미, 명태아가미, 토하, 자리, 새우, 오분자기, 밴댕이, 자하, 가리비, 청어알, 우렁쉥이(멍게), 갈치속, 한치, 전복 • 액젓(4): 멸치, 까나리, 청매실멸치, 새우 • 식해(2): 가자미, 명태
죽류(6)	북어, 대구, 전복, 홍합, 대합, 굴
게장류(3)	꽃게, 민꽃게, 참게
건제품(2)	굴비, 마른 가닥미역
기타(6)	조미김, 고추장굴비, 재첩국, 양념장어, 부각류(해조류), 어간장

자료: 국가법령정보센터 홈페이지

표 10-2
전통식품 및
수산 전통식품의
품질인증 대상 품목

산자에게는 고품질의 제품 생산을 유도하고 소비자에게는 질 좋은 우리 식품을 공급하는 것이 목적이다. 전통식품 품질인증 대상 품목은 농림축산식품부와 해양수산부 장관이 상품성과 대중성, 전통성 등을 종합 검토하여 지정하고 규격을 제정·고시하고 있다(표 10-2). 전통식품 품질인증 제도의 표지 및 표시 예는 그림 10-12와 같다.

3. 이력 추적 관리 제도

이력 추적 관리 제도(traceability)는 기록, 흔적(trace)과 가능, 능력(ability)을 합친 말로, 추적 가능 또는 추적 능력으로 해석한다. 이력 추적제라는 용어는 추적 또는 소급 가능성을 의미하며, 적용 대상을 한정하여 사용할 때는 대상별로 품목 특성에 맞게 추적하고자 하는 사항이나 범위를 결정한다.

1) 농산물 이력 추적 관리

농산물 이력 추적 관리는 농산물을 생산 단계부터 판매 단계까지 단계별 정보를 기록·관리하여 해당 농산물의 안전성 등에 대한 문제가 발생할 경우 추적하여 원인

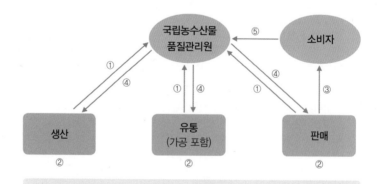

그림 10-13
농산물
이력 추적 관리 제도의
개요

① 국립농산물품질관리원에 이력 추적 관리 등록 신청
② 이력 추적 관리 등록자(생산 · 유통 · 판매 단계)의 관련 정보 기록 · 보관
③ 이력 추적 농산물 판매
④ 단계별 이력 추적
⑤ 소비자가 농산물의 이력 정보 확인

규명 및 필요한 조치를 할 수 있도록 관리하는 것이다(그림 10-13).

농산물 이력 추적 관리 대상 품목에는 그림 10-14와 같은 표지를 붙인다. 표지 도형의 색상 및 크기는 포장재의 색상 및 크기에 따라 조정할 수 있다. 표지와 함께 표시 항목은 산지(생산지의 시군구 단위까지 적음), 품목(품종), 중량·개수, 생산 연

그림 10-14
농산물 이력 추적 관리
표지 예

자료: 국가법령정보센터 홈페이지

도(쌀만 해당), 생산자의 성명이나 생산자 단체·조직명, 주소, 전화번호(유통자의 경우 유통자 성명, 업체명, 주소, 전화번호), 그리고 이력 추적 관리 번호이다.

농산물 이력 정보는 국립농산물품질관리원 GAP 정보 서비스에 접속하여 '농산물 이력 정보 조회'에 식별 번호 12자리를 입력하면 조회된다.

2) 식품 이력 추적 관리

식품 이력 추적 관리는 식품을 제조·가공 단계부터 판매 단계까지 각 단계별로 정보를 기록·관리하여 그 식품의 안전성 등에 문제가 발생할 경우 그 식품을 추적하여 원인을 규명하고 필요한 조치를 할 수 있도록 관리하는 제도이다. 의무 대상은 영유아식 제조·가공업자, 일정 매출액·매장 면적 이상의 식품 판매업자 등이며 임의 대상은 식품을 제조·가공 또는 판매하는 자 중 식품 이력 추적 관리를 하려는 자이다.

식품 이력 추적 관리 표지 도표는 제품 및 업소 현판 등의 크기, 포장 재질, 디자인 등을 고려하여 색상 및 크기를 조정할 수 있다. 표지 도표 바로 아래 또는 바로 옆에는 'www.tfood.go.kr에서 식품 이력 추적 관리 번호(또는 수입 식품 등의 유통 이력 추적 관리 번호)를 입력하면 식품(또는 건강 기능 식품 또는 수입 식품 등)의 정보를 확인하실 수 있습니다.'라는 문구를 병행하여 표시할 수 있다(그림 10-15).

소비자는 식품 이력 관리 시스템을 통해 국내 식품의 경우는 식품 이력 추적 관리 번호, 제조업소 명칭 및 소재지, 제조 일자, 유통 기한 또는 품질 유지 기한, 제품 원재료 관련 정보, 기능성 내용, 출고 일자, 회수 대상 여부 및 회수 사유 등의 이력 추적 관리 정보를 확인할 수 있다. 수입 식품 등의 경우에는 수입 식품 등의 유통

그림 10-15
식품 이력 추적 관리
표지 및 표시 예

"www.tfood.go.kr"에서 건강 기능 식품 이력 추적 관리 번호를 입력하시면 건강 기능 식품의 정보를 확인하실 수 있습니다.

"www.tfood.go.kr"에서 수입 식품 등의 유통 이력 추적 관리 번호를 입력하시면 수입 식품 등의 정보를 확인하실 수 있습니다.

자료: 국가법령정보센터 홈페이지

이력 추적 관리 번호, 수입업소 명칭 및 소재지, 제조국, 제조 회사 명칭 및 소재지, 제품 원재료 관련 정보, 유전자 재조합 식품 표시, 제조 일자, 유통 기한 또는 품질 유지 기한, 수입 일자, 원재료명 또는 성분명, 기능성 내용, 회수 대상 여부 및 회수 사유 등 확인할 수 있다.

3) 축산물 이력제

축산물 이력제의 목적은 가축 및 축산물의 생산, 도축, 가공, 유통 과정의 각 단계별 정보를 기록·관리하여 문제 발생 시 이동 경로를 따라 추적하여 신속한 원인 규명과 회수 등 조치를 가능하게 하기 위함이다.

유럽과 일본, 미국의 광우병 발생 등으로 국내에서는 소비자들이 식품 위생 및 안전성에 관심이 높아져 이력제 필요성이 제기됨에 따라 소 및 소고기에 대한 위생·안전 체계의 구축과 유통의 투명성을 확보하고 국내 소 산업의 경쟁력을 강화하기 위하여 소고기 이력제가 2009년 전면 시행되었으며, 2014년 이력 대상 품목에 돼지고기가 추가되었다. 소·돼지에 시행하는 축산물 이력제를 2020년 1월 1일부터 닭·오리·계란까지 확대하여 시행하고 있다. 축산물 이력제 표지는 그림 10-14 농산물 이력 추적 관리 표지와 같다.

소·소고기의 이력 관리는 사육, 도축, 포장 처리, 판매, 소비 단계에 따라 시행되

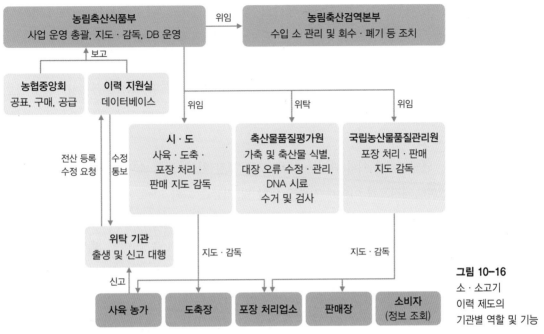

그림 10-16
소 · 소고기
이력 제도의
기관별 역할 및 기능

자료: 국립농산물품질관리원 홈페이지

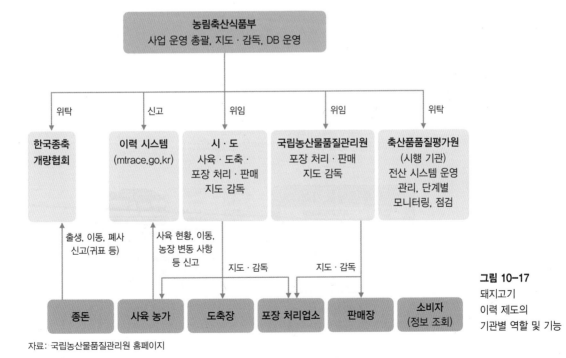

그림 10-17
돼지고기
이력 제도의
기관별 역할 및 기능

자료: 국립농산물품질관리원 홈페이지

고 있다. 소·소고기 이력제 기관별 역할 및 기능은 그림 10-16과 같으며, 농림축산식품부는 사업 운영 총괄 및 지도 감독 기관으로서 소고기 이력 시스템을 운영하고 있다. 농림축산식품부는 농림축산검역본부에 수입소 관리 및 회수, 폐기 등의 조치를, 시·도지사에 사육, 도축, 가공 단계의 지도·감독을, 축산물품질평가원에 정보 오류 수정과 DNA 검사를, 국립농산물품질관리원에 판매 단계 지도 감독을 위임하고 있다.

돼지고기의 이력 관리는 사육, 도축, 포장 처리, 판매, 소비 단계에 따라 시행되고 있다. 돼지고기 이력제 기관별 역할 및 기능은 그림 10-17과 같으며, 농림축산식품부는 사업 운영 총괄 및 지도 감독 기관으로서 돼지고기 이력 시스템을 운영하고 있다. 농림축산식품부는 한국종축개량협회에 종돈의 출생, 이동, 폐사 신고 등의 조치를, 시·도지사에 사육, 도축 지도·감독을, 시·도지사와 국립농산물품질관리원에 포장 처리 및 판매 단계의 지도·감독을 위임하고 있다.

소·소고기 이력 제도는 소의 출생 시 개체 식별 번호를 부여하고 최종 소고기 판매 단계까지 동일한 번호가 기록·유지되도록 관리한다. 돼지고기의 경우는 농장 식별 번호를 부여하여 관리하고 도축 시 이력 번호를 부여하여 유통 단계를 관리한다(그림 10-18).

축산물 이력 정보는 축산물 이력제 홈페이지에 접속하여 축산물 이력 번호(12자

· 이력 관리 대상 축산물 판매 시 포장지 및 식육의 판매 표지판 등에 표시
· 이력 번호(12자리), 묶음 번호(L+14자리)
· 이력 관리 대상 축산물: 소고기 및 국내산 돼지고기

식육판매표지판

식육의 종류 원산지	돼지고기(국내산)
부위명칭	삼 겹 살
등 급	1+ ① 2 등외
도 축 장 명	○ ○ ○ 도축장
이력(묶음)번호	150014400052
100g당 가격	0,000 원

제품명	삼겹살(냉장)
원산지	국내산
중량	0.9 kg
도축장명	○○○ 포장처리장 ○○○
이력(묶음)번호	L11412281234001

그림 10-18
축산물 이력제 표시 예

[진열 판매]
식육 판매 표시판을 이용하여 표시

[소포장 판매]
포장지에 라벨지를 이용하여 표시

자료: 국립농산물품질관리원 홈페이지

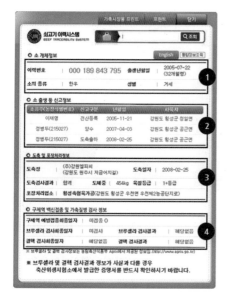

❶ 소 개체 정보

❷ 소 출생 등 신고 정보

❸ 도축 및 포장 처리 정보

❹ 구제역 백신 접종 및 브루셀라병 검사 정보

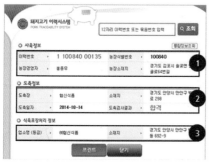

❶ 사육 정보

❷ 도축 정보

❸ 식육 포장 처리 정보

그림 10-19
이력 조회 결과 예

자료: 축산물 이력제 홈페이지

리) 또는 묶음 번호로 조회할 수 있다(그림 10-19). 판매업소에서 여러 개의 다른 개체 식별을 한 개로 포장 처리, 판매할 경우에는 이력 번호를 전부 표시하거나 묶음 번호 구성 내역서를 기록한 후 묶음 번호를 사용할 수 있다. 또한 축산물 이력제 애플리케이션에서도 축산물 이력 번호(12자리) 또는 묶음 번호로 조회하면 원산지, 등급, 소·돼지의 종류, 출생일, 사육지 등의 정보 확인이 가능하다.

달걀의 경우에는 사육환경 및 산란일자 표시제를 시행하여 달걀의 안전성을 확보하고, 소비자에게 달걀에 대한 정보 제공을 강화하고 있다(그림 10-20).

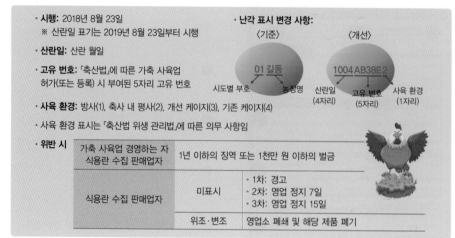

· **시행:** 2018년 8월 23일
※ 산란일 표기는 2019년 8월 23일부터 시행
· **산란일:** 산란 월일
· **고유 번호:** 「축산법」에 따른 가축 사육업
허가(또는 등록) 시 부여된 5자리 고유 번호
· **사육 환경:** 방사(1), 축사 내 평사(2), 개선 케이지(3), 기존 케이지(4)
· 사육 환경 표시는 「축산법 위생 관리법」에 따른 의무 사항임

· **난각 표시 변경 사항:**
⟨기준⟩   ⟨개선⟩
01 길동   1004 AB38E 2
시도별 부호   농장명   산란일   고유 번호   사육 환경
(4자리)   (5자리)   (1자리)

· **위반 시**

가축 사육업 경영하는 자 식용란 수집 판매업자	1년 이하의 징역 또는 1천만 원 이하의 벌금	
식용란 수집 판매업자	미표시	· 1차: 경고 · 2차: 영업 정지 7일 · 3차: 영업 정지 15일
	위조·변조	영업소 폐쇄 및 해당 제품 폐기

그림 10–20
달걀 사육 환경 및
산란일자 표시 예

자료: 연합뉴스, 2018. 8. 23.

4) 수산물 이력제

수산물 이력제는 어장에서 식탁에 이르기까지 수산물의 이력 정보를 기록, 관리하여 소비자에게 공개함으로써 수산물을 안심하고 선택할 수 있도록 도와주는 제도이다. 특히 소비자는 상품의 유통 경로가 투명해져서, 문제가 발생하였을 때 신속한 원인 규명 및 상품 회수가 가능하므로 수산 식품을 믿고 살 수 있다. 생산자는 수산물에 대한 품질 및 위생 정보를 효과적으로 관리할 수 있고 축적된 정보로 소비 패턴 및 니즈를 파악할 수 있다. 또한 위생 부분의 국제 기준을 준수하여 국내 수산물의 국제 경쟁력을 높일 수 있다.

수산물 이력제에 따른 수산물 이력 추적 관리품 인증 표지 및 식별 번호 등은 해당 수산물의 포장 또는 용기의 표면 등에 붙이거나 인쇄할 수 있다(그림 10–21). 포장재에 따라 표지의 색상 및 크기는 조정할 수 있다.

수산물 이력제는 지난 2008년에 도입되었으며 2018년까지 자율 참여 방식으로 약 40여 개 품목에 대해 실시하였다. 그러나 수산물 유통 관리를 강화하기 위해 2018년 12월부터 수산물 이력제 의무화가 정착될 수 있도록 굴비와 생굴을 의무화 대상 품목으로 선정하여 수산물 이력제 의무화 시범 사업을 시작하였다.

[상품 부착용]

[판매점용]

[꼬리표]

자료: 수산물 이력제 홈페이지

그림 10-21
수산물 이력제 표지 및
표시 예

생산	위판장, 도매업과 같은 공동 어시장에서 생산되는 수산물들에 대해, 생산자, 생산 번호, 약품 사용 내역 등을 기록하고, 관리 번호 및 출하량 등 출하 정보를 시스템에 입력한 후, 가공업체로 전달
가공	생산지로부터 받은 수산물에 대한 생산 번호, 입고량, 입고일 등의 입고 정보를 시스템에 입력하고, 소비자에게 판매가 가능한 형태로 가공하고, 포장하여 상품화함. 유통업체로 내보내기 위한 가공자, 출고처, 출고량 등의 출고 정보를 관리
유통	유통 단계에서는 가공업체로 받은 상품의 입고 정보를 시스템에 입력하고, 유통자, 출고처, 출고량 등의 출고 정보와 함께 판매처로 배송
판매	실제 소비자가 수산물을 구매할 수 있는 판매처에서는, 수산물 상품 포장의 겉면에 부착된 이력제 라벨의 QR 코드 및 이력 번호를, 수산물 이력제 홈페이지나 모바일 홈페이지, 모바일 앱을 통해 조회하여 해당 수산물의 이력 정보 확인 가능

자료: 수산물 이력제 홈페이지

그림 10-22
수산물 이력 흐름도

수산물 이력 흐름도는 그림 10-22와 같다. 수산물 이력 정보는 수산물 이력제 홈페이지에 접속하여 수산물 이력 번호 13자리를 입력하면 조회할 수 있다(그림 10-23). 수산물 이력 조회로 제공되는 정보는 상품 정보(상품명, 품목명, 출하일, 인증

그림 10-23
수산물 이력 조회 예

자료: 수산물 이력제 홈페이지

정보, 기타 정보), 생산자 정보(생산업체명, 소재지, 연락처, 인증 정보, 대표자, 업체
소개, 제품 출하일), 가공 유통업체 정보(업체명, 소재지, 연락처, 대표자, 업체 소개,
인증 정보) 등이다.

4. 안전 관리 인증 기준

식품 및 축산물 **안전 관리 인증 기준**(HACCP, Hazard Analysis and Critical Control Point)은 식품·축산물의 원료 관리, 제조, 가공, 조리, 소분, 유통, 판매의 모든 과정에서 위해한 물질이 식품 또는 축산물에 섞이거나 식품 또는 축산물이 오염되는 것을 방지하기 위하여 각 과정의 위해 요소를 확인·평가하여 중점적으로 관리하는 기준을 말하며, 이는 식품의 안전성을 확보하기 위한 과학적인 위생 관리 체계이다 (그림 10-24).

HACCP는 위해 요소 분석(Hazard Analysis)과 중요 관리점(CCP, Critical Control Point)의 영문 약자로, 위해 요소 분석은 식품·축산물 안전에 영향을 줄 수 있는 위해 요소와 이를 유발할 수 있는 조건이 존재하는지 여부를 판별하기 위하여 필요한 정보를 수집하고 평가하는 일련의 과정을 말한다. 중요 관리점은 안전 관리 인증 기준을 적용하여 식품·축산물의 위해 요소를 예방·제어하거나 허용 수준 이하로 감소시켜 해당 식품·축산물의 안전성을 확보할 수 있는 중요한 단계·과정 또는 공정을 이른다.

안전 관리 인증 기준 적용 대상은 법률 제정 초기에는 자율 적용 체계를 유지하였으나 2006년 이후 연 매출액 및 종업원 수를 기준으로 하여 단계별 세부 적용 기준을 마련하였으며, 2020년 12월 1일 이후에는 거의 모든 식품에 의무 적용된다. 식품 관련 적용 대상은 식품(식품 첨가물 포함) 제조·가공업소, 건강 기능 식품 제조업소, 집단 급식소 식품 판매업소, 축산물 작업장·업소, 집단 급식소, 식품 접객업소 (위탁 급식 영업), 도시락 제조·가공업소(운반 급식 포함), 기타 식품 판매업소, 소규

도축장. 집유장. 농장

그 밖의 HACCP
적용 작업장 · 업소

축산물 안전 관리
통합 인증업체

양식장

그림 10-24
안전 관리 인증 기준
(HACCP) 표지

자료: 국가법령정보센터 홈페이지

모업소, 즉석 판매 제조 가공업소, 식품 소분업소, 식품 접객업소(일반 음식점·휴게 음식점·제과점)이고, 축산물 대상 적용 대상은 도축장, 농장이다. 또한 해양수산부는 수산물의 생산부터 보관, 이동 등 유통 전 과정에서 수산물의 위생 관리를 할 수 있도록 양식장 HACCP 등록 제도를 실시하고 있다.

5. 식품 품질 표시 제도

1) 원산지 표시제

원산지 표시제의 목적은 국내에서 유통되는 농수산물 및 그 가공품과 음식점에서 판매되는 조리 음식에 대한 원산지 표시 관리로 소비자의 알 권리와 선택권을 보장하고 유통 질서를 확립하여 생산자와 소비자를 보호하기 위해 재정되었다. 특히 수입 농수산물의 부정 유통을 막고 국산 농산물의 품질 경쟁력을 높이기 위해 도입한 제도이다. 원산지란 농산물이 생산·채취되고, 수산물이 생산·채취·포획된 국가나 지역을 말한다.

원산지 표시제는 1991년 7월 수입 농산물 원산지 표시제를 도입해 2년 동안의 계도 기간을 거친 뒤 1993년 7월부터 수입 농산물에 대한 원산지 표시를 의무화하는 한편, 1995년부터는 국산 농산물, 1996년부터는 국내 가공 농산물 원료에까지 확대해 시행하고 있다. 또한 2008년부터 음식점 원산지 표시 제도가 도입되어 시행 중이며, 2010년 「농수산물의 원산지 표시에 관한 법률」이 제정되어 원산지 표시제가 일원화되었다.

(1) 식품 원산지 표시제

2020년 1월 현재 **식품 원산지 표시제**의 원산지 표시 대상 품목은 곡류, 채소류, 과실류, 축산물 등 국산 농산물 222개 품목, 수입 농산물 161개 품목, 과자류, 유가공품, 식육 제품, 통조림 등 농산물 가공품 268개 품목이다. 또한 국산 수산물 및 원양산 수산물 191개 품목, 수입 수산물과 그 가공품 또는 반입 수산물과 그 가공품 19개 품목, 수산물 가공품 50개 품목이 원산지 표시 대상 품목이다.

농축수산물 또는 그 가공품을 생산·가공하여 출하하거나 통신 판매를 포함하여 영업 형태와 상관없이 판매 또는 판매할 목적으로 보관·진열하는 모든 자는 의무적으로 식품의 원산지를 표시해야 한다.

국산 농산물의 경우에는 '국산'(또는 '국내산') 또는 생산·채취·사육한 시·도나 시·군·구를 표시한다. 또한 관련규정에 의한 표준규격품의 표시, 우수관리인증의 표시, 품질인증품의 표시, 이력추적관리의 표시, 지리적 표시, 원산지인증을 한 경우 원산지를 표시한 것으로 간주한다. 국산 수산물은 '국산'이나 '국내산' 또는 '연근해산'으로 표시한다. 그러나 양식 수산물이나 연안 정착성 수산물 또는 내수면 수산물의 경우에는 해당 수산물을 생산·채취·양식·포획한 지역의 시도명이나 시군구명을 표시한다. 원양산 수산물의 경우에는 원양 어업의 허가를 받은 어선이 해외 수역에서 어획하여 국내에 반입한 수산물에 '원양산'으로 표시하거나 '원양산' 표시와 함께 '태평양', '대서양', '인도양', '남빙양' 또는 '북빙양'의 해역명을 함께 표시한다. 수입 농수산물 및 가공품의 경우, 대외 무역법에 따른 통관 시의 원산지를 표시하고, 「남북 교류 협력에 관한 법률」에 따라 반입한 농수산물과 그 가공품의 반

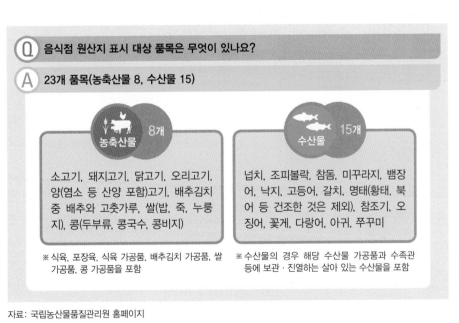

그림 10-25
음식점 및 급식소의
원산지 표시 대상 품목

자료: 국립농산물품질관리원 홈페이지

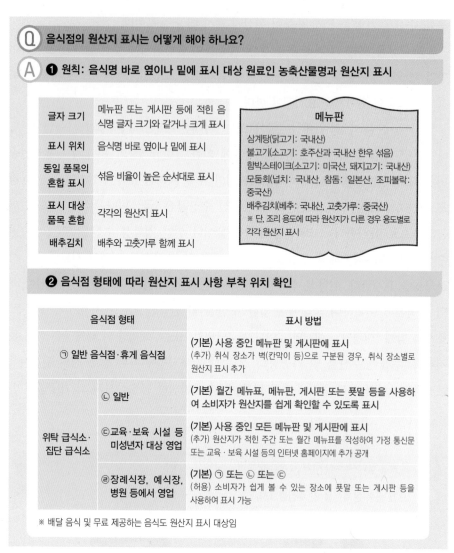

그림 10-26
원산지 표시제의
메뉴판 표시 방법

자료: 국립농산물품질관리원 홈페이지

입 시의 원산지(예: 북한산)를 표시한다. 또한 농수산물 가공품의 경우에는 배합 비율이 높은 순으로 3가지 원료에 대해 원산지를 표시하는 등의 방법이 있다. 또한 우수 관리 인증의 표시, 품질인증품의 표시, 이력 추적 관리 표시, 지리적 표시, 원산지 인증을 한 경우는 원산지를 표시한 것으로 간주한다.

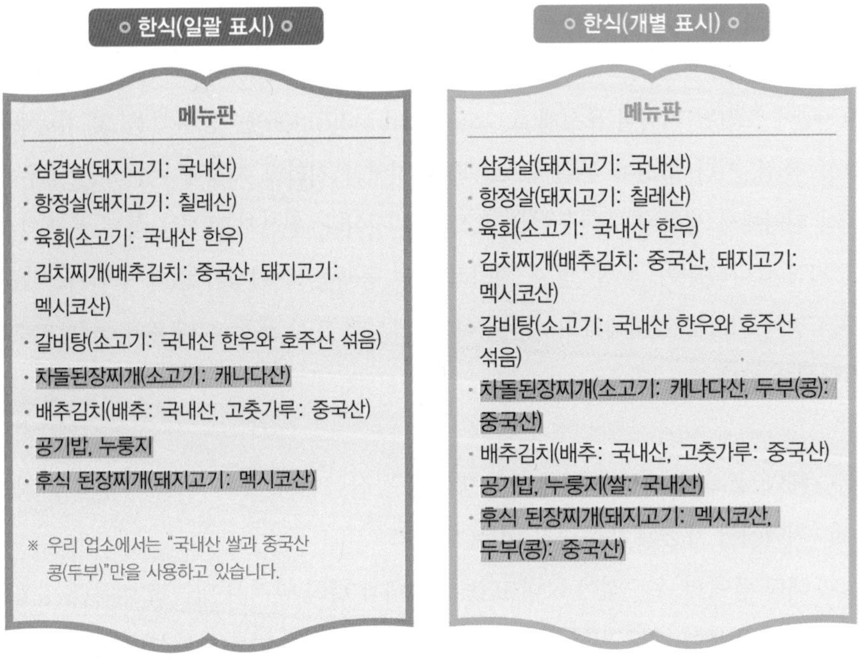

그림 10-27
원산지 표시제의
메뉴판 표시 예

※ 수입 가공품 배추김치는 통관 시 원산지를 표시

자료: 국립농산물품질관리원 홈페이지

(2) 음식점 및 급식소 원산지 표시제

음식점 및 급식소 원산지 표시제에 따르면 소고기, 돼지고기, 닭고기 등 농축산물 8개 품목과 넙치, 오징어, 꽃게 등 수산물 15개 품목을 포함하여 총 23개 품목을 판매, 제공하는 모든 일반 음식점, 휴게 음식점, 위탁 급식 영업, 집단 급식소에서 원산지를 표시해야 한다(그림 10-25).

음식점 및 급식소의 원산지 표시 방법은 소비자가 알아볼 수 있도록 메뉴판 및 게시판에 표시하여야 하고 그 밖에 푯말 등 다양한 방법으로 표시할 수 있다(그림 10-26, 10-27). 국내산 소고기는 원산지와 식육의 종류(한우, 육우, 젖소)를 병행 표시해야 하며, 수입산 소고기의 경우 수입 국가명을 표시한다. 원산지가 동일한 경우에는 일괄 표시도 가능하다. 또한 음식점 내 냉장고, 식자재 보관 창고 등에 보관·진열 중인 식재료도 표시 대상 20개 품목에 대해서는 모두 원산지 표시를 해야 한다.

2) 지리적 표시제

1999년에 도입된 **지리적 표시제**(geographical indication)는 농수산물 및 가공품의 명성, 품질, 기타 특징이 본질적으로 특정 지역의 지리적 특성에 기인하는 경우 그 특정 지역에서 생산된 특산품임을 표시하는 것이다. 원산지 표시는 특정 물품의 생산 지역을 나타내며, 품질, 명성, 지리적 요인 등과는 관련성이 없이 주어지는 표시라는 점이 지리적 표시제와의 차이점이다. 지리적 표시 품목은 다음의 등록 기준에 적합해야 한다.

- 해당 품목이 대상 지역에서만 생산된 농산물인지, 또는 이를 주원료로 해당 지역에서 가공된 품목인지 여부(지역성)
- 해당 품목의 우수성이 국내 또는 국외에서 널리 알려져 있는지 여부(유명성)
- 해당 품목이 대상 지역에서 생산된 역사가 깊은지 여부(역사성)
- 해당 품목의 명성·품질 또는 그 밖의 특성이 본질적으로 특정 지역의 생산 환경적 요인이나 인적 요인에 기인하는지 여부(지리적 특성)

2002년 보성 녹차가 지리적 표시 등록 제1호 식품으로 등록된 이후 2019년 현재 하동 녹차, 고창 복분자주, 서산 마늘, 영양 고춧가루 등 106개 품목이 지리적 표시 등록을 하였다. 지리적 표식품의 포장, 용기 표면 등에 등록 명칭, 표지 등을 표시한다(그림 10-28).

TIP

게시판이나 메뉴판 외의 표기

Q. 게시판 또는 메뉴판 외에 다른 곳에 표시할 수 있나요?
A. "원산지 표시판"을 기준에 맞게 제작하여 부착하면 게시판 또는 메뉴판에는 원산지 표시
   생략 가능
- **표시판 제목**: 반드시 "원산지 표시판"으로 표시
- **표시판 크기**: 가로×세로(또는 세로×가로) 29cm×42cm 이상
- **글자 크기**: 60포인트 이상
   ※ 음식명은 30포인트 이상
- **글자색**: 바탕색과 다른 색으로 선명하게 표시
- **부착 위치**: (기본) 업소 내에 부착되어 있는 가장 큰 게시판의 옆 또는 아래에 소비자가 잘
   보이도록 부착
   ※ 게시판 크기가 모든 같을 경우 소비자가 잘 볼 수 있는 게시판 1곳
      (게시판이 없을 때) 주 출입구 입장 후, 정면에서 소비자가 잘 보이도록 부착

자료: 국립농산물품질관리원 홈페이지

지리적표시 (PGI) 농림축산식품부	등록 명칭:　　　　　　　(영문 등록 명칭) 지리적 표시 관리 기관 명칭, 지리적 표시 등록 제　　호 생산자: 주소(전화):
이 상품은 「농수산물 품질 관리법」에 따라 지리적 표시가 보호되는 제품입니다.	

지리적표시 (PGI) 해양수산부	등록 명칭:　　　　　　　(영문 등록 명칭) 지리적 표시 관리 기관 명칭, 지리적 표시 등록 제　　호 생산자: 주소(전화):
이 상품은 「농수산물 품질 관리법」에 따라 지리적 표시가 보호되는 제품입니다.	

그림 10-28
지리적 표시품
표지 및 표시 예

자료: 국가법령정보센터 홈페이지

3) 유전자 변형 식품 표시

유전자 변형 농수산물(GMO, Genetically Modified Organism)은 인공적으로 유전자를 분리하거나 재조합하여 의도한 특성을 갖도록 한 농수산물을 말한다.

유전자 변형 식품 표시 대상은 식품용으로 승인된 유전자 변형 농축수산물과 이를 원재료로 하여 제조·가공 후에도 유전자 변형 DNA 또는 유전자 변형 단백질이 남아 있는 유전자 변형 식품 등이다. 그러나 유전자 변형 농산물이 비의도적으로 3% 이하인 농산물과 이를 원재료로 사용하여 제조·가공한 식품 또는 식품 첨가물, 고도의 정제 과정 등으로 유전자 변형 DNA 또는 유전자 변형 단백질이 전혀 남아 있지 않아 검사 불능인 당류, 유지류 등은 표시하지 않아도 된다. 자세한 표시 내용 및 방법은 표 10-3과 같다.

4) 식품 표시 기준

식품의약품안전처에서 고시한 **식품 등의 표시 기준**의 목적은 식품, 축산물, 식품 첨가물, 기구 또는 용기·포장의 표시 기준에 관한 사항 및 영양 성분 표시 대상 식품의 영양 표시에 관하여 필요한 사항을 규정함으로써 위생적인 취급을 도모하고 소비자에게 정확한 정보를 제공하며 공정한 거래를 확보하는 것이다.

식품 등의 표시 기준은 공통 표시 기준과 개별 표시 사항 및 표시 기준으로 나뉜다. **공통 표시 기준**은 주 표시면과 정보 표시면으로 나누어 볼 수 있다(그림 10-29, 10-30). 주 표시면이라 함은 용기·포장의 표시면 중 상표, 로고 등이 인쇄되어 있어 소비자가 식품 또는 식품 첨가물을 구매할 때 통상적으로 소비자에게 보여지는 면이며, 정보 표시면이라 함은 용기·포장의 표시면 중 소비자가 쉽게 알아 볼 수 있도록 표시 사항을 모아서 표시하는 면이다. 주 표시면에는 제품명, 내용량 및 내용량에 해당하는 열량 등을 표시하여야 한다. 다만, 주 표시면에 제품명과 내용량 및 내용량에 해당하는 열량 이외의 사항을 표시한 경우에는 정보 표시면에 그 표시 사항을 생략할 수 있다. 정보 표시면에는 식품 유형, 영업소(장)의 명칭(상호) 및 소재지, 유통 기한(제조 연월일 또는 품질 유지 기한), 원재료명, 주의 사항 등을 표시 사항

표 10-3
유전자 변형 식품
표시 내용 및 방법

구분	「식품 위생법」	「건강 기능 식품에 관한 법률」	「농수산물 품질 관리법」	「유전자 변형 생물체의 국가 간 이동 등에 관한 법률」
법 조항	제12조의2(표시)	제17조의2(표시)	제56조(표시)	제24조(표시)
관련 고시	유전자 변형 식품등의 표시 기준			유전자 변형 생물체의 국가 간 이동 등에 관한 통합 고시
표시 대상	유전자 변형 농산물을 주요 원재료로 제조·가공한 식품 중 제조·가공 후에도 유전자 변형 DNA나 유전자 변형 단백질이 남아 있는 식품(건강 기능 식품 포함) 단, 고도로 정제·가공되어 최종 식품에 유전자 변형 DNA가 남아 있지 않은 식용유, 당류 등은 제외		식품의약품안전처장이 식품용으로 적합하다고 인정 고시한 품목인 대두, 옥수수, 카놀라, 면화, 사탕무, 알팔파(이를 싹틔워 기른 콩나물, 새싹채소 등 포함)	유전자 변형 생물체
표시 의무자	식품 제조·가공업, 즉석 판매 제조·가공업, 식품 첨가물 제조업, 식품 소분업, 유통 전문 판매업 영업을 하는 자, 수입 식품 등 수입·판매업 영업을 하는 자, 건강 기능 식품 제조업, 건강 기능 식품 유통 전문 판매업 영업을 하는 자, 축산물 가공업, 축산물 유통 전문 판매업 영업을 하는 자		유전자 변형 농수산물을 생산하여 출하하는 자, 판매하는 자 또는 판매할 목적으로 보관·진열하는 자	유전자 변형 생물체를 개발·생산 또는 수입하는 자
표시 방법	· 유전자 변형 식품의 주 표시면 또는 원재료명 옆에 소비자가 잘 알아볼 수 있도록 12포인트 이상의 활자로 포장의 바탕색과 구별되는 색깔로 선명하게 표시 · '유전자 변형 식품' 또는 '유전자 변형 ○○ 포함 식품' 등으로 표시 · 유전자 변형된 원료 사용 여부를 확인할 수 없는 경우에는 '유전자 변형 ○○ 포함 가능성 있음'으로 표시 가능		· 잉크·각인 또는 소인, 스티커 등을 사용하여 10포인트 이상의 활자로 포장의 바탕색과 구별되는 색깔로 선명하게 표시 · 낱개 또는 산물의 형태로 판매하는 경우, 푯말 또는 안내 표시판 등으로 표시 · '유전자 변형 ○○' 또는 '유전자 변형 ○○ 포함' 등으로 표시 · 유전자 변형 농수산물 포함 가능성이 있는 경우에는 '유전자 변형 ○○ 포함 가능성 있음'으로 표시 가능	유전자 변형 생물체의 명칭·종류·용도 및 특성, 취급을 위한 주의 사항, 유전자 변형 생물체의 개발자 또는 생산자, 수출자 및 수입자의 성명·주소·전화번호, 유전자 변형 생물체에 해당하는 사실, 환경 방출로 사용되는 유전자 변형 생물체 해당 여부

자료: 식품안전나라 홈페이지

주 표시면(앞면)　　정보 표시면(뒷면)

주 표시면(앞면, 윗면)　　정보 표시면(뒷면)

주 표시면(앞면, 윗면, 뒷면)

정보 표시면(양측면)

정보 표시면(양측면)

주 표시면(앞면, 윗면, 뒷면)

주 표시면(표시 면적의 2/3)
정보 표시면(표시 면적의 1/3)

주 표시면(앞면 또는 윗면)
정보 표시면(뒷면)

스티커 부착 제품

주 표시면(스티커 면적의 1/2)
정보 표시면(스티커 면적의 1/2)

스티커 부착 제품

주 표시면(스티커 면적의 1/2)
정보 표시면(스티커 면적의 1/2)

그림 10-29
식품 용기 · 포장의
주 표시면 및
정보 표시면 구분 예

자료: 국가법령정보센터 홈페이지

제품명	○○○ ○○
식품 유형	○○○(○○○○○○*) *기타 표시 사항
영업소(장)의 명칭 (상호) 및 소재지	○○식품, ○○시 ○○구 ○○로 ○○길○○
유통 기한	○○년 ○○월 ○○일까지
내용량	○○○g
원재료명	○○, ○○○○, ○○○○○○, ○○○○○, ○○, ○○○○○○○, ○○○, ○○○○○ ○○*, ○○○*, ○○* 함유 (*알레르기 유발 물질)
성분명 및 함량	○○○(○○mg)
용기(포장) 재질	○○○○○
품목 보고 번호	○○○○○○○○○○○○-○○○

- (예시) 이 제품은 ○○○를 사용한 제품과 같은 시설에서 제조
- (타법 의무 표시 사항 예시) 정당한 소비자의 피해에 대해 교환, 환불
- (업체 추가 표시 사항 예시) 서늘하고 건조한 곳에 보관
- 부정·불량 식품 신고: 국번 없이 1399
- (업체 추가 표시 사항 예시)
  고객 상담실: ○○○-○○○-○○○○

영양 성분*
(주 표시면 표시 가능)

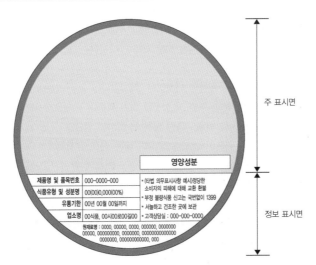

주 표시면

정보 표시면

그림 10-30
식품 표시 사항 표시
서식 도안

자료: 국가법령정보센터 홈페이지

TIP | **소비자 안전을 위한 주의 사항 표시(식품의약품안전처 고시 제2018-108호)**

1. 알레르기 유발 물질은 함유된 양과 관계없이 원재료명을 표시하여야 하며, 표시 대상은 알류(가금류에 한한다), 우유, 메밀, 땅콩, 대두, 밀, 고등어, 게, 새우, 돼지고기, 복숭아, 토마토, 아황산류(이를 첨가하여 최종 제품에 SO₂로 10mg/kg 이상 함유한 경우에 한한다), 호두, 닭고기, 소고기, 오징어, 조개류(굴, 전복, 홍합 포함), 잣을 원재료로 사용한 경우이다.
2. 혼입 가능성이 있는 알레르기 유발 물질은 표시하여야 한다.
   (예시) "이 제품은 메밀을 사용한 제품과 같은 제조 시설에서 제조하고 있습니다" 등의 표시
3. 밀, 호밀, 보리, 귀리 및 이들의 교배종을 원재료로 사용하지 않으면서 총 글루텐 함량이 20mg/kg 이하인 식품 또는 밀, 호밀, 보리, 귀리 및 이들의 교배종에서 글루텐을 제거한 원재료를 사용하여 총 글루텐 함량이 20mg/kg 이하인 식품은 무글루텐(gluten free)의 표시를 할 수 있다.
4. 그 밖에 식품의 주의 사항 표시
   1) 장기 보존 식품 중 냉동식품에 대하여는 "이미 냉동된 바 있으니 해동 후 재냉동하지 마시길 바랍니다" 등의 표시
   2) 과일·채소류 음료, 우유류 등 개봉 후 부패·변질될 우려가 높은 식품에 대하여는 "개봉 후 냉장 보관하거나 빨리 드시기 바랍니다" 등의 표시
   3) 음주 전후, 숙취 해소 등의 표시를 하는 제품에 대하여는 "과다한 음주는 건강을 해칩니다" 등의 표시
   4) 아스파탐을 첨가 사용한 제품에 대하여는 "페닐알라닌 함유"라는 내용의 표시
   5) 당알코올류를 다른 식품과 구별, 특징짓게 하기 위하여 원재료로 사용한 제품의 경우 해당 당알코올의 종류 및 함량, "과량 섭취 시 설사를 일으킬 수 있습니다" 등의 표시
   6) 식품의 품질 관리를 위하여 별도 포장하여 넣은 선도 유지제에는 "습기 방지제(방습제)", "습기 제거제(제습제)" 등 소비자가 그 용도를 쉽게 알 수 있도록 표시하고 "먹어서는 아니 된다"는 등의 주의 문구도 함께 표시. 다만, 선도 유지제에 직접 표시가 어려운 경우 정보 표시면에 표시한다.
   7) 해당 식품에 대한 불만이나 소비자의 피해가 있는 경우 신속하게 신고하도록 하기 위해 식품의 용기·포장에 부정·불량 식품 신고는 국번 없이 1399의 표시
   8) 카페인 함량을 mL당 0.15mg 이상 함유한 액체 식품은 "어린이, 임산부, 카페인 민감자는 섭취에 주의하여 주시기 바랍니다." 등의 문구 및 주 표시면에 "고카페인 함유"와 "총 카페인 함량 ○○○mg"을 표시. 이때 카페인 허용 오차는 표시량의 90~110%(단, 커피 및 다류, 커피 및 다류를 원료로 한 액체 축산물은 120% 미만)으로 한다.
   9) 식품의 보존성을 증진시키기 위하여 용기 또는 포장 등에 질소가스 등을 충전하였을 때에는 그 사실을 표시

계속

10) "원터치 캔" 통조림 제품에 대하여는 "캔 절단 부분이 날카로우므로 개봉, 보관 및 폐기 시 주의하십시오" 등의 표시

11) 아마씨(아마씨유 제외)를 원재료로 사용한 제품의 경우 "아마씨를 섭취할 때에는 1일 섭취량이 16g을 초과하지 않아야 하며, 1회 섭취량은 4g을 초과하지 않도록 주의하십시오" 등의 표시

12) 「축산물 위생 관리법 시행 규칙」 제51조 제1항 관련 (별표 12) 제4호 바목 및 「수입 식품 안전 관리 특별법 시행 규칙」 제25조 관련 (별표 8) 제2호 버목에 따라 냉장 제품을 냉동 제품으로 전환하는 경우에는 "본 제품은 냉장 제품을 냉동시킨 제품입니다" 라는 표시를 하고 당해 제품의 냉동 전환일, 냉동 제품에 해당하는 유통 기한과 보관 온도를 표시하여야 하며, 이때 기존의 표시 사항을 가리거나 제거하여서는 아니 된다.

5. 그 밖에 식품 첨가물의 주의 사항 표시

수산화암모늄, 초산, 빙초산, 염산, 황산, 수산화나트륨, 수산화칼륨, 차아염소산나트륨, 차아염소산칼슘, 액체 질소, 액체 이산화탄소, 드라이아이스, 아산화질소 등 식품 첨가물에는 "어린이 등의 손에 닿지 않는 곳에 보관하십시오", "직접 섭취하거나 음용하지 마십시오", "눈·피부에 닿거나 마실 경우 인체에 치명적인 손상을 입힐 수 있습니다" 등의 취급상 주의 문구 표시

6. 그 밖에 기구 또는 용기·포장의 주의 사항 표시

1) 식품 포장용 랩을 식품 포장용으로 사용할 때에는 100℃를 초과하지 않은 상태에서만 사용하도록 표시

2) 식품 포장용 랩은 지방 성분이 많은 식품 및 주류에는 직접 접촉되지 않게 사용하도록 표시

3) 유리제 가열 조리용 기구에는 "표시된 사용 용도 외에는 사용하지 마십시오" 등을 표시하고, 가열조리용이 아닌 유리제 기구에는 "가열 조리용으로 사용하지 마십시오" 등의 표시

자료: 국가법령정보센터 홈페이지

별로 표 또는 단락 등으로 나누어 표시하되, 정보 표시면 면적이 $100cm^2$ 미만인 경우에는 표 또는 단락으로 표시하지 아니할 수 있다.

개별 표시 사항 및 표시 기준은 식품, 축산물, 식품 첨가물, 기구 또는 용기·포장으로 나누고, 식품과 축산물은 과자류·빵류 또는 떡류, 빙과류, 코코아 가공품류 또는 초콜릿류, 당류, 잼류, 두부류 또는 묵류, 식용유지류, 면류, 음료류, 특수 용도 식품, 장류, 조미 식품, 절임류 또는 조림류, 주류, 농산 가공식품류, 식육 가공품 및 포장육, 알 가공품류, 유가공품, 수산 가공식품류, 동물성 가공식품류, 벌꿀 및 화분 가공품류, 즉석식품류, 기타 식품류, 식용란, 닭·오리의 식육, 자연 상태 식품에 따라 다른 기준을 적용한다.

6. 기타 인증 제도

1) 술 품질인증

그림 10-31
술 품질인증 표지
　　"가" 형　　　　"나" 형
자료: 국가법령정보센터 홈페이지

전통주의 품질 고급화를 위하여 2010년 「전통주 등의 산업 진흥에 관한 법률」을 제정하여 술 품질인증 제도의 근거를 마련하였다. 술 품질인증의 목적은 술 품질을 향상시키고 고품질 술의 생산을 장려하여 소비자를 보호하는 데 있다. 대상 품목은 탁주(막걸리), 약주, 청주, 과실주, 증류식 소주, 일반 증류주, 리큐르, 기타 주류 등이다. 인증 대상은 「주세법」에 따른 「주류 제조 면허 취득자 및 식품 위생법」에 따라 주류 제조·가공업체 등록자이다. 인증 표지는 그림 10-31과 같다.

2) 대한민국 식품명인

대한민국 식품명인은 우수한 우리 식품의 계승·발전을 위하여 식품 제조, 가공, 조리 등 분야를 정하여 심의회의 심의를 거쳐 우수한 식품 기능인을 대통령령으로 정하는 바에 따라 대한민국 식품명인으로 지정할 수 있다. 대한민국 식품명인은 전통식품 분야에서 전통식품명인과 전통식품 외의 식품 분야에서 일반 식품명인으로 지정한다. 대한민국 식품명인의 자격은 해당 식품의 제조, 가공, 조리 분야에 계속하여 20년 이상 종사한 자, 전통식품의 제조, 가공, 조리 방법을 원형대로 보전하고 있으며, 이를 그대로 실현할 수 있는 자 또는 식품명인으로부터 보유 기능에 대한 전수 교육을 5년(식품명인 사망 시 2년) 이상 받고 10년 이상 그 업에 종사한 자 중에 지정할 수 있다. 평가 항목으로는 식품 제조, 가공, 조리의 전통성, 우수성, 기능 보유자의 정통성, 경력 및 활동 상황, 윤리성, 기능의 계승·발전 필요성 및 보호 가치

그림 10-32
대한민국
식품명인 표지

자료: 국가법령정보센터 홈페이지

등이 있다. 2019년 7월부터 식품명인 제도의 위상을 제고하기 위해 '식품명인'의 명칭을 '대한민국 식품명인'으로 변경하였다. 인증 표지는 그림 10-32와 같다.

ISSUE 10-1 | 2020년부터 '닭·오리·계란'까지 축산물 이력제 확대 시행

2020년 1월 1일부터 닭·오리·계란에 축산물이력제가 실시된다.

농림축산식품부(이하 농식품부)는 소·돼지에 시행하는 축산물 이력제를 2020년 1월 1일부터 닭·오리·계란까지 확대하여 시행한다고 밝혔다.

축산물이력제는 가축과 축산물의 이력정보를 투명하게 공개해 가축 방역과 축산물에 대한 소비자 신뢰를 높이기 위한 제도다. 2008년 국내산 소에 도입해 수입산 쇠고기(2010년), 국내산 돼지(2014년), 수입산 돼지고기(2018년)로 적용대상을 확대해 왔다.

닭·오리·계란 이력제는 지난해 12월 축산물 이력 법 개정으로 시행근거가 마련되었고, 1년간의 준비를 거쳐서 닭·오리·계란 이력제 시행을 위한 하위법령(시행령·시행규칙)을 올해 12월에 개정했다. 농식품부는 닭·오리·계란 이력제의 안정적 정착을 위해 지난해 말부터 시범사업('18.11월~'19.12월)을 추진하고, 닭·오리·계란 이력제 시행과 관련한 현장의 문제점을 보완해 왔다.

2020년 1월 1일부터 닭·오리·계란 이력제가 시행됨에 따라 닭·오리 농장경영자는 매월 말 사육현황 신고를 해야 하며, 농장경영자나 가축 거래상인은 가축 이동 시 반드시 이동 신고를 해야 한다. 또한, 도축업자, 축산물 포장처리·판매업자 등은 소관 영업자별로 이력번호 표시 등 의무사항을 준수해야 하며, 이를 지키지 않을 시 최대 500만원까지 과태료가 부과된다.

아울러 학교 등 집단급식소, 대규모(700m² 이상) 식품접객업자 및 통신판매업자는 국내산 이력축산물에 대해서도 이력번호를 메뉴표시판 등에 공개해야 한다.

소비자는 닭·오리·계란의 포장지에 표시된 이력번호(12자리)를 모바일 앱(app)이나 누리집(mtrace.go.kr)을 통해 조회하면 생산자, 도축업자, 포장 판매자 및 축산물 등급 등에 대해 자세한 정보 조회를 할 수 있다.

자료: 디지털조선일보, 2019. 12. 26.

미국산 소고기 등급 분류 기준

곡물사육 vs 목초사육

수입육은 크게 사육방식에 따라 곡물사육(Grain-fed)과 목초사육(Grass-fed)으로 나뉜다. 곡물로 키운 소는 목초사육의 경우와 비교해 마블링 침착이 좋은 편이다. 따라서 더욱 부드러운 육질이 구현된다. 또한 냄새가 덜하고 담백하게 즐길 수 있다. 미국산 소고기는 대부분 곡물사육방식의 결과물이며 호주산은 곡물사육과 목초사육을 병행하기도 한다. 목초사육은 소 자체의 건강에는 바람직한 방법이지만 마블링 침착이 적다는 단점이 있다. 때문에 구이용보다는 양념 조리, 탕 또는 찜요리에 적합하다. 그래서 중저가 소고기 외식업체에서는 대부분 미국산을 구이용으로 제공한다. 주요 품종으로는 애버딘 앵거스로 미국에서 가장 많이 사육되는 종이다. 그 외 헤어포드 등도 활용된다.

8개 등급으로 분류하는 미국산 소고기

미국산 소고기의 육질 품질 등급은 8개로 분류된다. 현재 한국에 수입되는 소고기는 30개월 미만이면서 성숙도 A 카테고리에 포함되는 프라임, 초이스, 셀렉트 급이다. 프라임 등급은 지방 함량이 10~13%인 최상위 급의 고기를 말하며 초이스 급의 지방 함량은 4~10%, 셀렉트는 2~4%의 지방을 보유한 고기를 일컫는다. 초이스 급이 가장 많은 비중을 차지하며 성별로는 거세우와 비거세 어린 수소, 미경산우가 포함된다.

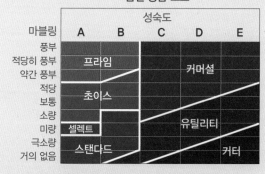

품질 등급 도표

미국농무부(USDA) 품질 등급을 판정하는 등급 판정관은 도체의 종합적인 성숙도와 노출된 갈비심 부위의 마블링 정도를 기준으로 등급을 평가한다. [미국육류수출협회 제공]

호주와 캐나다, 뉴질랜드의 소고기 분류법

호주산의 경우 소와 소고기의 등급 기준이 다르다. 소의 등급은 연령과 치아로 구분하고, 고기의 등급은 마블링과 고기의 색, 지방색 등으로 차등을 둔다. 호주 육류 및 통일 규격위원회에서 제공하는 'AUS MEAT'를 이용해 평가하는데 고기색의 경우, 어두울수록 월령이 높은 소로 분류된다. 마블링은 지방 분포 정도에 따라 1~9등급으로 구분하며 지방의 색이 노란색에 가까울수록 목초사육 생산방식의 고기로 분류한다. 역시 브랜드 별로 품질이 다를 수 있기 때문에 세심한 선택이 요구된다.

캐나다는 미국과 비슷한 Prime, AAA, AA, A로 등급을 매기고 있으며 뉴질랜드 소고기의 등급분류는 소의 성별, 성숙 정도, 비육도와 지방 함량에 따라 나눈다.

자료: 조선닷컴 2017. 03. 28.

KEY
TERMS

- 축산물 등급 제도

- 소고기 등급 제도

- 돼지고기 등급 제도

- 닭·오리 등급 제도

- 계란 등급 제도

- 농산물 우수 관리 인증(GAP, Good Agricultural Practices)

- 친환경 농축수산물 인증

- 가공식품 표준화(KS, Korean Standard)

- 전통식품 품질인증

- 이력 추척 관리 제도(traceability)

- 안전 관리 인증 기준(HACCP, Hazard Analysis and Critical Control Point)

- 원산지 표시제

- 지리적 표시제

- 유전자 변형 식품 표시

- 식품 표시 기준

- 술 품질인증

- 대한민국 식품명인

1. 축산물 등급 제도의 기준을 설명하시오.

2. 농산물 우수 관리 인증(GAP)과 친환경 인증 농축수산물의 차이를 설명하시오.

3. 이력 추적 관리 농축수산물을 찾아 이력 조회를 해보시오.

4. 음식점 및 급식소의 원산지 표시 방법을 설명하시오.

5. 가공식품의 용기·포장을 확인하고서 식품 유형에 따른 식품 등의 표시 기준의 차이를 설명하시오.

CHAPTER 11

농산
식품

| 학습 목표 |

1. 주요 농산 식품의 종류와 특징을 설명할 수 있다.
2. 용도에 적합한 농산 식품을 선택할 수 있다.
3. 적절한 품질의 농산 식품을 선별할 수 있다.
4. 농산 식품의 보관 및 관리 방법을 설명할 수 있다.

농산 식품은 곡류, 두류, 서류, 채소류, 과일류, 버섯류 등으로 분류된다. 곡류와 서류는 탄수화물이 풍부하여 중요한 에너지 급원이 되고 두류는 식물성 단백질의 급원이며, 채소류, 과일류, 버섯류는 각종 무기질과 비타민의 급원으로 식생활에서 중요한 역할을 한다. 농산 식품의 올바른 선택을 위해서는 농산 식품의 종류별 특징과 선별 기준, 품질 저하 시 문제를 잘 이해하고 있어야 한다.

1. 곡류

곡류는 탄수화물 함량이 높아 에너지원으로 이용될 수 있고 대량 생산이 가능하여 세계적으로 가장 많은 국가에서 주식으로 섭취되고 있는 식품이다. 또한 곡류는 수분 함량이 낮아 저장, 수송, 유통이 편리하고 다양한 형태로 가공되어 사용될 수도 있다. 곡류의 종류로는 쌀, 밀, 보리, 옥수수, 귀리, 조, 수수, 기장, 메밀, 호밀 등이 있다.

1) 쌀

쌀은 밀, 옥수수와 함께 세계적으로 많이 이용되는 주요 곡물의 하나이다. 벼의 왕겨를 벗겨낸 낟알 상태를 쌀이라고 하나, 흔히 현미의 쌀겨층과 호분층을 제거한 백미를 일컫기도 한다. 쌀은 품종, 전분 구성, 도정도 등에 따라 영양 성분, 식감, 소화 흡수율 등이 달라지므로 상황에 따른 적절한 선택이 필요하다.

쌀의 품종은 크게 자포니카형(japonica type)과 인디카형(indica type)으로 나뉜다. 자포니카형은 우리나라와 일본에서 주로 재배되는 종으로 쌀알의 모양이 굵고 둥글며(단립종) 점성이 큰 편이고, 인디카형은 동남아시아, 인도, 남미 등에서 주로 재배되는 종으로 쌀알의 모양이 가늘고 길며(장립종) 점성이 약한 편이다. 국내에 수입되는 미국산 쌀은 단립종보다 조금 긴 형태인 중립종으로 취반 특성은 단립종과 유사하다(그림 11-1). 전분 구성에 따라서는 멥쌀과 찹쌀로 구분되는데, 멥쌀은 아밀로오스 : 아밀로펙틴 비율이 약 20 : 80으로 아밀로펙틴 100%로 구성된 찹쌀에 비해 끈기가 적다.

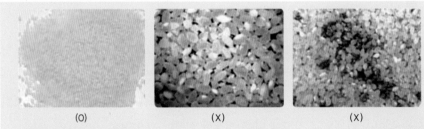

그림 11-1
품종별 쌀

단립종 쌀 | 중립종 쌀 | 장립종 쌀

자료: 국립농산물품질관리원 홈페이지(저자 재구성)

쌀은 도정도에 따라 현미, 5분도미, 7분도미, 백미 등으로 구분할 수 있고, 도정도가 커질수록 밥맛과 소화 흡수율은 좋아지나 단백질, 지질, 무기질, 비타민, 섬유소 등의 영양소 함량은 낮아진다. 이러한 단점을 개선하고자 백미에 비타민이나 무기질을 강화한 강화미를 이용하기도 한다.

쌀을 선택할 때는 겨층이 완전히 제거되고 낱알에 윤기가 있는 것, 색상이 반투명한 것을 선택하고, 이취가 나는 것, 곰팡이가 생기거나 이물질이 섞여 있는 것, 쌀알이 손상된 것은 피해야 한다.

쌀의 적격 상태와 부적격 상태 자료: 식품의약품안전처, 2016

(O) | (X) | (X)

1. 이취가 나는 것은 피함
2. 곰팡이가 생기거나 이물질이 섞여 있는 것은 피함
3. 쌀알이 손상된 것은 피함

2) 밀

밀(소맥)은 쌀, 옥수수와 함께 세계적으로 많이 재배되는 3대 곡물 중 하나로 많은 나라에서 주식으로 이용되고 있다. 밀은 파종 시기에 따라 봄밀과 겨울밀, 입자 색상에 따라 적색밀과 백색밀, 경도에 따라 경질밀과 연질밀로 구분된다.

제품별	단백질 함량(%)	밀 유형
마카로니 제품류	13.0 이상	듀럼밀
하스빵 및 롤빵	13.5 이상	춘파 경질밀
식빵	11.5~13.0	추파 경질밀
국수·크래커류	10.0~11.0	중간질
비스킷류	9.0~11.0	중간질
케이크·파이·쿠키류	8.0~10.0	연질

표 11-1
밀가루 이용 제품별
단백질 요구량

주) 단백질 함량: 14% 수분 함량 기준

자료: 농사로 홈페이지

밀 단백질은 물과 함께 반죽하면 점탄성이 있는 글루텐(gluten)을 형성하여 제빵이나 제과, 제면 시 중요한 역할을 하게 된다. 경질밀의 경우 단백질 함량이 높아 강력분의 원료가 되고 제빵 등에 사용된다. 연질밀의 경우 단백질 함량이 낮아 제과 등에 사용되는 박력분의 원료가 되고 단백질 함량이 중간 정도인 중력분의 경우 다목적으로 이용된다(표 11-1).

밀의 제분 시 제분 전 총 밀의 무게에 대한 제분 후 밀가루 무게를 제분율이라 하고, 제분율이 낮을수록 색상이 희고 회분 함량이 낮다. 회분 함량을 기준으로 밀가루의 등급을 1~3등급으로 나누고, 품질이 좋은 1등급일수록 회분 함량이 낮다. 밀가루는 색이 고르고 가루 형태가 균일하며 광택과 독특한 향기가 있는 것, 뭉치지 않는 것이 좋고, 저장 시에는 직사광선이 없는 건냉소에 보관해야 한다.

3) 보리

보리(대맥)는 쌀, 밀, 옥수수, 콩과 더불어 세계 5대 식량 작물에 속하며 척박한 환경에서도 잘 자란다. 보리에는 비타민 B_1, B_2, 나이아신, 엽산, 칼슘, 철분 등이 쌀에 비해 많고, 식이 섬유 함량이 높아 배변 개선과 대장암 예방에 효과적이다. 또한 면역 기능에 도움이 되는 베타-글루칸(β-glucan)을 함유하고 있어 건강식품으로 인식되고 있다.

보리는 성숙 후 껍질이 종실에 밀착하여 분리되지 않는 겉보리와, 성숙 후 껍질이

그림 11-2
여러 가지 잡곡류

| 옥수수 | 메밀 | 조 | 수수 | 기장 |

자료: 국립농산물품질관리원 홈페이지(저자 재구성)

종실에서 쉽게 분리되는 쌀보리로 구분된다. 보리는 도정을 해도 낟알 중앙의 깊은 홈에 섬유소가 많아 소화 흡수율이 낮은데, 이를 개선하기 위해 고열 증기를 가한 후 기계로 눌러 납작하게 만든 압맥이나 홈 부분을 중심으로 세로로 이등분하여 다시 도정한 할맥이 이용되기도 한다. 보리는 엿기름, 보리차, 면류, 빵류, 미숫가루 등 다양한 가공식품에 이용되고, 맥주나 위스키 등의 양조에도 이용된다.

보리를 선택할 때는 껍질에 윤기가 있고 골이 얕은 것을 선택하는 것이 좋고, 껍질이 벗겨진 낟알이 많거나 다른 종자가 많이 섞인 것은 좋지 않다.

4) 잡곡류

우리나라에서 많이 이용되는 **잡곡류**로는 옥수수, 메밀, 조, 수수, 기장 등이 있다(그림 11-2). 이들 잡곡류는 척박한 환경에서도 비교적 잘 자라는 편이어서 쌀이 부족한 시기에 쌀 대용으로 섭취하기도 하였으나 최근에는 기호 식품이나 건강식품으로 많이 이용되고 있다. 옥수수는 통조림, 빵, 과자 등의 원료로 다양하게 이용되고, 성장 기간이 짧고 단위 면적당 생산량이 많아 전분, 식용유, 전분당, 주류 등의 원료로 이용된다. 메밀은 주로 면이나 묵 제조에 사용되고 조, 수수, 기장은 잡곡밥, 떡, 죽 등으로 조리된다.

2. 서류

서류는 식물의 뿌리나 줄기에 전분과 다당류를 저장하여 비대해진 것을 식용으로 하는 것으로, 그 종류로는 감자, 고구마, 토란, 카사바 등이 있다. 전분 함량이 높아 주식으로 이용되기도 하나 수분 함량이 높아 곡류에 비해 저장성은 다소 낮다. 서류는 전분이나 알코올 제조의 원료로 이용되기도 하고 다양한 가공식품으로 이용된다.

1) 감자

감자는 전 세계적으로 널리 이용되고 있고, 유럽과 북미 일부 지역에서는 주식으로 이용되기도 한다. 영양 성분으로는 탄수화물 함량이 높고 비타민 B_1, 나이아신, 비타민 C, 칼륨 등이 풍부하다. 감자는 가열 후 조직감에 따라 점질 감자와 분질 감자로 나누는데, 점질 감자(waxy potato)는 단백질 함량이 높고 전분 함량이 상대적으로 낮아 가열 후 투명하고 잘 부서지지 않는 반면, 분질 감자(starch potato)는 전분 함량이 높아 가열 후 불투명하고 포슬포슬한 질감을 갖는다. 점질 감자는 삶거나 찌는 요리에, 분질 감자는 오븐 구이나 튀기는 요리에 적합하다.

감자는 껍질을 벗기거나 절단면이 산소에 노출되면 감자 내 타이로신(tyrosine)이 타이로시네이스(tyrosinase)에 의해 산화되어 갈색 물질인 멜라닌(melanin)을 형성하여 갈변하게 되므로 물에 담가 두거나 가열하여 변색을 방지하는 것이 좋다. 감자 싹과 감자 껍질의 녹색 부위에는 유독 성분인 솔라닌(solanin)이 생성되어 있으므로 주변 부위까지 충분히 제거하고 섭취해야 한다. 부패 감자에는 셉신(sepsin)이라는 유독 성분이 있어 섭취하면 안 된다.

감자를 선택할 때는 모양과 크기가 고르고 눈이 얕은 것, 이취가 없는 것, 단단하고 짓무르지 않은 것을 선택한다. 껍질이 말라 벗겨져 있거나 상처가 있는 제품은 피해야 하고, 싹이 나거나 녹색으로 변한 부분이 없어야 한다.

감자의 적격 상태와 부적격 상태   자료: 식품의약품안전처, 2016

(O)　　　　　　　　　(X)　　　　　　　　　(X)

1. 껍질이 말라 벗겨져 있거나 상처(긁힘)가 있는 제품은 피함(상처 부위를 통해 세균, 곰팡이 등이 쉽게 오염됨)
2. 싹이 난 것, 햇빛에 의해 녹변된 것이 없어야 함

2) 고구마

고구마는 병충해에 대한 저항력이 크고 재배하기에 용이하여 세계 많은 지역에서 재배되고 있다. 탄수화물의 좋은 공급원이어서 주식 대용으로 섭취 가능하고, 식이섬유와 비타민 C, 칼륨 함량이 높아 건강식품으로 인식되고 있다.

고구마는 감자에 비해 높은 당 함량으로 단맛이 있어 기호 식품으로도 많이 이용되는데, 저장이나 조리 과정 중에 고구마 속 베타-아밀레이스(β-amylase)에 의해 전분이 분해되어 맥아당을 생성하면서 단맛은 더욱 강해진다. 고구마도 가열 후 조직감에 따라 분질 고구마와 점질 고구마로 구분할 수 있고, 최근에는 고구마와 호박을 접목하여 육성한 호박고구마도 생산되고 있다. 고구마는 저온에서 냉해를 입기 쉽고, 18℃ 이상에서는 발아하기 쉬우므로 보관에 주의해야 하며 저장 적온은 12~15℃이다. 고구마는 흑반병에 걸리면 이포메아마론(ipomeamarone)이라는 쓴맛이 나는 유독 성분이 생성되므로 표피에 검은 반점이 생긴 고구마는 피한다.

고구마를 선택할 때는 표면이 매끈하고 모양과 크기가 일정한 것, 표피 색이 밝고 선명한 적자색을 띠는 것이 좋고, 곰팡이 냄새 등의 이취가 없어야 하며 상처 난 제품은 피하는 것이 좋다.

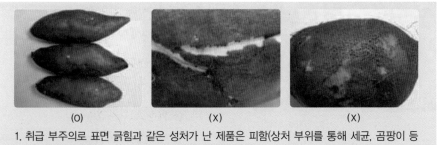

고구마(세척)의 적격 상태와 부적격 상태   자료: 식품의약품안전처, 2016

(O)   (X)   (X)

1. 취급 부주의로 표면 긁힘과 같은 상처가 난 제품은 피함(상처 부위를 통해 세균, 곰팡이 등의 오염이 쉬움)
2. 표피색이 선명하지 않고, 흙갈색, 적황색을 띠는 것은 좋지 않음

3. 두류

두류는 단백질 함량이 높고 다른 식물성 단백질에 비해서 생물가가 높아 단백질 급원으로서 중요한 의미를 가진다. 하지만 두류 단백질은 일부 필수 아미노산이 부족한 불완전 단백질이므로 이를 보완할 수 있는 음식과 함께 섭취하는 것이 바람직하다. 두류는 건조 상태로 보관할 때 저장성이 높아지므로 건조 상태로 유통되는 경우가 많은데, 섭취 전 불리는 과정 등 전처리 과정이 필요하다. 두류의 종류에는 콩, 팥, 강낭콩, 완두, 녹두, 땅콩 등이 있고, 종류에 따라 단백질, 지질, 탄수화물 함량의 차이가 큰 편이다. 종류별 특성에 따라 다양한 형태로 가공된 식품들도 이용되고 있다.

1) 콩

콩은 예로부터 우리나라, 중국, 일본에서 주요 식재료 중 하나로 이용되어 왔고, 다양한 색상과 종이 존재한다(그림 11-3). 콩은 단백질 함량이 35~40%로 높고 지질 함량도 20% 내외로 높으며 지질의 약 85%가 불포화 지방산으로 구성되어 있어 영양학적으로 우수한 식품이다. 콩의 지방(대두유)은 융점이 낮아 조리유로 이용하기 좋고 토코페롤을 함유하여 항산화 작용도 가진다. 콩의 탄수화물은 전분 함량이 매우 낮고 소당류인 라피노스(raffinose)와 스타키오스(stachyose)가 소량 함유되어

그림 11-3
다양한 종류의 콩

자료: 농사로 홈페이지

있다.

콩에는 트립신 저해제(trypsin inhibitor)와 적혈구 응집 물질인 헤마글루티닌(hemagglutinin)이 들어 있어 생으로 섭취해서는 안 되고 가열이나 발효 등의 과정을 통해 불활성화시킨 후 섭취해야 한다. 또한 콩 마쇄 시 산소에 노출되면 콩의 지방 산화 효소인 리폭시게네이스(lipoxygenase)에 의해 지질이 산화되어 콩비린내를 생성하게 되므로 마쇄 전 열처리를 하거나 마쇄 후 바로 가열하여 효소를 불활성화시키는 것이 좋다. 콩은 피틴산(phytic acid) 함량이 높아 무기질의 체내 흡수를 방해하나 항산화 역할을 하는 것으로 알려지고 있다. 콩은 두부, 간장, 된장, 청국장, 대두유, 콩나물, 콩고기 등 다양한 가공식품으로 이용된다.

콩을 선택할 때는 껍질이 얇고 깨끗한 것, 색이 선명하고 알이 굵고 고르며 윤기가 흐르는 것이 좋다.

2) 팥

팥은 콩과 달리 탄수화물 함량이 70% 가까이 되고 전분 함량이 높다. 단백질 함량은 20% 정도로 낮은 편이며 지질 함량은 매우 낮다. 팥은 조리 전의 전처리가 중요한데, 껍질이 단단하고 전분이 세포 내 단백질에 싸여 있어 오래 삶아야 부드러운 질감이 된다. 또한 팥의 껍질에는 사포닌이 함유되어 있어서 첫 번째 삶은 물은 버리고 다시 물을 부어 삶아야 쓴맛이나 떫은맛이 나지 않는다.

팥을 선택할 때는 붉은색이 선명하고 윤택이 많이 나며 배꼽의 흰색 띠가 뚜렷한 것이 좋다(그림 11-4).

그림 11-4
팥 낱알과 흰색 띠

자료: 국립 농산물품질관리원 홈페이지

3) 기타 두류

기타 두류에는 녹두, 강낭콩, 완두콩, 땅콩 등이 있다. 녹두, 강낭콩, 완두콩은 팥과 같이 전분 함량이 높고, 단백질 함량은 20~25%로 콩보다 낮으며 지질 함량은 1% 내외로 낮다. 녹두는 청포묵, 빈대떡, 숙주나물, 당면 제조 등에 다양하게 이용되고, 강낭콩과 완두콩은 앙금, 떡, 과자 제조 등에 이용되고 있다. 땅콩은 지질 함량이 40% 이상으로 높아 땅콩버터나 낙화생유 제조에 이용되기도 한다.

녹두를 선택할 때는 껍질이 거칠고 광택이 나지 않는 것, 낟알이 짙은 녹색인 것이 좋고, 강낭콩을 선택할 때는 윤기가 있고 모양이 일정한 것, 선명한 적색이나 적갈색을 띠는 것이 좋다. 깍지가 붙어 있는 강낭콩을 선택할 때는 껍질이 마르지 않고 촉촉한 것이 좋으며, 껍질 표면에 반점이나 주름이 있는 것은 피하는 것이 좋다.

4. 채소류

채소류는 대체로 수분 함량이 90% 이상으로 높고, 섬유질과 각종 무기질, 비타민을 함유하고 있어 영양학적으로 중요한 의미를 가진다. 그뿐만 아니라 클로로필(chlorophyll), 카로티노이드(carotenoid), 플라보노이드(flavonoid) 등 다양한 색소 성분을 함유하고 향과 질감이 다양하여 음식의 기호성에도 크게 관여하며 식욕 촉진의 역할을 하게 된다. 섭취하는 식물 부위에 따라 엽채류, 경채류, 근채류, 과채류, 화채류 등으로 구분할 수 있다.

1) 엽채류

엽채류는 식물의 잎을 식용하는 채소류로 배추, 상추, 시금치, 깻잎, 미나리, 쑥갓, 양배추, 케일, 치커리, 갓, 취나물, 참나물, 아욱 등이 있다(그림 11-5). 줄기와 잎을 함께 섭취하는 배추, 상추, 시금치 등은 엽·경채류라고 부르기도 한다. 대부분의 엽채류는 엽록소가 풍부하고 베타카로틴(β-carotene), 비타민 C 등의 비타민과 칼슘, 철 등

아욱	취나물	치커리
갓	참나물	쑥갓

그림 11-5
여러 가지 엽채류

자료: 농식품정보누리 홈페이지

무기질 함량이 풍부하다. 엽채류에 함유된 수산(oxalic acid)은 칼슘과 불용성염을 형성하여 칼슘 흡수를 저해하므로 데쳐서 수산을 제거하고 섭취하는 것이 좋다.

엽채류는 수분 함량이 90~95%로 매우 높고 수확 후 증산 작용이 지속되어 품질 저하가 일어나기 쉬우므로 보관에 주의해야 한다. 냉장 온도에서 잘 밀봉하여 보관하고, 쌈채소나 샐러드용 채소 등 비가열 채소류는 교차감염이 되지 않도록 보관에 더욱 유의한다.

엽채류를 선택할 때는 병충해나 상해가 없고 잎이 싱싱하고 청결한 것이 좋고 곰팡이가 발생하거나 잎이 짓무른 것은 선택하지 않도록 한다. 배추나 양배추와 같은 반결구 또는 결구종의 경우 양손으로 만져 보았을 때 단단한 느낌이 있고 묵직한 것이 좋다(그림 11-6).

그림 11-6
양배추의 결구 상태

결구가 좋은 상태	결구가 엉성한 상태

자료: 국립 농산물품질관리원 홈페이지(저자 재구성)

깻잎의 적격 상태와 부적격 상태　　　　자료: 식품의약품안전처, 2016

(O)　　　　　　(X)　　　　　　(X)

1. 오랜 유통 기간에 의해 시들거나 짓무른 경우는 피함
2. 벌레 먹은 잎, 썩은 잎과 같은 병충해 피해 제품의 혼입율이 높지 않아야 함

2) 경채류

경채류는 줄기나 줄기의 싹, 또는 비늘줄기(인경)를 섭취하는 채소류로 파, 양파, 마늘, 부추, 달래, 아스파라거스, 죽순, 두릅, 토란대 등이 이에 속한다(그림 11-7). 비늘줄기를 섭취하는 파, 양파, 마늘, 부추, 달래 등의 경채류를 인경채류라 하고, 이 중 파, 부추와 같이 가식부가 녹색 줄기인 경우에는 베타카로틴과 비타민 C의 함량이 높다. 인경채류는 우리나라 음식의 각종 양념에 널리 이용되고 있고, 육류나 생선류의 불쾌취를 없애기 위해 사용되는 대표적 식재료이다. 이들은 함황 화합물인 알린(alliin)을 함유하고 있는데, 조직이 파괴될 때 알린이 알리네이스(alliinase)에 의해 분해되어 자극적 매운 냄새 성분인 알리신(allicin)으로 변한다. 따라서 파나 마늘을 양념으로 사용할 때 다지면 매운 향이 강화된다.

경채류 중 대나무의 순인 죽순과 토란의 줄기 부분인 토란대에는 호모겐티스산(homogentisic acid)이라는 아린 맛의 유독 성분이 포함되어 있어 쌀뜨물이나 끓는 물에 데쳐서 제거하고 사용해야 한다.

대부분의 경채류는 수분 함량이 높은 식재료로 냉장 온도에서 건조해지지 않게 보관하는 것이 좋은데, 양파와 마늘 같이 가식부가 땅속줄기인 경우 습도가 너무 높으면 변질될 수 있으므로 통풍이 잘 되도록 보관하는 것이 좋다.

우리나라에서 가장 많이 이용되고 있는 경채류로는 대파, 양파, 마늘이 있다. 대파를 선택할 때에 잎 부분은 녹색이 진하고 끝까지 곧게 뻗어 있는 것이 좋으며, 흰

그림 11-7
여러 가지 경채류

죽순 　　두릅 　　토란대

풋마늘 　　달래 　　　자료: 농식품종합정보시스템 홈페이지

뿌리 쪽을 만져 보아 너무 무르지 않고 눌러 보았을 때 탄력이 있으며 윤기가 있고 단단한 것이 좋다. 줄기가 부러지거나 시든 잎이 많은 것은 피하고, 꽃대가 생긴 파는 질기므로 피하는 것이 좋다.

깐 대파의 적격 상태와 부적격 상태　　　자료: 식품의약품안전처, 2016

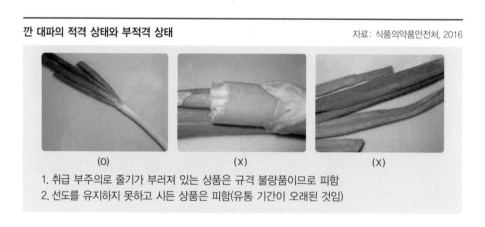

(O) 　　(X) 　　(X)

1. 취급 부주의로 줄기가 부러져 있는 상품은 규격 불량품이므로 피함
2. 선도를 유지하지 못하고 시든 상품은 피함(유통 기간이 오래된 것임)

양파는 무르지 않고 단단하고 들었을 때 무거운 느낌이 드는 것, 껍질이 선명하고 잘 마른 것, 크기가 균일한 것을 선택하는 것이 좋다. 싹이 난 양파나 악취가 나는 것은 피하고, 깐 양파의 경우 조직이 마르거나 상품이 손상된 것은 피한다.

깐 양파의 적격 상태와 부적격 상태   자료: 식품의약품안전처, 2016

  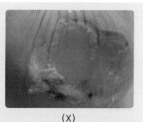

(O)   (X)   (X)

1. 상품이 말라 조직 사이에 틈이 발생한 경우는 피함(올바르지 못한 유통 과정이나 포장 불량
   으로 발생 가능)
2. 취급 부주의로 상품이 파손되지 않아야 함

    마늘을 선택할 때에 통마늘은 손으로 들었을 때 묵직한 것, 크기와 모양이 균일
한 것, 외형이 둥글고 깨끗하며 쪽과 쪽 사이의 골이 분명한 것, 고유의 매운맛과 향
기가 강한 것, 쪽수가 적고 짜임새가 단단하고 알차 보이는 것이 좋다. 저장 마늘은
싹이 돋지 않고 육질이 단단하며, 빈틈이 없고, 변색되지 않은 것이어야 한다. 깐 마
늘의 경우에는 색이 연하고 맑으며 변색이나 긁힌 자국이 없는 것이 좋고, 깨지거나
짓무른 것, 색이 어둡고 변질된 것은 피한다.

깐 마늘의 적격 상태와 부적격 상태   자료: 식품의약품안전처, 2016

(O)   (X)   (X)

1. 깨지거나 부스러진 것, 짓무른 상품의 혼입이 있는 경우는 피함(사양 고유의 형태를 갖지 못
   하는 경우임)
2. 부패 또는 변질된 제품이 없어야 함

3) 근채류

근채류는 뿌리나 땅속줄기를 식용하는 것을 말한다. 대표적인 근채류로는 무, 당근, 도라지, 우엉, 연근, 생강 등이 있고 요즘에는 순무, 비트, 콜라비, 고추냉이 등 다양한 근채류를 이용하고 있다(그림 11-8).

근채류 중 무, 열무, 고추냉이 등 십자화과에 속하는 근채류에는 시니그린(sinigrin)이라는 함황 화합물이 함유되어 있는데, 효소인 마이로시네이스(myrosinase)에 의해 매운 냄새 성분인 알릴아이소사이오사이아네이트(allyl isothiocyanate)로 변화된다. 알릴아이소사이오사이아네이트는 겨자유(mustard oil)라고도 불린다.

대표적 근채류인 무, 당근을 선택할 때는 휘어지지 않고 잔뿌리가 적은 것, 고유의 색이 선명한 것이 좋고, 싹이 난 것이나 짓무르거나 냄새가 나는 것은 피하고, 들어 보아 무게가 상대적으로 가벼운 것은 선택하지 않는 것이 좋다. 세척 무의 경우 흙이 제대로 제거되어 있지 않거나 표면에 흠집이 있는 제품은 피한다.

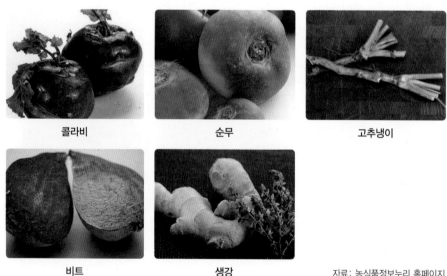

콜라비	순무	고추냉이
비트	생강	

그림 11-8
여러 가지 근채류

자료: 농식품정보누리 홈페이지

당근의 적격 상태와 부적격 상태   자료: 식품의약품안전처, 2016

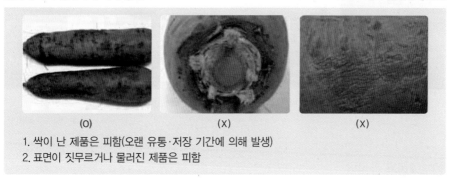

| (O) | (X) | (X) |

1. 싹이 난 제품은 피함(오랜 유통·저장 기간에 의해 발생)
2. 표면이 짓무르거나 물러진 제품은 피함

세척 무의 적격 상태와 부적격 상태   자료: 식품의약품안전처, 2016

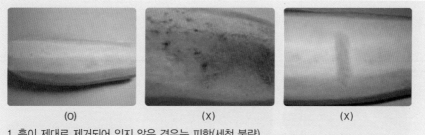

| (O) | (X) | (X) |

1. 흙이 제대로 제거되어 있지 않은 경우는 피함(세척 불량)
2. 취급 부주의로 표면에 흠집이 발생한 제품은 피함(조직이 물러져 세균과 같은 미생물의 오염 가능성이 커짐)

4) 과채류

과채류는 식물의 열매부분을 식용하는 것으로 고추, 오이, 호박, 가지, 토마토, 파프리카, 여주 등이 있다(그림 11-9). 열매 부분을 섭취하는 과일류에 비해서는 수분이 높고 당류 및 당질 함량이 낮다. 과채류는 다양한 색상과 향, 질감으로 식탁을 다채롭게 만들고, 각종 비타민과 무기질뿐 아니라 다양한 색소 성분 등 각종 파이토케미컬(phytochemical)들을 함유하여 영양적으로도 우수한 식품이다. 고추의 매운맛 성분인 캡사이신(capsaicin)과 황색 색소 성분인 베타-카로틴(β-carotene), 가지의 자주색 색소인 안토사이아닌(anthocyanin)계 나수닌(nasunin), 토마토의 붉은색 색소인 카로티노이드(carotinoid)계 라이코펜(lycopene) 등이 대표적인 과채류의 파

그림 11-9
여러 가지 과채류

꽈리고추 파프리카 늙은 호박 여주

자료: 농식품정보누리 홈페이지

이토케미컬 들이다.

과채류를 선택할 때는 모양과 크기가 고르고 고유의 색상이 선명한 것, 꼭지 부분의 손상이 적은 것, 짓무름이 없는 것이 좋다. 고추의 경우에는 꼭지가 부러지거나 짓무름, 부패, 변질이 발생한 것은 피하고, 오이를 선택할 때는 표면의 돌기가 뭉

고추의 적격 상태와 부적격 상태

자료: 식품의약품안전처, 2016

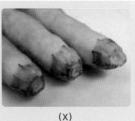
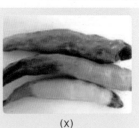

(O) (X) (X)

1. 꼭지가 부러진 경우는 피함
2. 짓무름, 부패, 변질이 발생한 제품의 혼입율이 높은 경우는 피함

오이의 적격 상태와 부적격 상태

자료: 식품의약품안전처, 2016

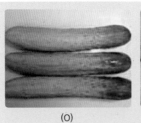

(O) (X) (X)

1. 표면의 돌기가 뭉개지지 않고 만져 보았을 때 뾰족한 것이 좋은 것임
2. 상품 끝부분에 시든 꽃이 붙어 있는 것이 좋은 것임

개지지 않고 뾰족한 것, 상품 끝부분에 시든 꽃이 붙어 있는 것을 선택하는 것이 좋다.

5) 화채류

화채류는 식물의 꽃을 식용으로 하는 것으로 콜리플라워, 브로콜리, 아티초크 등이 있다. 화채류에는 칼륨, 인, 칼슘 등 무기질과 비타민 B군, C 함량이 풍부하고 브로콜리에는 베타카로틴 함량도 높다. 화채류는 상온에서 저장성이 낮으므로 냉장 보관하고 건조해지지 않도록 밀봉하는 것이 좋으며 오래 보관해야 하는 경우 살짝 데친 후 식혀서 밀폐 용기에 담아 냉동실에 넣어두는 것이 좋다.

화채류는 잎이 제거된 상태에서 판매되는 경우가 많은데, 꽃봉오리가 봉긋하고 색이 선명하고 변색되지 않은 것, 살짝 쥐어보았을 때 단단함이 느껴지면서 속이 꽉 찬 것이 좋다. 표면이 누렇게 변색되거나 줄기에 구멍이 생긴 것은 피한다.

브로콜리의 적격 상태와 부적격 상태 자료: 식품의약품안전처, 2016

(O)	(X)	(X)

1. 덩어리의 표면이 누렇게 변색된 것은 피함
2. 줄기의 공동화 현상(구멍)이 있는 제품은 피함

CASE 11-1

딱 걸린 중국산 고춧가루, 냉동 삼겹살이 힌트였다

원산지별 건고추 · 고춧가루 단면 사진 : 광학 현미경을 통해 본 중국산 냉동 고추로 만든 고춧가루와 국산 건고추로 만든 고춧가루의 세포벽 모습

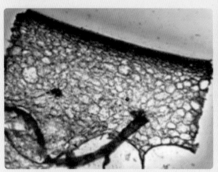

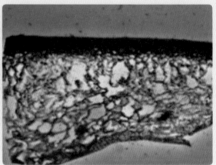

국산 양건 및 화건 고추 단면(100배율)

홍고추를 냉동시키지 않고 건조하여 고춧가루에서도 내부 형태가 유지됨

중국산 냉동 고추 단면(100배율)

홍고추를 냉동시키는 과정에서 물의 부패 팽창에 의한 세포벽 파괴 현상이 관찰됨

[사진 국립농산물품질관리원 전남지원]

김장철이면 기승을 부리는 중국산 고춧가루를 족집게처럼 잡아내는 판별법이 등장했다. 국립농산물품질관리원 전남지원(전남 농관원)은 최근 '광학 현미경 판별법'을 개발해 공개했다. 중국에서 들여온 냉동 고추를 국내에서 건조할 때 일어나는 변화를 이용해 중국산을 알아내는 방법이다.

중국산 홍고추는 보통 냉동 고추 형태로 수입된다. 건고추(270%)보다 냉동 고추(27%)의 관세율이 저렴해서이다. 국산 홍고추의 경우 수확 후 세척·건조해 건고추 상태로 보관·유통하는 것과 대조적이다. 수확 후 얼린 상태로 들여온 중국산 고추는 국내에서 건조 과정을 거친 뒤 유통된다. 급랭했던 고추를 건조할 때 수분이 나오고 세포벽이 파괴된다. 이 파괴된 세포벽을 확인하는 게 광학 현미경 판별법이다. 국산의 3분의 1 가격인 중국산 냉동 고추로 만든 고춧가루는 그간 국내산과 구별하기가 쉽지 않았다. 전문가도 빛깔과 냄새만으로 판별하기 어려웠다. 고추를 곱게 빻는 과정은 원산지 식별을 더욱 힘들게 했다.

이 같은 문제를 해결한 현미경 판별법은 전남 농관원에서 원산지 표시 단속 업무를 맡은 이인우(41) 주무관이 주도적으로 개발했다. 냉동 삼겹살이 불판에서 녹는 모습에서 아이디어를 떠올렸다. 이 주무관은 "생삼겹살과 달리 얼린 삼겹살이 뜨거운 불판에 올라가면 하얀 진물처럼 액체가 나오고 흐물거리는 것을 보고 말린 고추와 냉동 고추를 생각했다"고 말했다.

아이디어는 대학 실험실에서 검증됐다. 얼리지 않고 말린 국산 고춧가루의 단면을 살펴본 결과 세포벽이 그대로인 것과 달리 냉동 후 건조한 중국산은 파괴돼 있었다. 이에 따라 전남 농관원은 광학 현미경과 휴대용 현미경을 도입해 단속에 활용하고 있다.

현미경 판별법은 연일 성과를 내고 있다. 중국산 냉동 고추와 국산 건고추를 섞은 고춧가루를 전국 초·중·고교 급식용으로 식자재업체에 납품한 경북 지역 가공업체 2곳이 최근 적발됐다. 이들 업체

는 중국산과 국산을 5 대 5 안팎의 비율로 섞은 고춧가루 284톤(40억 7000만 원 상당)을 '국내산 100%'로 속여 학교 급식 식자재업체, 대형 유통업체, 김치 제조업체 등에 부정 유통했다.

현미경 단속법의 가장 큰 장점은 짧은 분석 시간이다. 기존 이화학적 분석 방법은 중국산 고춧가루의 특정 성분 함량을 분석해야 해 2주 정도 걸렸다. 현미경 단속법은 1시간이면 결과를 알 수 있다. 시료 수집 후 결과가 나올 때까지 증거를 인멸하던 업체에 제동이 걸렸다.

성과는 단속 건수로도 이어지고 있다. 전남 농관원의 중국산 냉동 고추 단속 건수는 2016년 1건에서 현미경 단속법을 처음 도입한 지난해 21건에 이어 본격 활용을 시작한 올해 56건으로 늘었다. 현미경을 활용하면 이미 김치에 들어간 고춧가루도 냉동 고추인지 확인할 수 있다. 전남 농관원은 현미경 판별법을 특허로 출원했다.

이 주무관은 "김장철을 맞아 원산지를 속인 중국산 냉동 고추가 기승을 부릴 것으로 보인다"며 "현미경 단속법을 전국적으로 확대하면 부정 유통을 크게 줄일 수 있을 것"이라고 말했다.

자료: 중앙일보, 2018. 11. 25.

5. 과일류

과일류는 채소류의 과채류와 같이 식물의 열매를 섭취하는 것으로 각종 무기질과 비타민, 섬유질이 풍부하여 영양학적으로 중요한 식품이다. 과채류와 구분되는 점은 포도당, 과당, 설탕 등 당 함량이 높다는 것인데, 참외, 수박, 딸기 등을 식물학적으로는 과채류에 포함시키나 영양학적으로는 과일류에 포함시키는 것이 이런 이유때문이다. 과일류에는 각종 유기산이 풍부하고 클로로필, 카로티노이드, 안토사이아닌 등 다양한 색소 성분을 함유하며 특유의 향기를 가지고 있어 기호 식품으로 널리 이용되고 있다. 그뿐만 아니라 다량의 펙틴질을 함유하여 잼, 젤리 등 가공식품제조에 활용되고 있다.

과일의 종류에는 과육이 발달한 형태에 따라 인과류, 준인과류, 핵과류, 장과류, 견과류로 분류할 수 있고(표 11-2), 최근에는 다채로운 식생활을 추구하면서 다양한 과일류들이 이용되고 있다(그림 11-10).

과일류도 채소류와 마찬가지로 수분 함량이 높아 변질되기 쉽고, 수확 후에도 호흡 작용, 증산 작용, 후숙이 진행되므로 적절한 보관이 필요하다. 또한 폴리페놀류 (polyphenols)를 함유하는 것이 많아 절단면에 산소 접촉 시 폴리페놀옥시데이스 (polyphenoloxydase)에 의해 산화적 갈변을 일으키게 된다. 따라서 물에 담그기, 가열 처리, 산 처리 등을 통해 갈변을 방지하는 것이 좋다.

과일류 중 우리나라에서 가장 많이 소비되는 것은 사과와 감귤류이다. 사과의 품종은 부사, 홍옥, 홍로, 아오리 등 다양하나 과즙이 많고 과육이 단단하며 보관성이

표 11-2
과일의 분류

분류	과육 발달 형태	종류
인과류	꽃받침이 발달하여 과육부를 형성한 것	사과, 배
준인과류	씨방이 발달하여 과육이 된 것	감, 감귤류
핵과류	내과피가 단단한 핵을 이루고 그 속에 씨가 들어 있으며, 중과피가 과육을 이루고 있는 것	복숭아, 매실, 살구
장과류	과피가 유연하고 육질이 부드러우며 즙이 많은 과일	포도, 바나나, 무화과, 석류
견과류	외피가 단단하고 식용 부위는 곡류나 두류처럼 떡잎으로 된 것	밤, 호두, 잣

유자	살구	무화과
석류	오디	용과

그림 11-10
여러 가지 과일류

자료: 농식품정보누리 홈페이지

좋은 부사를 가장 많이 이용한다. 최근에는 CA 저장(Controlled Atmosphere storage) 기술이 발달하여 사시사철 신선한 사과를 즐길 수 있다. 사과에서 나오는 에틸렌 가스는 후숙을 촉진하게 되므로 다른 과일과 함께 보관하지 않도록 한다. 사과를 선택할 때는 껍질에 탄력이 있고 색이 고르며, 사과 고유의 은은한 향이 나는 것이 좋고, 과육 표면에 멍이 들거나 병충해 피해가 있는 것은 피한다.

사과의 적격 상태와 부적격 상태
자료: 식품의약품안전처, 2016

(O)	(X)	(X)

1. 과육 표면에 멍이 든 제품은 피함(껍질과 육질이 약해져 세균, 곰팡이 등의 오염이 일어나기 쉬움)
2. 병충해 피해가 있는 과실이 혼입되어 있는지 확인해야 함

감귤류는 당과 산이 적절히 조화를 이루고 향이 좋으면서 간편하게 섭취할 수 있어 국내뿐 아니라 세계적으로 선호하는 과일 중 하나이다. 국내에서는 온주귤(감귤)이 가장 많이 이용되고 있으나 최근 한라봉, 레드향, 천혜향, 황금향 등의 감귤류가 개발되어 품종이 다양해지고 있다. 귤은 보관이 어려운 과일 중 하나로 냉장 온도에서 건조하지 않게 보관해야 하는데, 귤을 겹쳐서 보관하면 짓무르거나 수분으로 인해 변질되기 쉬우므로 통풍이 잘 되도록 보관해야 한다. 감귤류를 선택할 때는 껍질이 얇고 윤기와 탄력이 있으며 등황색을 띠는 것이 좋고, 병충해나 상처가 있거나 부패한 것은 피한다.

귤의 적격 상태와 부적격 상태　　　　　　　　　　　　자료: 식품의약품안전처, 2016

(O)　　　　　　　　　　(X)　　　　　　　　　　(X)

1. 푸른곰팡이 등의 병충해가 발생한 과실이 혼입되어 있는 경우는 피함(저장·유통 중에도 발생 가능)
2. 상처 난 과일이나 과육이 부패한 것은 피함

수입 과일 중 가장 큰 비중을 차지하는 과일은 바나나로 탄수화물 함량이 높고 비타민과 무기질이 풍부하여 식사 대용으로도 많이 이용된다. 바나나는 열대과일이므로 상온에서 보관해야 하고, 냉장 보관할 경우 검게 변하여 상품성이 떨어진다. 바나나는 대표적인 후숙 과일로 구매할 때 섭취 시점을 고려한 선택이 필요한데 바로 섭취할 경우에는 선명한 노란색이 좋고 2~3일 후에 섭취할 경우에는 꼭지 부위를 중심으로 약간 녹색을 띠는 것이 좋다. 이 밖에도 바나나를 선택할 때는 과실의 크기와 모양이 고르고 껍질이 시들지 않아 신선해 보이는 것이 좋으며, 꼭지 부위가 마르거나 검은색 짓무름이 발생한 제품은 피한다.

바나나의 적격 상태와 부적격 상태   자료: 식품의약품안전처, 2016

(O)   (X)   (X)

1. 꼭지 부위가 심하게 말라 있는 경우는 피함
2. 흠집이나 검은색 짓무름이 발생한 제품은 피함(오랜 저장·유통 기간 동안 곰팡이, 세균 등의 오염이 가능)

6. 버섯류

버섯류는 신선한 맛과 향, 우수한 영양성으로 인해 고대부터 이용해 오던 식품이다. 버섯에는 엽록체가 없어 자체적으로 영양 성분을 만들 수 없으므로 영양분을 제공할 수 있는 고목이나 부식토 등에 기생하여 자라는데, 대체적으로 비타민 B군과 다양한 무기질을 다량 함유하고 있다. 신선한 버섯은 수분 함량이 80~90%로 보관에 어려움이 있으나 건제품은 저장성이 높아 보관과 이용이 용이하다. 우리나라에서 많이 이용되는 버섯류로는 표고버섯, 양송이버섯, 느타리버섯, 새송이버섯, 팽이버섯, 목이버섯 등이 있고, 다양한 버섯류들이 약선음식 등에 활용되고 있다(그림 11-11).

그림 11-11
여러 가지 버섯류

　　목이버섯　　　　　　석이버섯　　　　　노루궁뎅이버섯　　　　　능이버섯

자료: 국립농산물품질관리원 홈페이지(저자 재구성)

표고버섯은 핵산계 감칠맛 성분인 구아닐산(5'-GMP)이 함유되어 있어 국물 요리와 사찰 음식 등 채식 요리에 많이 이용된다. 생표고버섯과 건표고버섯으로 이용되는데 생표고는 가을철이 제철이나 건표고는 저장성이 좋아 사시사철 이용할 수 있다. 표고버섯에는 비타민 D의 전구체인 에르고스테롤(ergosterol)이 함유되어 있는데, 건조 과정에서 자외선에 의해 비타민 D로 전환되어 건표고의 비타민 D 함량이 높아진다. 건표고는 미지근한 물에 충분히 불려서 조리에 사용하는 것이 좋다. 최근에는 슬라이스나 사각절단 등 편의성을 고려한 제품도 출시되어 이용이 더욱 편리하다. 생표고버섯을 선택할 때는 갓이 완전히 벌어지지 않은 것, 안쪽 주름이 생생하고 밝은 것, 기둥이 굵고 갓의 표면이 두툼한 것, 표면이 갈색을 띠고 변색된 부분이 없는 것이 좋고, 건표고버섯을 선택할 때는 갓이 크고 두껍고 갓표면과 주름이 밝은 갈색이며 독특한 향기가 강한 것이 좋다. 슬라이스 제품을 선택할 때는 잔부스러기 혼입률이 높거나 변색된 것은 피한다.

표고버섯(슬라이스)의 적격 상태와 부적격 상태　　　　　　　　자료: 식품의약품안전처, 2016

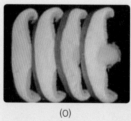  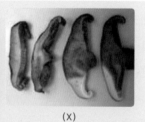

(O)　　　　　　　　　　　　(X)　　　　　　　　　　　　(X)

1. 잔부스러기 형태의 슬라이스(비규격품)의 혼입률이 높은 것은 좋지 않음
2. 제품 고유의 색택을 갖지 못하고 변색된 것은 피함

양송이버섯은 식감과 향미가 좋아 전 세계적으로 많이 이용되는 버섯류 중 하나로 다른 버섯에 비해 단백질과 무기질 함량이 높다. 타이로신(tyrosine) 성분을 함유하고 있어서 표면에 상처를 입거나 조리 시 절단면이 생기면 타이로시네이스(tyrosinase)에 의해 갈변된다. 양송이를 선택할 때는 색깔이 밝고 갓이 둥근 것, 육질이 두껍고 단단하며 탄력이 있는 것, 줄기가 통통한 것, 갓이 너무 피지 않고 갓과 자루사이 피막이 터지지 않은 것이 좋다. 갓 뒷면이 검게 변한 것, 갓이 지나치게 핀 것, 흙이나 이물질이 묻은 것은 피한다.

양송이버섯의 적격 상태와 부적격 상태

자료: 식품의약품안전처, 2016

(O)	(X)	(X)

1. 상해(자상·찰상)가 심한 제품은 피하며 버섯 표면은 매우 민감하므로 되도록 사람의 손이 닿지 않도록 해야 함
2. 흙이나 기타 이물질이 없어야 함(토양은 병충해를 일으키는 병원균의 주된 오염 경로임)

CASE
11-2

[온난화 한국]
아열대 과수·채소 재배 면적·소비량 '급증' … 미래 먹거리 개발 본격화

아티초크   오크라   파파야

우리나라의 기후 온난화와 아열대 채소·과일에 대한 수요 및 소비량의 지속적인 증가로 아열대 작물의 재배 면적이 급증할 것으로 전망되고 있다.

농촌진흥청에 따르면 지난해 국내 아열대 작물 재배 면적은 과수(망고 등 8종) 109.2ha와 채소(여주 등 12종) 245ha 등 354.2ha이었던 것이 오는 2020년에는 1,000ha 이상으로 급증할 것으로 내다보고 있다. 이 같은 아열대 작물 재배 면적 급증 전망 요인으로는 △소득 증가, 세계화, 다문화 가정 등의 영향으로 소비 증가 △다문화 사회 진입에 따른 에스닉 푸드(ethnic food: 제3세계 음식) 필요로 수요 증가 △새로운 고소득·기능성 작목으로 인식되어 지자체 특성화 사업 증가 등 수요 및 소비량의 지속적인 증가가 예상되기 때문으로 분석되고 있다. 특히, 아열대 채소에 대한 소비가 증가하면서 지난 2013년 3천 톤이던 것이 오는 2020년에는 2~4만 톤으로 급증할 것으로 농진청은 예상하고 있다. 또한, 아보카도(타임지 선정 10대 식품), 오크라·아티초크(콜레스트롤 제거), 여주, 망고, 올리브 등 대부분의 아열대 작물이 국내에서 새로운 고소득·기능성 작목으로 인식되어 지자체에서도 6차 융복합 산업 특성화 사업 등으로 재배가 증가하고 있다.

이에 따라 농촌진흥청(청장 라승용)은 미래의 새로운 소득 작물로 주목 받는 아열대 작물을 평가하고, 다양한 요리를 선뵈는 '아열대 작물 평가 및 요리 시연회'를 오늘(1일) 전라북도 농업기술원에서 열었다. 전북에서 처음 진행하는 아열대 작물 평가회는 농촌진흥청과 전라북도 농업기술원, 경기대학교가 함께 마련했다. 이 자리에서는 아열대 작물 연구 사업과 주요 성과 소개, 지역별 아열대 작물 재배 가능성을 평가한다. 농촌진흥청은 온난화에 대응한 미래 먹거리를 개발하기 위해 2008년부터 유용한 아열대 작물을 선발하고 있다. 현재 우리 환경에 맞는 20종을 선발했으며, 그중 패션프루트, 망고, 롱빈, 아티초크 등 13종의 재배 기술을 개발·보급하고 있다. 전라북도 농업기술원은 아열대 채소 '얌빈'의 지역 현지 재배 가능성을 검토하고 있으며, 전북에서 알맞은 파종 시기와 수량을 조생종 8%, 중생종 45% 높일 수 있는 재배 방법을 개발했다. 지난해 말 농촌진흥청 조사 결과를 보면, 전북 지역 277농가에서 81.24ha에 아열대 작물을 재배하고 있어 전남(81.9ha) 다음으로 많은 것으로 나타났다. 또한, 충청남도 농업기술원의 '파파야', 충청북도 농업기술원의 '차요테', 강원도 농업기술원의 '루바브' 지역 재배 가능성에 대한 연구 사업 결과도 발표했다.

오늘 평가회 현장에는 아열대 과수 8종(망고, 파파야, 올리브, 바나나, 아보카도, 용과, 패션프루트, 스타프루트)과 아열대 채소 10종(아티초크, 오크라, 여주, 게욱, 차요테, 얌빈, 롱빈, 공심채, 루

바브, 열대시금치)의 실물 및 모형도 전시됐다. 아울러 경기대학교에서 얌빈을 비롯해 9개 아열대 작물을 재료로 개발한 얌빈 육회쌈, 오크라 덮밥, 차요테 도미머리조림, 공심채 파스타, 여주떡갈비, 파파야 장아찌 등 20가지의 요리도 선보였다.

우리나라 아열대 작물 재배 면적은 해마다 늘어 2012년 99.2ha에서 2017년 354.2ha(채소 245, 과수 109.2)로 큰 폭으로 증가했다. 앞으로도 기후 변화와 소비자 기호도 변화, 다문화 가정 등의 영향으로 아열대 작물 소비는 지속적으로 늘 전망이다. 농촌진흥청 국립원예특작과학원(원장 황정환) 온난화대응농업연구소 김성철 농업 연구관은 "기후 변화에 대비해 미래 먹거리를 개발하고 전국 단위의 평가회를 열어 아열대 작물이 새로운 소득 작목이 될 수 있도록 노력하겠다."고 말했다.

자료: 한국농어촌방송, 2018. 10. 1.

KEY TERMS

- 곡류
- 글루텐
- 서류
- 채소류
- 경채류
- 과채류
- 과일류

- 도정도
- 제분율
- 두류
- 엽채류
- 근채류
- 화채류
- 버섯류

DISCUSSION QUESTIONS

1. 곡류 종류별 선별 방법과 보관·관리 방법을 설명하시오.

2. 서류 종류별 선별 방법과 보관·관리 방법을 설명하시오.

3. 두류 종류별 선별 방법과 보관·관리 방법을 설명하시오.

4. 채소류 종류별 선별 방법과 보관·관리 방법을 설명하시오.

5. 과일류 종류별 선별 방법과 보관·관리 방법을 설명하시오.

6. 버섯류 종류별 선별 방법과 보관·관리 방법을 설명하시오.

MEMO

CHAPTER 12

축산
식품

| 학습 목표 |

1. 축산 식품의 종류와 특징을 설명할 수 있다.
2. 용도에 적합한 축산 식품을 선택할 수 있다.
3. 적절한 품질의 축산 식품을 선별할 수 있다.
4. 축산 식품의 보관 및 관리 방법을 설명할 수 있다.

축산 식품은 가축에서 생산되는 모든 식품으로 수조육류, 우유류, 난류와 그 가공품이 포함된다. 이들은 단백질, 지방, 각종 무기질과 비타민의 중요 급원이고 단백질의 영양가가 높아 식단 구성에서 중요한 역할을 하는 식품들이다.

1. 수조육류

수조육류에는 수육류(meat)와 조육류(poultry meat)가 있는데, 우리나라에서는 수육류로 소고기, 돼지고기를, 조육류로 닭고기, 오리고기를 많이 이용하고 있다.

수조육류는 일반적으로 수분 함량 70% 내외, 단백질 함량 20% 내외이고 지방 함량은 5~30%로 변화가 큰 편이다. 육류의 종, 부위, 성별, 연령에 따라 영양 성분과 색깔, 조직감 등이 달라지므로 용도에 따른 적합한 선택이 필요하다.

육류는 도축 직후에는 살아 있을 때의 근육과 유사한 상태이나 도축, 발골, 정형, 유통 등의 과정에 수일이 소요되므로 사후 강직 상태에 들어가게 된다. 사후 강직 상태의 육류는 근육이 단단하고 풍미도 좋지 않아 섭취에 적당하지 않으나, 숙성 과정을 거치게 되면 단백질의 자가 소화로 인한 근육 연화, 감칠맛 성분의 증가로 인한 풍미 증진으로 인해 기호도가 향상될 수 있다. 숙성 온도가 높으면 숙성이 빨리 진행되는 데 반해 세균의 번식이 왕성해지게 되므로 보통 4℃ 내외의 온도에서 소고기 7~14일, 돼지고기 1~2일, 닭고기 8~24시간 정도 숙성하는 것이 좋다. 최근에는 진공 포장을 통해 박테리아의 증식을 억제하여 보존 기간을 연장하면서 자연적인 숙성 과정은 진행되도록 하여 육류의 품질을 개선시키기도 한다.

육류는 냉장육이 냉동육에 비해 품질이 우수하나, 상황에 따라 냉동육을 사용해야 할 경우에는 냉장실(0~5℃)에서 하루 정도 서서히 해동시켜 육즙 손실을 줄이고 신선도를 유지한다. 냉동과 해동이 반복될수록 육질이 떨어질 뿐만 아니라 산패가 쉽게 되므로 한 번 해동한 육류는 다시 냉동하지 않도록 한다.

소고기, 돼지고기 등 적색육의 색은 주로 미오글로빈에 의한 것인데, 미오글로빈(myoglobin) 함량이 높을수록 붉은색이 강하다. 미오글로빈은 산소와 결합 시 선홍색의 옥시미오글로빈(oxymyoglobin)을 형성하고, 계속 방치할 경우 적갈색의 메트미오글로빈(metmyoglobin)이 된다. 따라서 신선한 육류가 공기 중에 노출되면 선홍색을 나타내게 되고, 신선도가 떨어진 육류는 적갈색을 띠게 된다. 진공 포장 상태로 유통, 판매되는 경우도 증가해 선홍색만을 신선육의 판단 기준으로 삼아서는 안 된다.

1) 소고기

소고기는 우리나라에서 가장 선호되는 육류 중 하나로 부위별 특징의 차이가 커서 조리법이 매우 다양하다. 부위에 따라 적당한 가열 시간과 온도를 선택해야 하는데, 연한 부위는 고온에서 단시간 가열로도 섭취할 수 있으나 결체 조직이 많은 질긴 부위는 장시간 동안 습열 조리를 통해 콜라겐을 젤라틴으로 변성시켜야 부드럽고 섭취하기 좋은 상태가 된다. 지방 구성은 포화 지방산 함량이 높아 융점이 비교적 높다. 소고기의 부위는 10개 부위로 구분되고(그림 12-1) 판매 시에는 39개 부위로 소분할하여 유통된다. 소고기 부위별 명칭과 용도는 표 12-1에 나타내었다.

소고기를 선택할 때는 부위명과 용도, 등급, 가격, 원산지, 냉동 여부 등을 잘 고려해야 하며, 소고기의 육질은 근내 지방도, 고기색 및 지방색, 고기의 결 등을 보

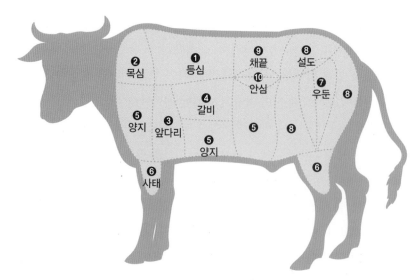

그림 12-1
소고기 부위별 명칭

자료: 축산유통종합정보센터 홈페이지

표 12-1
소고기 부위별 용도

대분할 부위 명칭		소분할 부위 명칭	용도
등심		윗등심살, 꽃등심살, 아래등심살, 살치살	로스구이, 스테이크
목심		목심살	불고기, 국거리
앞다리		꾸리살, 부채살, 앞다리살, 갈비덧살, 부채덮개살	육회, 스튜, 탕, 장조림, 불고기
갈비		본갈비, 꽃갈비, 참갈비, 갈비살, 마구리, 토시살, 안창살, 제비추리	불갈비, 찜, 탕, 구이
양지		양지머리, 차돌박이, 업진살, 업진안살, 치마양지, 치마살, 앞치마살	국거리, 구이, 육개장, 탕
사태		앞사태, 뒷사태, 뭉치사태, 아롱사태, 상박살	육회, 탕, 찜, 장조림
우둔		우둔살, 홍두깨살	산적, 장조림, 육포, 불고기
설도		보섭살, 설깃살, 설깃머리살, 도가니살, 삼각살	산적, 장조림, 육포
채끝		채끝살	스테이크, 로스구이
안심		안심살	고급 스테이크, 로스구이
10개 부위		39개 부위	

자료: 축산유통종합정보센터 홈페이지

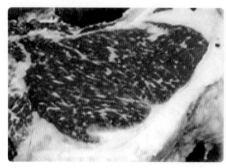
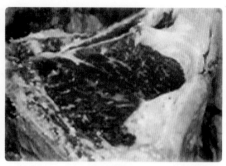

그림 12-2
소고기 정상 지방과
황색 지방

정상 지방

황색 지방

자료: 축산유통종합정보센터 홈페이지

고 판단할 수 있다. 소고기는 근내 지방의 마블링(marbling)이 좋을수록 육질이 연하고 풍미가 좋다. 지방의 색은 유백색이 좋은데, 사료로 풀을 많이 먹이는 수입산의 경우 카로틴이 지방 조직에 축적되어 황색을 띠게 되고 나이가 많은 소일수록 황색이 강하다. 또한 소고기는 절단 면이 윤기가 있고 선홍색을 띠는 것이 좋다. 지방이 지나치게 황색을 띠거나 변색된 것(그림 12-2)은 좋지 않고, 냉동육의 경우 변색되거나 결빙이 있는 것은 보관 상태가 좋지 않았음을 의미하므로 피한다.

냉동 소고기의 적격 상태와 부적격 상태   자료: 식품의약품안전처, 2016

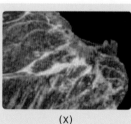

(O)   (X)   (X)

1. 식재료가 전체적으로 균일하게 얼어 있고, 변색이나 조직 손상이 없는 것이 좋음
2. 결빙이 발생한 것은 냉동 보관이 일정하게 이루어지지 않은 증거이므로 피함
3. 장기간의 냉동 보관으로 변색이 일어난 것은 피함

식품의약품안전처에서는 고시로 식육판매업·식육즉석판매가공업 영업자가 준수해야 하는 식육 종류 표시 등에 관한 세부사항을 규정함으로써 소비자에게 정확한 정보를 제공하고 있다. (「식품 등의 표시·광고에 관한 법률 시행규칙」 제2조제2항 관련 별표 1 제5호가목, 「농수산물의 원산지 표시에 관한 법률 시행규칙」 제3조1호 관련 별표 1 제2호나목 1) 나) (3) 관련)

소고기 원산지와 식육종류 표시

구분		정의	표시 방법
국내산	한우	한우에서 생산된 고기	원산지 표시 다음에 괄호로 식육 종류 표시
	젖소	송아지를 낳은 경험이 있는 젖소암소에서 생산된 고기	
	육우	육우종, 교잡종, 젖소수소 및 송아지를 낳은 경험이 없는 젖소암소에서 생산된 고기	
		검역계류장 도착일로부터 6개월 이상 국내에서 사육된 수입생우에서 생산된 고기	'국내산'으로 표시하되 괄호 내에 식육 종류 및 수출국을 함께 표시
외국산		외국에서 수입된 고기와 검역계류장도착일로부터 6개월 미만 국내에서 사육된 수입생우에서 생산된 고기	괄호로 수출국을 표시

자료: 식품의약품안전처고시 제2019-113호(2019. 11. 27. 일부개정) 내용 요약

2) 돼지고기

돼지고기는 소고기에 비해 지방 함량이 높고 수분 함량이 낮은 편이며 지방의 융점은 소고기의 융점보다 낮고 리놀레산 함량이 풍부하다. 외국에서는 단백질 함량이 높은 안심이나 등심 부위를 선호하는 반면 우리나라에서는 지방 함량이 높은 삼겹살을 선호하고 있어 개선해야 할 식생활 문제로 지적되고 있다.

돼지고기는 부위별 소비자 선호도와 가격 차이가 크므로 조리 용도와 상황에 따라 부위를 선택하는 것이 중요하다. 돼지의 도체는 크게 7개 부위(그림 12-3)로 분

ISSUE 12-1 | 육류의 진공 포장

육류 부패의 원인이 되는 대부분의 박테리아는 산소에 의해 증식되므로 이러한 박테리아의 증식을 억제하기 위해 육류 표면과 산소와의 접촉을 최대한 차단하는 진공 포장법이 도입되었다. 육류를 진공 포장하면 해로운 박테리아의 성장은 억제되는 반면 육류의 자연적인 연화 작용과 숙성 과정은 그대로 진행되므로 진공 포장된 육류 제품은 알맞은 온도 상태에서 보관, 관리될 경우 며칠에 불과하던 보존 기간이 한 달 혹은 그 이상으로 연장될 수 있다.

육류 제품의 보관 가능 기간은 여러 요소에 의해 달라질 수 있는데 도축, 가공 시 오염이 되었거나 운송 시 온도 관리가 잘못 되었을 때 또는 상자육이 부주의하게 다루어졌을 경우 현저히 짧아지는데 진공 포장된 육류는 이상적인 온도와 조건하에서 육류의 종류에 따라 6~14주 정도 보관이 가능하다.

육류 제품의 보존 기간은 각 매장에서 제품의 진공 포장을 뜯은 후에 얼마나 올바르게 육류를 관리하는가에 따라 크게 달라질 수 있는데 생육 상태의 소고기는 일단 진공 포장을 뜯은 후에는 랩이나 표면 처리된 포장지 등으로 재포장하여 알맞은 온도 상태에서 보관한다 하더라도 4일 이내에는 소진되어야 한다. 상황에 따라서는 냉장육을 냉동하는 방법도 취할 수 있으나 대부분 급속 냉동이 이루어지지 않으므로 박테리아의 생성에 의한 제품의 품질저하가 불가피할 경우가 많다. 조금이라도 변질 과정이 보여지는 제품은 냉동해서는 안 되며 반드시 폐기하여야 한다.

진공 포장된 육류는 암적색을 띠는데 이것은 근육이 진공 상태에 있을 때 나타나는 색으로, 보통의 고기 색인 밝은 선홍색은 진공 포장을 뜯은 후 15~30분 후에 나타난다. 진공 포장되었던 육류에서는 시큼한 특유의 냄새가 나는데 이는 산소가 없을 경우에도 성장하는 박테리아로 인해서 발생하는 냄새이다. 일반적으로 이런 냄새는 진공 포장을 개봉한 후 약 15~30분 후에 자연히 없어지므로 판매 혹은 조리하기 전까지 약 30분 정도의 시간을 두고 미리 포장을 개봉하도록 한다.

자료: 축산유통종합정보센터 홈페이지(저자 재구성)

할하고 판매 시에는 25개 부위로 소분할하여 유통된다. 돼지고기의 부위별 명칭과 용도는 표 12-2와 같다.

돼지고기는 옅은 선홍색을 띠면서 윤기가 나는 것이 좋고 지방은 색이 희고 단단한 것이 좋다. 스트레스를 많이 받은 경우에는 육색이 창백하고 탄력성이 적으며 육즙 손실이 많으므로 피해야 하고, 지방이 지나치게 무르거나 노란색을 띠는 것은 좋지 않다(그림 12-4). 돼지고기 냉동육은 식재료가 전체적으로 균일하게 얼어 있고 변색이나 조직 손상이 없는 것이 좋으며 결빙이 발생한 것은 피하도록 한다.

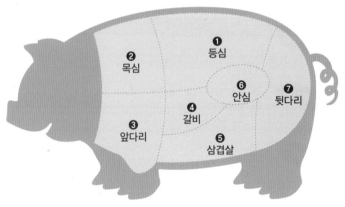

그림 12-3
돼지고기 부위별 명칭

자료: 축산유통종합정보센터 홈페이지

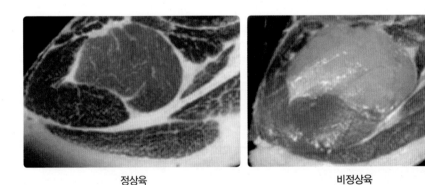

| 정상육 | 비정상육 |

그림 12-4
돼지고기 정상육과
비정상육

자료: 축산유통종합정보센터 홈페이지

표 12-2
돼지고기 부위별 용도

대분할 부위 명칭		소분할 부위 명칭	용도
등심		등심살, 알등심살, 등심덧살	돈가스, 탕수육, 스테이크
목심		목심살	소금구이, 보쌈, 주물럭
앞다리		앞다리살, 앞사태살, 항정살, 꾸리살, 부채살, 주걱살	불고기, 찌개, 수육(보쌈)
갈비		갈비, 갈빗살, 마구리	양념갈비, 찜, 바비큐
삼겹살		삼겹살, 갈매기살, 등갈비, 토시살, 오돌삼겹	구이, 베이컨, 보쌈
안심		안심살	탕수육, 구이, 로스, 스테이크, 장조림, 돈가스
뒷다리		볼기살, 설깃살, 도가니살, 홍두깨살, 보섭살, 뒷사태살	불고기, 주물럭, 탕수육
7개 부위		25개 부위	

자료: 축산유통종합정보센터 홈페이지

냉동 삼겹살의 적격 상태와 부적격 상태   자료: 식품의약품안전처, 2016

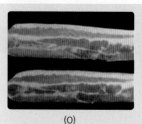

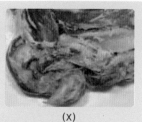

(O)   (X)   (X)

1. 식재료가 전체적으로 균일하게 얼어 있고, 변색이나 조직 손상이 없는 것이 좋음
2. 결빙이 발생한 것은 냉동 보관이 일정하게 이루어지지 않은 증거이므로 피함
3. 장기간의 냉동 보관으로 변색이 일어난 것은 피함

3) 닭고기

닭고기는 전 세계적으로 널리 소비되고 있는 육류로 우리나라에서도 다양한 조리법으로 이용되고 있다. 닭고기는 소고기, 돼지고기와 같은 적색육과 달리 혈색소 함량이 낮아 백색육(white meat)이라고도 불린다.

그림 12-5
닭고기 부위별 명칭

자료: 축산유통종합정보센터 홈페이지

닭고기의 부위는 안심과 가슴살, 윗다리(넓적다리), 아랫다리(북채), 윗날개(봉), 아랫날개(윙)로 구분하는데(그림 12-5), 안심과 가슴살은 다리나 날개 부위에 비해 지방 함량이 낮아 맛이 담백하고 부드러운 반면 다리와 날개 부위는 지방이 적절히 함유되어 맛이 풍부하고 육질이 탄력이 있다. 닭고기의 부위별 명칭과 용도는 표 12-3과 같다.

닭고기를 선택할 때는 고유의 색상과 광택을 가지고 육질의 탄력성이 있는 것이 좋다. 육색이 변하거나 조직 손상이 있는 것은 피하고, 냉동육의 경우 결빙이 발생한 것과 변색된 것은 피한다.

표 12-3
닭고기 부위별 용도

대분할 부위 명칭	소분할 부위 명칭		용도
가슴		가슴살, 안심	튀김, 볶음, 찜, 샐러드, 냉채
다리		윗다리(넓적다리)	튀김, 조림, 구이
		아랫다리(북채)	
날개		윗날개(봉)	튀김, 조림
		아랫날개(윙)	
3개 부위	6개 부위		

자료: 축산유통종합정보센터 홈페이지

냉장 닭다리(북채)의 적격 상태와 부적격 상태
자료: 식품의약품안전처, 2016

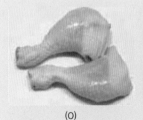  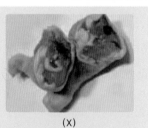

(O)   (X)   (X)

1. 고유의 색상과 광택을 갖는 것이 좋음
2. 장기간의 방치로 육색이 변한 것은 피함
3. 조직의 손상이 있고 부패취가 발생한 것은 피함

냉동 닭가슴살의 적격 상태와 부적격 상태   자료: 식품의약품안전처, 2016

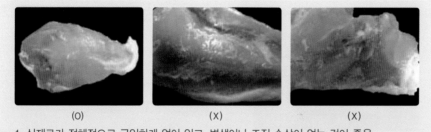

(O)   (x)   (x)

1. 식재료가 전체적으로 균일하게 얼어 있고, 변색이나 조직 손상이 없는 것이 좋음
2. 결빙이 발생한 것은 냉동 보관이 일정하게 이루어지지 않은 증거이므로 피함
3. 장기간의 냉동 보관으로 변색이 발생한 것은 피함

2. 난류

난류는 조류의 알로, 식용되는 난류는 계란, 오리알, 메추리알, 칠면조알 등이 있다. 난류는 영양 가치가 우수하고 다양한 조리 가공 특성을 가져 식생활에 널리 이용되고 있고 그중에서 계란이 가장 보편적이다.

계란은 크게 난각, 난백, 난황으로 구성되고 중량비는 약 1 : 6 : 3 정도이다. 계란은 단백질의 열 응고성, 난황의 유화성, 난백의 기포성 등 가공 특성을 지녀 제과·제빵, 마요네즈, 아이스크림 등의 가공식품에 다양하게 이용되고 있다.

계란의 신선도는 외관 검사, 비중법, 투시법, 할란 검사 등을 통해 판단할 수 있다. 외관상 오염되지 않고 난각 전체가 까칠까칠한 것이 좋으며, 난각이 파손된 경우 오염 및 변질이 진행되므로 난각에 금이 가거나 깨지지 않아야 한다. 비중은

품질이 좋은 계란

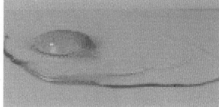

품질이 나쁜 계란

그림 12-6
할란 검사 시 품질이
좋은 계란과 나쁜 계란

자료: 축산유통종합정보센터 홈페이지

CASE 12-1

스트레스 없는 돼지·닭 … '동물 복지 식품' 뜬다

동물 복지 인증 닭고기 브랜드 제품들
자료: 하림

동물 복지 돼지고기로 만든 유아용 만두
자료: 풀무원

'인도적으로 동물을 사육하고, 스트레스·질병의 위험 없이 건강하게 자란 축산물을 소비해야 한다'는 이른바 동물 복지에 대한 관심이 갈수록 높아지면서 관련 축산물 제품과 매출이 덩달아 늘고 있다.

29일 현대백화점에 따르면, 전국 6개 점포(압구정 본점·무역센터점 등)에서 판매하는 전체 돈육 상품 매출에서 동물 복지 인증 상품이 차지하는 비중은 2014년 3%에서 올해 23.2%로 크게 늘었다. 특히 목동점은 동물 복지 인증 돈육 판매 비중이 올해 상반기 30%를 넘겼다. 동물 복지 인증이란 쾌적한 사육 환경을 조성한 농장과 그런 농장에서 생산되는 축산물을 정부가 인증하는 제도이다.

현대백화점은 지난달부터 목동점 식품관 정육 매장에 동물 복지 인증을 받은 돼지고기와 닭고기만 판매하는 코너를 설치해 운영 중인데, 앞으로 동물 복지 인증 정육 전용 코너를 전 매장으로 확대할 계획이다. 현대백화점 관계자는 "동물 복지 상품이 일반 돼지고기보다 20% 이상 비싸지만 판매율이 계속 늘어나 아예 별도 코너를 구성했다"고 설명했다.

다른 식품·외식업체들도 속속 관련 제품을 출시하고 있다. 지난 20일 한국맥도날드는 글로벌 정책에 따라 국내 달걀 공급업체와 협력해 2025년까지 매장에서 사용하는 모든 달걀을 동물 복지란으로 교체하겠다고 밝혔다.

앞서 하림은 지난 5월 농림축산식품부의 동물 복지, 무항생제 인증을 받은 동물 복지 브랜드 '그리너스'를 출시했다. 하림은 현재 30여 개인 동물 복지 인증 농장을 2020년까지 70여 개까지 확대할 방침이다. 풀무원도 올 초 정부 동물 복지 인증을 받은 '동물 복지 목초란'을 출시한 데 이어 최근 국내 최초로 동물 복지 돼지고기로 만든 유아용 만두를 선보였다.

매일유업 상하농원 역시 동물 복지 공식 인증 지역 농가와 상생해 자연 친화적인 '동물 복지 유정란'을 생산하고 있으며, 남양유업도 지난해 전국 낙농가 6,500여 가구 가운데 동물 복지 인증을 획득한 8가구에서 생산한 원유로 만든 '옳은 유기농 우유'를 내놓았다. 또 자담치킨은 치킨 프랜차이즈 가운데선 드물게 동물 복지 인증을 받아 생산한 원료육만을 사용하고 있다.

이처럼 동물 복지 인증 축산물 판매가 늘고 있지만 아직은 최대 2~3배 이상 비싼 가격이 걸림돌로 작용하고 있다. 식품업계 관계자는 "동물 복지에 대한 소비자의 관심이 크게 높아진 것은 사실이지만 막상 가격 차이를 확인하고 나서는 구입을 주저하는 사람이 아직까진 대다수"라며 "일반 제품과 가격 차이를 줄여야만 동물 복지 축산물 대중화가 이뤄질 것"이라고 말했다.

자료: 한국일보, 2018. 7. 29.

10% 식염수에 넣어 떠오르는 상태로 판단하며, 10% 식염수에 가라앉는 것은 신선란, 떠오르는 것은 산란 후 오래된 것으로 판단한다. 투시법은 어두운 곳에서 투광기를 사용하여 기실 크기, 난백과 난황의 상태를 조사하는 방법으로 기실 크기가 크거나 난황 위치가 치우쳐 있으면 신선하지 않은 계란이다. 할란 검사법은 계란을 깨어 노른자와 흰자의 퍼지는 정도를 측정하여 신선도를 평가하는 방법으로 난황 계수(난황 최대 높이/난황 평균 지름), 난백 계수(난백 최대 높이/난백 평균 지름), 호우 단위(haugh unit) 등을 이용하여 검사한다. 난황 계수, 난백 계수 모두 수치가 높을수록 신선한 계란이다(그림 12-6). 호우 단위는 난백의 높이(mm)를 H, 계란 중량(g)을 W로 할 때, $100\log(H+7.57-1.7W^{0.37})$으로 계산된 값으로 신선한 계란일수록 수치가 높다.

계란의 적격 상태와 부적격 상태　　　　　　　　　　　　　　자료: 식품의약품안전처, 2016

(O)　　　　　　　　(X)　　　　　　　　(X)

1. 알껍데기에 금이 가 있거나, 깨진 것은 피함
2. 하얗게 곰팡이가 핀 것은 피함

깐 메추리알의 적격 상태와 부적격 상태　　　　　　　　　　자료: 식품의약품안전처, 2016

(O)　　　　(X)　　　　　　　(O)　　　　　　　(X)

1. 포장이 파손되거나, 충진액이 불투명한 것은 피함
2. 껍데기가 파손된 것은 피함
3. 흰자 색이 검은색으로 변질된 것은 피함

계란을 선택할 때는 난각에 금이 가거나 깨진 계란, 곰팡이가 핀 것은 피하고, 가열 후 껍질을 제거하고 포장 유통되는 난류의 경우 포장이 파손되거나 충진액이 불투명한 것, 난백이 검게 변질된 것은 피한다.

3. 유류

유류는 포유동물의 유선에서 분비되는 액체로 발육과 성장에 필요한 영양소를 골고루 갖추고 있어 완전식품에 가깝다. 그중 소의 유즙인 우유가 가장 널리 이용되고 있고 다양한 형태의 유가공품이 있다.

1) 우유

우유는 착유된 원유를 축산물 가공 처리법에 따라 규격에 맞도록 제조하여 판매하는 것으로, 일반적으로 계량 및 수유 검사, 청정, 균질화, 살균, 냉각, 충진 및 포장, 제품 검사를 거쳐 출하된다.

우유의 균질화는 우유 중의 지방구에 물리적 충격을 가해 지방의 크기를 0.1~2.2 μm 정도의 크기로 작게 분쇄하는 공정으로 원유의 지방구가 시간이 지나면서 뭉쳐 크림층을 형성하는 것을 방지할 수 있고 소화율을 높이는 효과도 있다. 우유의 가공 특성에 따라 균질화하지 않은 무균질 우유를 판매하기도 한다.

우유의 살균 방법에는 저온 장시간 살균법, 고온 단시간 살균법, 초고온 살균법이 있다. 저온 장시간 살균법(LTLT, Low Temperature Long Time pasteurization method)은 원유를 63~65℃에서 30분간 가열하는 방법이고, 고온 단시간 살균법(HTST, High Temperature Short Time pasteurization method)은 원유를 72~75℃에서 15~20초간 가열하는 방법이다. 초고온 살균법(UHT, Ultra High Temperature pasteurization method)은 원유를 130~150℃에서 0.5~5초간 가열하는 방법이다.

우유의 종류로는 일반적인 살균 우유, 상온에서 유통 가능하도록 멸균 처리한 멸균 우유, 지방 함량을 2% 이하로 낮춘 저지방 우유, 무지방 우유, 원유 또는 유가공

일반 시유	저온 살균 우유	멸균유

저지방 우유	가공유	락토프리 우유

그림 12-7
다양한 유제품

자료: 매일유업 홈페이지

품에 다른 식품이나 식품 첨가물을 첨가하여 만든 가공유, 유당을 제거하여 유당
불내성 증상을 보이는 사람도 섭취할 수 있도록 만든 락토프리(lacto-free) 우유 등
이 있다(그림 12-7).

우유를 선택할 때는 유통 기한과 보관 상태, 즉 상온 유통과 냉장 유통 등 표기
사항의 보관 방법에 따라 적절히 보관되었는지를 먼저 확인한다. 유통 기한이 지난
것, 보관이 적절히 되지 않은 것, 표장의 표면이 지나치게 부풀거나 손상된 것은 피
한다.

2) 유제품

유제품의 종류에는 분유, 요구르트, 버터, 연유, 치즈, 유장 분말 등이 있다(그림 12-8). 분유는 농축과 분무 건조의 과정을 거쳐 우유를 분말화한 것이고, 요구르트는 유산균을 접종하여 배양한 것이다. 버터는 우유를 원심 분리하여 크림층을 분리한 후 교동, 세척, 연압 과정을 거쳐 유지방 함량이 80% 이상 되도록 제조한 것이다. 연유는 우유를 농축한 것으로 다량의 당을 가해 저장성을 높인 가당연유가 많이 이용되고 있다. 치즈는 우유의 단백질을 응고시켜 유청을 분리하고 성형한 것이다. 시판되는 치즈들은 대부분 응유 효소 레닌(rennin)의 상용 형태인 레닛(rennet)

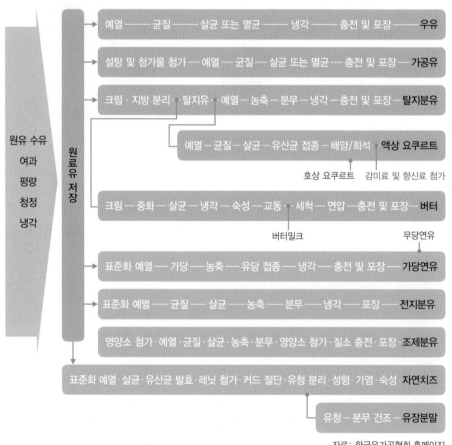

그림 12-8
다양한 유제품의
제조 과정

자료: 한국유가공협회 홈페이지

을 첨가하여 커드를 형성한 후 유청을 분리하고 성형한 것으로 숙성하지 않은 비숙
성 치즈와 숙성 과정을 통해 풍미를 더한 숙성 치즈가 있다.

유제품을 선택할 때에도 유통 기한과 표기 사항의 보관 방법대로 보관이 적절히
되었는지를 확인하는 것이 중요하고 포장 상태와 손상 여부를 잘 살펴야 한다.

KEY TERMS

- 수조육류
- 소고기
- 닭고기
- 계란
- 유류
- 균질화
- 유제품

- 사후 강직
- 돼지고기
- 난류
- 계란의 신선도
- 우유
- 우유의 살균 방법

DISCUSSION QUESTIONS

1. 수조육류의 부위별 명칭과 용도를 설명하시오.

2. 수조육류의 보관 및 유통 중 품질 변화에 대해 설명하시오.

3. 신선한 수조육류 선별 방법을 설명하시오.

4. 수조육류의 보관과 관리 방법을 설명하시오.

5. 난류 신선도 판별법에 대해 설명하시오.

6. 우유 및 유제품의 종류와 선택 기준을 기술하시오.

MEMO

CHAPTER 13

수산
식품

1. 수산 식품의 종류와 특징을 설명할 수 있다.
2. 용도에 적합한 수산 식품을 선택할 수 있다.
3. 적절한 품질의 수산 식품을 선별할 수 있다.
4. 수산 식품의 보관 및 관리 방법을 설명할 수 있다.
5. 수산 식품의 품질 변화에 대해 기술할 수 있다.

삼면이 바다로 둘러싸인 우리나라에서는 예로부터 다양한 수산 식품을 이용해 왔다. 수산 식품은 크게 동물성 식품인 어패류와 식물성 식품인 해조류로 구분할 수 있다. 수산 식품의 경우 양식에 의한 생산량이 꾸준히 증가하고는 있으나 생산 장소와 계절에 따른 생산량의 변동이 심하고 변질이 쉬운 단점이 있다. 하지만 어패류는 우리나라 식생활에서 단백질 급원으로 중요한 의미를 가지고 있으며, 최근에는 등 푸른 생선의 고도 불포화 지방산이나 해조류의 식이 섬유 등 건강에 도움이 되는 성분들에 대한 인식이 높아지면서 수산 식품에 대한 관심이 커지고 있다.

1. 어패류

어패류의 종류에는 어류, 연체류, 조개류, 갑각류 등이 있는데 최근 온난화로 인한 연근해 수온 상승 등 기후 변화에 따라 어종과 어획량의 변화가 크고 그로 인한 가격 변동도 커지고 있다. 영양 성분은 어종, 포획 시기, 성숙도 등에 따라 차이가 있으나 대체적으로 수분 70~80%, 단백질 15~25%, 지질 1~10% 정도를 함유하고 있다. 어패류는 수조육류에 비해 사후 경직까지의 시간이 짧고 자가 소화가 빨라 변질이 쉽게 되므로 식품의 선택과 보관에 주의해야 한다. 어패류의 저장 기법은 전통적으로 건조나 염장을 많이 이용하였으나, 최근에는 급속 냉동과 통조림법도 많이 이용하고 있다. 신선한 어패류는 구입 후 바로 조리하는 것이 가장 좋고 단시간 보관 시에만 냉장 보관하며 가급적 냉동 보관하도록 한다. 냉동 어패류는 해동 후 단시간 내 조리하고 냉동과 해동을 반복하지 않아야 한다.

1) 어류

어류는 바다에서 서식하는 해수어와 민물에서 서식하는 담수어로 나눌 수 있고, 지방 함량과 색소에 따라 붉은살 생선과 흰살 생선으로 구분할 수 있다. 붉은살 생선은 주로 고등어, 꽁치, 정어리, 참치 등의 등푸른 생선으로 등쪽과 배쪽 경계 부분에 혈색소를 다량 함유하는 어두운 적색의 혈합육(dark meat)을 가지고 있어 선도 저하 시 냄새가 나고 변색되기 쉽다. 연어, 송어의 붉은 살은 아스타잔틴 색소 때문인데 부패 시에도 변색이 되지 않는다. 흰살 생선에는 조기, 갈치, 도미, 대구, 가자미, 임연수어, 명태 등이 있고, 미오겐 함량이 적어 가열 시 연해진다.

어류의 단백질은 육류 단백질에 비해 근장 단백질 함량이 높고 결합 조직 단백질 함량은 낮아 질감이 부드러우며 소화도 용이하다. 지질은 불포화 지방산의 비율이 높으며 특히 등푸른 생선에는 EPA(eicosapentaenoic acid)와 DHA(docosahexaenoic acid) 같은 고도 불포화 지방산이 다량 함유되어 있어 혈중 콜레스테롤 저하와 뇌기능 촉진에 도움이 된다.

어류는 수조육류와 같이 사후 경직 과정을 거치게 되는데 붉은살 생선이 흰살 생선보다 사후 경직까지의 시간이 짧다. 사후 경직 후에는 자가 소화가 일어나는데 조직이 연하고 자가 소화 속도도 빨라 선도 저하가 빠르게 일어난다. 어류는 선도가 떨어지면 어육이 물러지고 아가미가 회색으로 변색되며 안구의 투명도가 흐려진다. 또한 선도가 떨어지면서 불쾌한 비린내가 나게 된다. 해수어의 비린내는 선도 저하에 따라 트리메틸아민옥사이드(TMAO, trimethylamine oxide)로부터 환원된 트리메틸아민(TMA, trimethylamine)으로 인한 것이고, 담수어의 비린내는 라이신 (lysine)으로부터 생성된 피페리딘(piperidine)으로 인한 것이다. 또한 붉은살 생선에는 히스티딘(histidine)이 다량 함유되어 있는데, 부패 과정 중에 알레르기의 원인이 되는 히스타민(histamine)을 형성하므로 선도 관리에 주의해야 한다. 어류의 유독 성분으로는 복어의 테트로도톡신(tetrodotoxin), 열대나 아열대 어류의 시구아

냉동 고등어의 적격 상태와 부적격 상태   자료: 식품의약품안전처, 2016

(O)   (O)   (X)

1. 몸통 색상과 눈동자가 맑고, 아가미 부분이 선홍색이며, 배가 단단하고 윤택이 나는 것이 좋음
2. 물이 새어 나오거나 변색된 것은 피함

독신(ciguatoxin)이 있다.

어류를 선택할 때는 고유의 색과 무늬가 선명한 것, 육질의 탄력이 좋고 손가락으로 눌렀을 때 복원력이 빠른 것, 비린내가 강하지 않은 것이 좋다. 절단 냉동 제품을 사용하는 경우에는 절단면이 매끄럽고 내장이 잘 제거된 것을 선택하고, 비늘이 벗겨지거나 파손된 것, 변색된 것, 물이 새어 나오거나 결빙이 생긴 것은 피한다.

냉동 갈치의 적격 상태와 부적격 상태　　　　　　　　자료: 식품의약품안전처, 2016

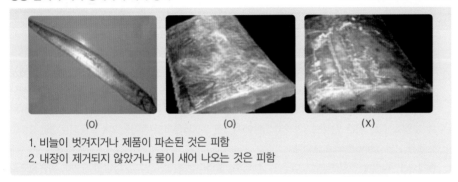

|　　　(O)　　　|　　　(O)　　　|　　　(X)　　　|

1. 비늘이 벗겨지거나 제품이 파손된 것은 피함
2. 내장이 제거되지 않았거나 물이 새어 나오는 것은 피함

동태의 적격 상태와 부적격 상태　　　　　　　　자료: 식품의약품안전처, 2016

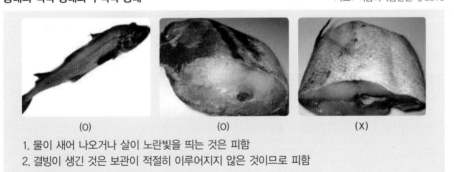

|　　　(O)　　　|　　　(O)　　　|　　　(X)　　　|

1. 물이 새어 나오거나 살이 노란빛을 띄는 것은 피함
2. 결빙이 생긴 것은 보관이 적절히 이루어지지 않은 것이므로 피함

2) 연체류

연체류는 마디가 없고 몸이 부드러운 것이 특징이며, 식용으로 하는 대표적 연체류는 오징어, 낙지, 문어, 꼴뚜기 등이 있다. 다른 어패류에 비해 가식부가 상대적으로 많고 단백질 함량이 풍부하며 특유의 질감과 감칠맛을 가져 다양한 조리법으로 이

CASE 13-1 수온 상승 … 난류성 어종 어획 '늘고' 한류성 어종 어획 '줄어'

연근해 수온이 상승하면서 난류성 어종의 어획량이 증가한 반면 한류성 어종의 어획량은 감소한 것으로 나타났다.

통계청이 지난 25일 발표한 기후 변화에 따른 주요 어종 어획량 변화 조사 결과에 따르면 우리나라 연근해 표층 수온은 1968년 이후 지속적으로 상승하고 있으며 최근 50년 동안 약 1.1℃가 높아졌다. 해역별로는 동해가 1.7℃ 높아졌으며 남해 1.4℃, 서해 0.3℃가 각각 상승했다.

수온이 상승하면서 난류성 어종인 멸치, 살오징어, 고등어 등의 어획량은 증가한 반면 한류성 어종인 명태, 꽁치, 도루묵, 참조기 등은 감소한 것으로 집계됐다. 주요 어종의 해역별 어획량 변동 추이를 살펴보면 서해에서 멸치 어획량은 1970년 400톤에서 지난해 4만 7,874톤으로 늘어난 반면 참조기 어획량은 1970년 1만 1,526톤에서 지난해 1,076톤으로 감소했다.

동해에서는 전갱이 어획량이 1970년 21톤에서 지난해 2,373톤으로 늘었으며 같은 기간 명태는 1만 1,411톤에서 1톤으로 상업적인 멸종을 맞이했다. 또한 꽁치는 같은 기간 동안 2만 2,281톤에서 725톤으로 줄었고, 살오징어는 6만 7,922톤에서 3만 2,500톤으로 감소했다. 남해에서는 전반적으로 어획량이 증가세를 보였는데 먼저 멸치 어획량은 1970년 5만 229톤에서 지난해 16만 507톤으로 늘었다. 같은 기간 갈치는 3만 2,443톤에서 5만 2,338톤으로 증가했으며 고등어는 3만 6,246톤에서 11만 3,549톤으로 늘었다.

통계청은 "어획량 변화는 어선·어구 발달, 남획, 중국어선 불법 조업 등 다양한 요인이 복합적으로 작용하나 일부 어종은 수온 변화 요인이 크게 작용한다"며 "현재 추세대로 수온 상승이 유지될 경우 연근해 해역에서 한류성 어종이 점차 감소하고 난류성 어종과 아열대성 어종의 비중은 높아지게 될 것"이라고 밝혔다.

자료: 농수축산신문, 2018. 6. 26.

용되고 있다.

대표적 연체류인 오징어를 선택할 때는 조직이 매끄러우며 탄력이 있는 것, 짧은 8개의 다리 길이가 비슷한 것, 등 쪽은 불투명한 회색과 초콜렛 색이 혼합되어 있고 안쪽은 연한 살색을 띠는 것이 좋고, 껍질이 벗겨지거나 살이 붉은색으로 물든 제품은 피한다.

오징어의 적격 상태와 부적격 상태　　　　　　　　　　　　자료: 식품의약품안전처, 2016

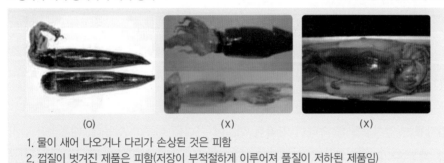

　　　　(O)　　　　　　　　　　　(X)　　　　　　　　　　　(X)

1. 물이 새어 나오거나 다리가 손상된 것은 피함
2. 껍질이 벗겨진 제품은 피함(저장이 부적절하게 이루어져 품질이 저하된 제품임)

3) 조개류

조개류는 딱딱한 껍데기 안에 들어 있는 부드러운 근육 조직을 식용으로 한다. 대표적인 조개류로는 바지락, 홍합, 대합, 모시조개, 굴, 전복, 가리비 등이 있다. 조개류는 감칠맛 성분인 핵산, 글루타민산, 숙신산 등을 많이 함유하고 있어 국물 요리에 많이 이용된다. 조개류의 내장에는 진흙 등이 포함되어 있으므로 살아 있는 조개는 조리하기 전에 1~2% 정도의 소금물에 담가 해감을 한 후 사용하여야 한다. 살아 있는 조개는 껍데기가 닫혀 있거나 가볍게 치면 닫히는 것이 신선한 것이고, 가열하여도 열리지 않는 것은 부패한 것이므로 섭취하지 않도록 한다. 조개류의 유독 성분으로는 홍합, 섭조개, 가리비, 대합 등의 삭시톡신(saxitoxin)과 바지락, 모시조개의 베네루핀(venerupin)이 있다.

조개류를 선택할 때에는 특유의 색상이 선명하고 껍데기가 온전한 것이 좋고 껍데기가 부서져 있거나 열려 있는 것, 속살에 윤기가 없고 색이 누렇게 변한 것, 비린내가 나는 것은 피해야 한다.

바지락의 적격 상태와 부적격 상태　　　　　　　　　　자료: 식품의약품안전처, 2016

(O)　　　　　　　　(X)　　　　　　　　(X)

1. 푸르스름한 광택이 나며 물을 내뿜고 있는 것이 좋음
2. 패각이 부서져 있거나 열려 있는 등의 손상이 있는 것은 피함
3. 속살에 윤기가 없고 색이 누렇게 변한 것은 피함

4) 갑각류

갑각류는 절지동물에 속하며 딱딱한 껍질이 마디를 이루고 있는데, 대표적인 갑각류 식품은 새우와 게이다. 갑각류의 가식부는 전체 중량의 50% 정도이며, 껍질은 소화되지 않는 다당류인 키틴(chitin)이 주성분이다. 갑각류 껍질에 함유된 아스타잔틴(astaxanthin) 색소는 단백질과 결합하여 청록색을 띠고 있다가 가열하면 아스타잔틴이 단백질과 분리되면서 아스타신(astacin)으로 산화되어 적색을 띠게 된다.

갑각류를 선택할 때는 고유의 색깔이 선명하고 크기와 모양이 일정한 것, 육질이 단단하고 치밀한 것이 좋고, 다리가 떨어진 것, 색깔이 변색되거나 육질의 탄력이 떨어진 것, 이물이 혼입된 것은 피해야 한다.

냉동 꽃게의 적격 상태와 부적격 상태　　　　　　　　자료: 식품의약품안전처, 2016

(O)　　　　　　　　(X)　　　　　　　　(X)

1. 금속과 같은 이물질이 혼입된 것은 피함
2. 선도가 좋을수록 다리가 잘 탈락되지 않으며 육질이 희고 탄력이 있음

비브리오 패혈증 환자 증가, 어패류 익혀 먹어야

비브리오 패혈증 환자가 증가하고 있다. 폭염이 기승을 부렸던 올해에는 비브리오 패혈증 환자가 지
난해 같은 기간보다 2배 정도 많은 것으로 집계됐다. 감염되지 않도록 주의해야 한다.

비브리오 패혈증은 비브리오 불니피쿠스균에 감염돼 생기는 질환이다. 박가은 건국대병원 감염내과
교수는 "비브리오 패혈증은 일반적으로 알코올 중독자, 간경화 환자, 당뇨병, 만성 신질환 등 기저
질환이 있는 환자에게 주로 발병한다"며 "만성 질환자가 여름에 덜 익힌 어패류를 먹거나 피부 상
처에 오염된 바닷물이 닿으면 감염될 위험이 있다"고 했다.

비브리오 불니피쿠스균에 감염되면 1~2일 정도 잠복기를 거친 뒤 발열, 오한, 전신 쇠약감 등의 증
상이 나타난다. 감염자 3분의 1은 저혈압 증상을 호소한다. 증상이 시작된 지 24~36시간 안에 다
리 쪽에 발진이 생기고 수포나 출혈성 수포, 궤양도 생긴다. 이후 점차 조직이 괴사한다.

비브리오 패혈증은 주로 면역력이 떨어진 환자들에게 발생한다. 치사율이 50%에 달하는 이유이다.
박 교수는 "비브리오균은 20도 이상 해수에서 잘 번식한다"며 "해수 수온이 높아지는 5~10월에는
간 기능이 좋지 않거나 면역력이 약한 노년층은 어패류 생식을 삼가는 것이 좋다"고 했다. 건강한
사람도 여름철 해산물을 먹을 때 주의해야 한다.

지난해 신고된 비브리오 패혈증 환자의 75.8%는 어패류를 섭취했다. 어패류를 관리하거나 조리할
때 각별히 주의해야 한다. 5도 이하 저온에서 보관하고 섭취할 때는 85도 이상으로 가열해야 한다.
어패류를 씻을 때는 바닷물 대신 흐르는 수돗물을 사용해야 한다. 조리 도구는 세척한 뒤 열탕 처
리해 보관하는 것이 좋다.

박 교수는 "제대로 익히지 않은 어패류를 먹거나 상처가 바닷물에 노출된 지 2~3일이 지나 발열,
수포를 동반한 피부 발진 등 이상 증세가 발생했다면 빨리 응급실을 방문해야 한다"며 "증상이 심
해지면 패혈증성 쇼크에 빠지는데 이때는 회복이 힘들고 발병 후 48시간 이내에 사망할 위험이 있
다"고 했다.

자료: 한국경제, 2018. 9. 24.

2. 해조류

해조류는 바다에 나는 조류를 의미하며 녹조류, 갈조류, 홍조류로 분류되고, 주로 우리나라, 일본, 중국에서 식용으로 이용해 왔으나 최근 건강식품으로 인식되면서 전 세계적으로 관심이 높아지고 있다. 식용으로 이용하는 녹조류에는 클로렐라, 파래, 청각, 매생이 등이 있고, 갈조류에는 미역, 다시마, 모자반, 톳 등이 있으며, 홍조류에는 김, 우뭇가사리 등이 있다.

해조류는 대체적으로 요오드, 칼륨 등 무기질이 풍부하고, 클로렐라와 김의 경우 단백질 함량도 높아 영양학적으로 우수한 식품이다. 갈조류의 알긴산(alginic acid), 푸코이단(fucoidan), 홍조류의 한천(agar), 카라기난(carageenan) 등 복합 다당류는 정장 작용과 콜레스테롤 흡수 저해 등 건강에 유익한 기능을 하고, 식품 가공에서도 겔화제, 증점제, 안정제 등 다양한 형태로 이용되고 있다. 또한 다시마에는 감칠맛 성분인 글루타민산 함량이 높아 국물 요리에 많이 이용되고, 건조 다시마 표면의 흰색 가루는 당알코올인 만니톨(mannitol)로 단맛을 가진다. 해조류는 신선한 상태로 유통되는 경우도 있지만 저장성이 낮아 염장 제품이나 건제품이 보편적으로 이용되고 있다.

신선한 해조류를 선택할 때는 모양이 고르고 고유의 색깔이 선명한 것, 이취가 나지 않고 수분이 함유되어 있는 것이 좋고, 색이 변질되거나 곰팡이가 핀 것은 피한다. 건조 해조류를 선택할 때는 내용물이 부서진 것, 습기로 눅눅해진 것은 피하고,

톳의 적격 상태와 부적격 상태 자료: 식품의약품안전처, 2016

(O) (X) (X)

1. 햇빛에 장시간 노출될 시에는 누런빛으로 변질되므로 이러한 제품은 피함
2. 하얗게 곰팡이가 핀 것은 피함

다시마는 흰색 가루인 만니톨이 지나치게 많이 생긴 것을 피하는 것이 좋다.

건조 미역의 적격 상태와 부적격 상태   자료: 식품의약품안전처, 2016

(O)   (X)   (X)

1. 취급 부주의로 내용물이 부서진 것은 피함
2. 포장 파손으로 내용물이 노출된 것은 피함
3. 눅눅해진 제품은 피함(곰팡이 오염이 발생할 수 있음)

건조 다시마의 적격 상태와 부적격 상태   자료: 식품의약품안전처, 2016

  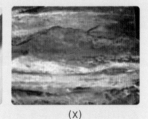

(O)   (X)   (X)

1. 포장이 파손되거나 제품이 파손된 것은 피함
2. 흰색의 물질이 지나치게 많이 생긴 것은 피함(저장 기간이 오래된 것으로 품질이 저하된 제품임)

KEY
TERMS

· 어패류

· 어류

· 해수어

· 담수어

· 붉은살 생선

· 흰살 생선

· 연체류

· 조개류

· 갑각류

· 해조류

· 녹조류

· 갈조류

· 홍조류

DISCUSSION
QUESTIONS

1. 어패류의 종류별 특징과 선택 기준을 설명하시오.

2. 어패류의 보관 및 유통 중 품질 변화에 대해 설명하시오.

3. 신선한 어패류 선별 방법을 설명하시오.

4. 어패류의 보관과 관리 방법을 설명하시오.

5. 해조류 종류별 선별 방법을 설명하시오.

MEMO

CHAPTER 14

가공
식품

| 학습 목표 |

1. 가공식품의 정의를 설명할 수 있다.
2. 장기 보존 식품의 종류를 나열하고 설명할 수 있다.
3. 통·병조림 식품의 검수 적격 여부를 선별할 수 있다.
4. 레토르트 식품의 유형을 설명할 수 있다.
5. 냉동식품의 표시 사항을 설명할 수 있다.

1. 가공식품 정의 및 종류

가공식품은 식품 원료인 농·임·축·수산물 등에 식품 또는 식품 첨가물을 가하거나, 그 원형을 알아볼 수 없을 정도로 분쇄, 절단 등의 방법으로 변형시키거나 이와 같이 변형시킨 것을 서로 혼합 또는 이 혼합물에 식품 또는 식품 첨가물을 사용하여 제조·가공·포장한 식품을 말한다. 다만, 식품 첨가물이나 다른 원료를 사용하지 않고 원형을 알아볼 수 있는 정도로 농·임·축·수산물을 단순히 자르거나 껍질을 벗기거나 소금에 절이거나 숙성하거나 가열하는 등의 처리 과정 중 위생상 위해 발생의 우려가 없고 식품의 상태를 관능으로 확인할 수 있도록 단순 처리한 것은 제외한다.

가공식품은 식품군(대분류), 식품종(중분류), 식품 유형(소분류)으로 분류한다. 식품군은 「식품 위생법」 '제5. 식품별 기준 및 규격'에 따라 음료류, 조미 식품 등을 말하며(표 14-1), 식품종은 식품군에서 분류하고 있는 다류, 과일·채소류 음료, 식초, 햄류 등을 말한다. 식품 유형은 식품종에서 분류하고 있는 농축 과채즙, 과채주스, 발효식초, 희석 초산 등을 말한다.

2. 장기 보존 식품 기준 및 규격

1) 통·병조림 식품

통·병조림 식품은 식품을 통 또는 병에 넣어 탈기와 밀봉 및 살균 또는 멸균한 것을 말한다. 통·병조림 식품의 제조·가공 시 멸균은 제품의 중심 온도를 120℃로 하여 4분간 또는 이와 동등 이상의 효력을 갖는 방법으로 열처리한다. pH 4.6을 초과하는 저산성 식품(low acid food)은 제품의 내용물, 가공 장소, 제조 일자를 확인할 수 있는 기호를 표시하고 멸균 공정 작업에 대한 기록을 보관하여야 하며, pH가 4.6 이하인 산성 식품은 가열 등의 방법으로 살균 처리할 수 있다. 제품은 저장성을 가질 수 있도록 그 특성에 따라 적절한 방법으로 살균 또는 멸균 처리하여야 하며, 내용물의 변색이 방지되고 호열성 세균의 증식이 억제될 수 있도록 적절한 방법으

표 14-1
가공식품별
분류 및 정의

	식품군(대분류)	정의
1	과자류, 빵류 또는 떡류	곡분, 설탕, 계란, 유제품 등을 주원료로 하여 가공한 과자, 캔디류, 추잉껌, 빵류, 떡류를 말한다.
2	빙과류	원유, 유가공품, 먹는물에 다른 식품 또는 식품 첨가물 등을 가한 후 냉동하여 섭취하는 아이스크림류, 빙과, 아이스크림믹스류, 식용 얼음을 말한다.
3	코코아 가공품류 또는 초콜릿류	테오브로마 카카오(theobroma cacao)의 씨앗으로부터 얻은 코코아 매스, 코코아 버터, 코코아 분말과 이에 식품 또는 식품 첨가물을 가하여 가공한 기타 코코아 가공품, 초콜릿, 밀크초콜릿, 화이트초콜릿, 준초콜릿, 초콜릿 가공품을 말한다.
4	당류	전분질 원료나 당액을 가공하여 얻은 설탕류, 당시럽류, 올리고당류, 포도당, 과당류, 엿류 또는 이를 가공한 당류 가공품을 말한다.
5	잼류	과일류, 채소류, 유가공품 등을 당류 등과 함께 젤리화 또는 시럽화한 것으로 잼, 기타 잼을 말한다.
6	두부류 또는 묵류	두류를 주원료로 하여 얻은 두유액을 응고시켜 제조·가공한 것으로 두부, 유바, 가공 두부를 말하며, 묵류라 함은 전분질이나 다당류를 주원료로 하여 제조한 것을 말한다.
7	식용 유지류	유지를 함유한 원료로부터 얻은 원료 유지를 식용에 적합하도록 제조·가공한 것 또는 이에 식품 또는 식품 첨가물을 가한 것으로 식물성 유지류, 동물성 유지류, 식용 유지 가공품을 말한다.
8	면류	곡분 또는 전분 등을 주원료로 하여 성형, 열처리, 건조 등을 한 것으로 생면, 숙면, 건면, 유탕면을 말한다.
9	음료류	다류, 커피, 과일·채소류 음료, 탄산음료류, 두유류, 발효 음료류, 인삼·홍삼 음료 등 음용을 목적으로 하는 것을 말한다.
10	특수 용도 식품	영유아, 병약자, 노약자, 비만자 또는 임산·수유부 등 특별한 영양 관리가 필요한 특정 대상을 위하여 식품과 영양 성분을 배합하는 등의 방법으로 제조·가공한 것으로 조제 유류, 영아용 조제식, 성장기용 조제식, 영유아용 곡류 조제식, 기타 영유아식, 영유아용 이유식(2020. 1. 1. 시행), 특수 의료용도 등 식품, 체중 조절용 조제 식품, 임산·수유부용 식품을 말한다.
11	장류	동식물성 원료에 누룩균 등을 배양하거나 메주 등을 주원료로 하여 식염 등을 섞어 발효·숙성시킨 것을 제조·가공한 것으로 한식 메주, 개량 메주, 한식 간장, 양조간장, 산분해 간장, 효소 분해 간장, 혼합 간장, 한식 된장, 된장, 고추장, 춘장, 청국장, 혼합장 등을 말한다.
12	조미 식품	식품을 제조, 가공, 조리함에 있어 풍미를 돋우기 위한 목적으로 사용되는 것으로 식초, 소스류, 카레, 고춧가루 또는 실고추, 향신료 가공품, 식염을 말한다.
13	절임류 또는 조림류	동식물성 원료에 식염, 식초, 당류 또는 장류를 가하여 절이거나 가열한 것으로 김치류, 절임류, 조림류를 말한다.

표 14–1
(계속)

식품군(대분류)	정의
14 주류	곡류, 서류, 과일류 및 전분질 원료 등을 주원료로 하여 발효, 증류 등 제조·가공한 발효주, 증류주, 주정 등 주세법에서 규정한 주류를 말한다.
15 농산 가공식품류	농산물을 주원료로 하여 가공한 전분류, 밀가루류, 땅콩 또는 견과류 가공품류, 시리얼류, 찐쌀, 효소 식품 등을 말한다. 다만, 따로 기준 및 규격이 정해진 것은 제외한다.
16 식육 가공품 및 포장육	식육 또는 식육 가공품을 주원료로 하여 가공한 햄류, 소시지류, 베이컨류, 건조 저장 육류, 양념 육류, 식육 추출 가공품, 식육 함유 가공품, 포장육을 말한다.
17 알 가공품류	· 알 가공품: 알 또는 알 가공품을 원료로 하여 식품 또는 식품 첨가물을 가한 것이거나 이를 가공한 전란액, 난황액, 난백액, 전란분, 난황분, 난백분, 알 가열 제품, 피단을 말한다. · 알 함유 가공품: 알을 주원료로 하여 제조·가공한 것으로 식품 유형 17–1에 해당되지 않는 것을 말한다.
18 유가공품	원유를 주원료로 하여 가공한 우유류, 가공유류, 산양유, 발효유류, 버터유, 농축유류, 유크림류, 버터류, 치즈류, 분유류, 유청류, 유당, 유단백 가수 분해 식품을 말한다. 다만, 커피 고형분이 0.5% 이상 함유된 음용을 목적으로 하는 제품은 제외한다.
19 수산 가공식품류	수산물을 주원료로 분쇄, 건조 등의 공정을 거치거나 이에 식품 또는 식품 첨가물을 가하여 제조·가공한 것으로 어육 가공품류, 젓갈류, 건포류, 조미 김 등을 말한다.
20 동물성 가공식품류	「축산물 위생 관리법」에서 정하고 있는 가축 이외 동물의 식육, 알 또는 동물성 원료를 주원료로 하여 가공한 기타 식육 또는 기타 알 제품, 곤충 가공식품, 자라 가공식품, 추출 가공식품 등을 말한다. 다만, 따로 기준 및 규격이 정해진 것은 제외한다.
21 벌꿀 및 화분 가공품류	꿀벌들이 채집하여 벌집에 저장한 자연물 또는 이를 가공한 것으로 벌꿀류, 로열젤리류, 화분 가공식품을 말한다.
22 즉석식품류	바로 섭취하거나 가열 등 간단한 조리 과정을 거쳐 섭취하는 것으로 생식류, 만두, 즉석 섭취·편의 식품류를 말한다. 다만, 따로 기준 및 규격이 정해져 있는 것은 제외한다.
23 기타 식품류	· 효모 식품: 식용 효모를 분리·정제하여 건조하거나 이를 가공한 것 또는 식용 효모 균주를 분리·정제한 후 자가 소화, 효소 분해, 열수 추출 등의 방법에 의해 추출한 식용 효모 추출물을 주원료로 하여 제조한 것을 말한다. · 기타 가공품: '제5. 식품별 기준 및 규격' 중 1. 과자류, 빵류 또는 떡류 내지 22. 즉석식품류에 해당되지 않는 식품으로서 해당 식품의 정의, 제조·가공 기준, 주원료, 성상, 제품명 및 용도 등이 개별 기준 및 규격에 부적합한 제품은 제외한다.

자료: 국가법령정보센터 홈페이지

로 냉각하여야 한다.

통조림 식품을 선택할 때는 외관에 손상이 없는 둥근 원통형 모양의 통조림 모양인 것을 고르며, 유통 기한을 반드시 확인하여야 한다. 또한 유통 온도(상온 15~25℃)와 품명, 내용량, 제조일(또는 포장일), 업소명, 소재지에 대한 표시 유무를 확인한다. 통조림 용기가 손상되어 있거나 부풀어 있는 경우, 곰팡이 등의 생성 또는 이물질 혼입 등의 이유로 내용물 본래의 색상을 잃은 경우, 이물질 또는 물 등이 섞여 들어가 있는 경우는 부적격 상태이다.

통조림의 적격 상태와 부적격 상태　　　　　　　　　자료: 식품의약품안전처, 2016

　　　　　　(O)　　　　　　　　　　(X)　　　　　　　　　　(X)

1. 용기 및 제품에 손상이 없고, 유통 기한을 확인해야 함
2. 용기가 손상되거나 부풀어 오른 것은 피함
3. 취급 부주의 등으로 용기의 입구 부분이 청결하지 못한 것은 피함

2) 레토르트 식품

레토르트(retort) **식품**은 단층 플라스틱 필름이나 금속박 또는 이를 여러 층으로 접착하여, 파우치와 기타 모양으로 성형한 용기에 제조·가공 또는 조리한 식품을 충전하고 밀봉하여 가열살균 또는 멸균한 것을 말한다. 레토르트 식품의 제조·가공 기준은 병·통조림의 기준과 같다. 보존료는 일절 사용하여서는 안 된다.

레토르트 식품의 유형은 즉석 조리 식품, 소스류 등 표 14-2와 같이 매우 다양하며, 장단점은 표 14-3과 같다. 레토르트 식품을 선택할 때는 외형이 팽창, 변형되지 아니하고, 내용물은 고유의 향미, 색, 물성을 가지고 이미·이취가 없어야 하며 유통 기한 등 표시 사항을 반드시 확인한다.

표 14-2
레토르트 식품의
주요 제품

식품 유형	주요 제품 및 제품 이미지	식품 유형	주요 제품 및 제품 이미지
즉석 조리 식품 (레토르트)	3분 햄버그 스테이크 (오뚜기)	소스류 (레토르트)	옛날식 짜장 (청정원)
	달콤한 데리야끼 치킨 (오뚜기)		밥 한 그릇 뚝딱! 제육덮밥 소스 (이마트)
	양반 맛있는 영양간식 밤단팥죽 (동원)		버섯크림 스파게티소스 (청정원)
	비비고 육개장 (비비고)		햇반 컵밥 레드스파이시 커리덮밥 (제일제당)
카레 (레토르트)	3분 카레 (오뚜기)	기타 (식육추출 가공품, 레토르트)	비비고 사골곰탕 (비비고)
	카레 여왕 (청정원)		참이맛 영양 삼계탕 (CK FOOD ONE)
기타 (영·유아식, 레토르트)	바른입맛 영양쌀죽 (베비언스)	기타 (과채 가공품, 레토르트)	모닝죽 단호박 (인테이크)
	맘마밀 안심유아식 (매일)		쭉죽이 고구마 (혼자가 맛있다)
기타 (땅콩 또는 견과류 가공품, 레토르트)	맛밤 (제일제당)	기타 (커피, 레토르트)	칸타타 아이스블랙 (롯데칠성)

자료: 한국농수산식품유통공사, 2016

표 14-3
레토르트 식품의
장단점

장점	단점
· 기존의 식품 포장인 캔이나 병보다 가볍고 납작한 합성수지 포장으로 공간을 덜 차지함 · 전자레인지와 뜨거운 물로 조리 완료 · 개봉이 쉽고 가벼운 포장재를 사용 · 공기와 세균을 제거하여 보존을 위한 첨가물이 필요 없으며 장기 보존이 가능 · 주머니가 납작하여 가열·살균할 때 열이 빠르게 퍼지므로 조리 시간이 단축되어 색과 향미가 좋은 제품을 만들 수 있음 · 포장비가 저렴하고 제조 과정에서 소모되는 에너지가 금속 통조림 식품을 만들 때에 비해 1/4 정도밖에 들지 않음	· 포장지가 대부분 불투명해 변질된 제품 식별이 곤란함 · 뾰족하거나 날카로운 물체에 포장이 쉽게 파손되어 내용물이 흘러나올 수 있음

자료: 한국농수산식품유통공사, 2016

3) 냉동식품

냉동식품은 제조·가공 또는 조리한 식품을 장기 보존할 목적으로 냉동 처리, 냉동 보관하는 것으로서 용기·포장에 넣은 식품을 말한다. 냉동식품은 별도의 가열 과정 없이 그대로 섭취할 수 있는 '가열하지 않고 섭취하는 냉동식품'과 섭취 시 별도의 가열 과정을 거쳐야만 하는 '가열하여 섭취하는 냉동식품'으로 나뉜다. 또한 시장에서 주로 판매되는 냉동식품은 만두류, 반찬류, 간식류, 냉동밥 등으로 분류할 수 있으며, 반찬류에는 주로 육가공 제품이, 간식류에는 튀김, 피자, 핫도그 등이 포함되어 있다.

냉동식품의 제조·가공 기준은 다음과 같다. 살균 제품은 그 중심부의 온도를 63℃ 이상에서 30분 가열하거나 이와 같은 수준 이상의 효력이 있는 방법으로 가열 살균하여야 하며, 총 균 수, 대장균 수 등의 규격 기준이 있다. 냉동식품 표시 사항은 표 14-4와 같다.

냉동식품을 선택할 때는 장기간의 냉동 보관과 부주의한 관리로 변색, 이취, 결빙 등이 발생하지 않은 식재료로 사용하기에 적합한 것을 고르고, 유통 기한 등 식품 표시 사항을 확인한다.

표 14-4
냉동식품 표시 사항

구분			표시 사항
소비자 안전을 위한 주의 사항 표시			장기 보존 식품 중 냉동식품에 대하여는 "이미 냉동된 바 있으니 해동 후 재냉동하지 마시길 바랍니다" 등의 표시
개별 표시 사항 및 표시 기준	식품별 외 표시 사항 및 표시 기준	냉동식품	(1) 냉동식품은 유형에 따라 가열하지 않고 섭취하는 냉동식품은 "가열하지 않고 섭취하는 냉동식품"으로, 가열하여 섭취하는 냉동식품은 "가열하여 섭취하는 냉동식품"으로 구분 표시하여야 한다. (2) "가열하여 섭취하는 냉동식품"의 경우 살균한 제품은 "살균 제품"으로 표시하여야 하며, 유산균 첨가 제품은 유산균 수를 함께 표시하여야 한다. (3) 냉동식품은 해당 식품의 냉동 보관 방법 및 조리 시의 해동 방법을 표시하여야 한다. (4) 조리 또는 가열 처리가 필요한 냉동식품은 그 조리 또는 가열 처리 방법을 표시하여야 한다. (5) 원재료의 전부가 식육 또는 농산물인 것으로 오인되게 하는 표시를 하여서는 아니 된다. 다만, 식육 또는 농산물의 함량을 제품명과 같은 위치에 표시하는 경우에는 그러하지 아니하다. (6) 원료육을 두 가지 이상 혼합하여 사용한 냉동식품은 단일 원료육의 명칭을 제품명으로 사용하여서는 아니 된다. 다만, 원료육의 함량을 제품명과 같은 위치에 표시하는 경우에는 그러하지 아니하다. (7) (3) 및 (4)의 규정에도 불구하고, 최종 소비자에게 제공되지 아니하고 다른 식품의 제조·가공 시 원료로 사용되는 식품에는 조리 시의 해동 방법 및 조리 또는 가열 처리 방법의 표시를 생략할 수 있다.
	식품별 표시 사항 및 표시 기준	빵 또는 떡류	(1) 제조업체가 냉동식품인 빵류 및 떡류를 해동하여 출고하려는 경우에는 제조 연월일, 해동 연월일, 냉동식품으로서의 유통 기한 이내로 설정한 해동 후 유통 기한, 해동 후 보관 방법 및 주의 사항을 표시하여야 한다. 다만, 이 경우에는 스티커, 라벨(label) 또는 꼬리표(tag)를 사용할 수 있으나 떨어지지 아니하게 부착하여야 한다. (2) 제조업체가 냉동식품인 빵류 및 떡류를 해동하여 출고할 때에는 "이 제품은 냉동식품을 해동한 제품이니 재냉동시키지 마시길 바랍니다" 등을 표시하여야 한다.
		초콜릿류	(1) 제조업체가 냉동식품인 초콜릿류를 해동하여 출고하려는 경우에는 제조 연월일, 해동 연월일, 냉동식품으로서의 유통 기한 이내로 설정한 해동 후 유통 기한, 해동 후 보관 방법 및 주의사 항을 표시하여야 한다. 다만, 이 경우에는 스티커, 라벨 또는 꼬리표를 사용할 수 있으나 떨어지지 아니하게 부착하여야 한다. (2) 제조업체가 냉동식품인 초콜릿류를 해동하여 출고할 때에는 "이 제품은 냉동식품을 해동한 제품이니 재냉동시키지 마시길 바랍니다" 등을 표시하여야 한다.

표 14-4
(계속)

구분			표시 사항
개별 표시 사항 및 표시 기준	식품별 표시 사항 및 표시 기준	젓갈류	(1) 제조업체가 냉동식품인 젓갈류를 해동하여 출고하려는 경우에는 제조 연월일, 해동 연월일, 냉동식품으로서의 유통 기한 또는 품질 유지 기한 이내로 설정한 해동 후 유통 기한 또는 품질 유지 기한, 해동 후 보관 방법 및 주의 사항을 표시하여야 한다. 다만, 이 경우에는 스티커, 라벨 또는 꼬리표를 사용할수 있으나 떨어지지 아니하게 부착하여야 한다. (2) 제조업체가 냉동식품인 젓갈류를 해동하여 출고할 때에는 "이 제품은 냉동식품을 해동한 제품이니 재냉동시키지 마시길 바랍니다" 등을 표시하여야 한다.

* 식품 등의 표시 기준, 식품의약품안전처, 시행 2018. 8. 2.
  냉동식품과 관련된 사항을 별도로 발췌하여 정리함

자료: 한국농수산식품유통공사, 2018

TIP

간편식 분류

간편식(HMR, Home Meal Replacement)은 단순한 조리 과정만 거치면 간편하게 먹을 수 있도록 식재료를 가공, 조리, 포장해 놓은 식품을 의미하며, 다양한 연구 자료를 종합해 보면, 간편식은 크게 Ready to Eat(RTE), Ready to Heat(RTH), Ready to Cook(RTC), Ready to Prepare(RTP)의 4가지로 분류할 수 있다. 그러나 식품 공전 기준으로 간편식의 범위를 살펴보면, 즉석 섭취·편의 식품류가 보편적인 범위에 해당될 수 있다. 특히 즉석 섭취·편의 식품류의 정의는 앞서 언급한 간편식의 정의와 매우 유사한 특징이 있다. 즉석 섭취·편의 식품류 외에도 냉동 만두, 카레, 피자, 핫도그, 파스타 등 다양한 제품 유형이 간편식의 형태로 출시되고 있어 최근에는 간편식의 범위가 더욱 넓어지고 있는 추세이다.

소매시장과 식품 공전 기준 간편식 분류 및 주요 제품

소매시장 분류	식품 공전 분류		간편식 주요 제품[1]	비고
Ready to Eat (구입 후 바로 섭취 가능한 제품)	즉석 섭취·편의 식품류	즉석 섭취 식품	도시락, 샌드위치, 햄버거, 김밥, 삼각김밥 등	대부분 간편식으로 출시
		신선 편의 식품	샐러드, 간편 과일, 새싹 채소 등	
Ready to Heat (단순 가열 후 섭취 가능한 제품)	즉석 섭취·편의 식품류	즉석 조리 식품	즉석밥, 죽, 수프, 국, 탕, 찌개, 순대 등	간편식 외에 다른 제품 포함
	빵 또는 떡류	만두류	냉동 만두	
	조미 식품	소스류	즉석 짜장, 하이라이스, 덮밥 소스 등	
		카레	즉석 카레 등	
	과자류, 빵류 또는 떡류	빵류	피자, 핫도그 등	
		떡류	즉석 떡볶이 등	
	면류		파스타, 우동, 칼국수, 짜장면, 짬뽕 등	
	식육 가공품 및 포장육	식육 추출 가공품	육개장, 삼계탕, 곰탕 등	
Ready to Cook (간단한 조리가 필요한 제품)	식육 가공품 및 포장육	양념육	불고기, 닭갈비 등	
		분쇄 가공육 제품	돈까스, 스테이크 등	

주 1) 식품의약품안전처, 2017년 6월 30일 고시 기준
자료: 한국농수산식품유통공사, 2017

계속

품목 분류 및 정의

품목 분류	주요 품목	정의
즉석 섭취 식품	도시락, 김밥, 샌드위치, 햄버거 등	동·식물성 원료를 식품이나 식품 첨가물을 가하여 제조·가공한 것으로서 더 이상의 가열·조리 과정 없이 그대로 섭취할 수 있는 식품
즉석 조리 식품	가공 밥, 국, 탕, 수프, 순대 등	동·식물성 원료를 식품이나 식품 첨가물을 가하여 제조·가공한 것으로서 단순 가열 등의 조리 과정을 거치거나 이와 동등한 방법을 거쳐 섭취할 수 있는 식품
신선 편의 식품	샐러드, 간편 과일 등	농·임산물을 세척, 박피, 절단 도는 세절 등의 가공 공정을 거치거나 이에 단순히 식품 또는 식품 첨가물을 가한 것으로서 그대로 섭취할 수 있는 식품

간편식은 종류별로 유통 비중에 다소 차이가 있는 특징이 있다. 즉석 조리 식품과 신선 편의 식품은 B2C로의 유통 비중이 80% 전후로 나타났다. B2B 비중은 20% 전후로 추정되는데, 즉석 조리 식품 제품 중 레토르트로 만들어진 제품이나 국·탕 제품 중 일부는 프랜차이즈 외식업체로 주로 유통되고 있다. 신선 편의 식품은 프랜차이즈 커피 전문점·카페가 B2B 주요 유통 채널로 나타났다.

즉석 섭취 식품 중 삼각김밥, 샌드위치 등은 대부분 편의점으로 유통되는 반면, 도시락은 편의점 외에 전문 판매점, 외식업체, 온라인(냉동 형태) 등 판매 채널이 상대적으로 다양한 특징이 있다. 참고로 도시락은 편의점으로의 유통 비중이 가장 높으며, 도시락 전문점과 외식업체로 고르게 유통되는 특징이 있다.

간편식 유통 구조

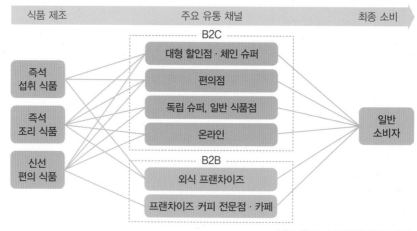

자료: 한국농수산식품유통공사, 2017

수술 후 환자식은 '곤충죽'으로

강남 세브란스병원 영양팀 연구 결과
열량·단백질 풍부한 곤충식, 위·장 수술한 환자 회복에 도움

식용 곤충인 갈색 거저리 분말을 넣은 죽, 다식, 라즈베리 주스, 젤리, 양갱과 말린 갈색 거저리 및 분말(좌측 하단에서 시계 방향). 강남 세브란스병원은 이 같은 곤충식을 환자식으로 제공했더니 "수술 환자의 영양소 섭취가 많아지고 회복도 빨라졌다"고 밝혔다. [강남 세브란스병원 제공]

열량과 단백질이 풍부한 곤충(갈색 거저리)을 활용해 만든 각종 환자식을 위나 장 수술을 받은 환자에게 제공했더니 건강 회복에 도움이 됐다는 연구 결과가 나왔다고 강남 세브란스병원 영양팀 등이 26일 밝혔다. '작은 가축'으로 불리는 곤충을 환자식에 활용해 그 효과를 검증한 것은 국내에서 이번이 처음이다.

연구팀은 지난 8월부터 약 3개월간 위암 등으로 위장관 수술을 받은 환자 34명을 두 집단으로 나눠 한 집단(20명)에는 곤충으로 만든 환자식을, 다른 집단(14명)에는 일반 환자식을 제공한 결과, "곤충식을 섭취한 쪽에서 하루 평균 섭취하는 열량과 단백질량 등이 많았다"고 밝혔다. 갈색 거저리는 새우 같은 고소한 맛을 내기 때문에 환자들의 입맛을 돋운 것은 물론, 많은 양의 식사를 못하는 환자들에게 충분한 영양소 섭취를 하게 했다는 것이다. 김형미 강남 세브란스 영양팀장은 "식용 곤충을 분말 형태로 넣으니 별도로 조리할 필요도 없어 간편하고, 환자들 거부감도 없어져 충분한 영양소를 섭취하도록 하는 데 장점이 컸다"고 말했다.

곤충식을 먹은 환자의 하루 평균 섭취 열량은 965kcal로, 기존 환자식 섭취 집단(667kcal)보다 300kcal 가까이 많았고, 하루 평균 단백질 섭취량(38.8g)도 일반 환자식 집단(24.5g)의 약 1.5배였다. 또 골격·근육으로 구성된 제지방량(몸무게에서 지방량을 제외한 무게)의 경우 곤충식 섭취 집단은 1.4%인 반면 일반 환자식 집단은 3.5% 감소한 것으로 나타났다.

박준성 강남 세브란스 교수(간담췌외과)는 "적은 양을 먹더라도 단백질 등 영양소 섭취를 늘리려면 곤충만 한 게 없다"고 말했다.

자료: 조선일보, 2016. 12. 27.

KEY
TERMS

· 가공식품

· 장기 보존 식품

· 통·병조림 식품

· 레토르트 식품

· 냉동식품

· 간편식

DISCUSSION
QUESTIONS

1. 가공식품 별 분류 및 정의를 설명하고 그 예제를 찾아보시오.

2. 통·병조림 식품의 적격 상태와 부적격 상태를 설명하시오.

3. 레토르트 식품의 장단점을 설명하시오.

4. 냉동식품의 표시 사항을 설명하시오.

5. 간편식의 시장 현황을 조사하고 추세를 설명하시오.

MEMO

부록

(단위: %)

품목		생산자 수취	유통 비용						
			계	비용별			단계별		
				직접비	간접비	이윤	출하	도매	소매
식량작물류	쌀	73.0	27.0	14.2	7.3	5.5	13.4	4.9	8.7
	콩	60.2	39.8	6.9	18.2	14.7	10.0	6.5	23.3
	봄감자	32.1	67.9	17.9	10.6	39.4	14.4	10.2	43.3
	고랭지감자	43.2	56.8	20.4	10.0	26.4	14.0	9.2	33.6
	가을감자	48.7	51.3	17.5	11.6	22.2	10.8	8.0	32.5
	고구마	30.7	69.3	27.6	10.5	31.2	22.6	7.1	39.6
	가중 평균	65.2	34.8	15.8	8.4	10.6	14.5	5.5	14.8
엽근채류	봄배추	54.4	45.6	27.0	8.2	10.4	△18.6	11.9	52.3
	고랭지배추	48.6	51.4	21.3	11.3	18.8	11.6	11.2	28.6
	가을배추	42.4	57.6	38.1	11.7	7.8	26.4	10.8	20.4
	월동배추	56.2	43.8	25.8	10.9	7.1	13.6	9.9	20.3
	봄무	49.3	50.7	37.0	13.8	△0.1	6.3	9.7	34.7
	고랭지무	44.6	55.4	26.5	10.4	18.5	12.4	11.6	31.4
	가을무	36.1	63.9	39.4	9.8	14.7	27.7	11.1	25.1
	월동무	39.3	60.7	40.6	11.3	8.8	23.5	13.4	23.8
	가중 평균	45.3	54.7	32.8	11.1	10.8	15.3	11.2	28.2
과채류	수박	61.9	38.1	13.9	18.1	6.1	11.6	8.2	18.3
	참외	57.7	42.3	16.9	14.2	11.2	11.0	8.1	23.2
	오이	55.8	44.2	15.9	10.9	17.4	6.0	9.0	29.2
	방울토마토	60.0	40.0	16.9	14.6	8.5	12.4	9.6	18.0
	딸기	58.8	41.2	21.2	16.2	3.8	17.0	7.6	16.6
	가중 평균	59.4	40.6	17.5	15.4	7.7	12.9	8.4	19.3
조미채소류	건고추	59.9	40.1	13.1	15.4	11.6	10.6	7.7	21.8
	난지형 마늘	59.0	41.0	14.7	12.8	13.5	12.2	6.2	22.6
	양파	33.6	66.4	27.4	16.2	22.8	22.3	23.6	20.5
	가중 평균	49.4	50.6	19.2	14.8	16.6	15.7	13.4	21.5

계속

품목		생산자 수취	유통 비용							
			비용별				단계별			
			계	직접비	간접비	이윤	출하	도매	소매	
과일류	사과	47.2	52.8	18.1	15.3	19.4	13.4	9.8	29.6	
	배	45.3	54.7	27.0	15.4	12.3	18.8	9.2	26.7	
	단감	*53.6*	*46.4*	*14.5*	*16.5*	*15.4*	*12.9*	*11.1*	*22.4*	
	포도	*61.4*	*38.6*	*21.8*	*9.7*	*7.1*	*14.1*	*7.2*	*17.3*	
	감귤	48.4	51.6	23.4	13.1	15.1	17.4	9.1	25.1	
	복숭아	*59.7*	*40.3*	*16.0*	*15.8*	*8.5*	*11.8*	*9.7*	*18.8*	
	가중 평균	51.1	48.9	20.2	14.4	14.3	14.7	9.4	24.8	
축산부류	소고기	52.0	48.0	9.1	13.6	25.3	1.6	12.6	33.8	
	돼지고기	56.3	43.7	10.1	23.5	10.1	1.3	17.0	25.4	
	닭고기	45.2	54.8	15.3	15.3	24.2	0.1	38.1	16.6	
	계란	62.5	37.5	11.1	20.8	5.6	4.6	14.2	18.7	
	가중 평균	53.9	46.1	10.7	18.9	16.5	1.5	18.7	25.9	
전체 가중 평균		55.6	44.4	15.3	15.1	14.0	8.8	12.9	22.7	

주 1) 가중 평균은 품목별 유통액을 가중치로 적용하여 산출

2) 기울임체는 격년 조사 대상 품목

3) 전체 유통 실태 조사 품목 중 수입 농산물은 제외

4) 본 자료의 유통 비용은 전국 통계 자료가 아니고, 주산지 실태 조사 자료를 취합한 것으로 이용 시 유의하기 바람

자료: 한국농수산식품유통공사, 2018

(단위: 원, %)

구분	생산자 수취가	유통 비용				소비자 가격
		계	직접비	간접비	이윤	
쌀 (원/20kg)	32,980.3	12,262.7	6,449.0	3,315.4	2,498.3	45,243.0
	73.0	27.0	14.2	7.3	5.5	100.0
콩 (원/kg)	3,766.0	2,491.0	431.9	1,139.1	920.0	6,257.0
	60.2	39.8	6.9	18.2	14.7	100.0
봄감자 (원/kg)	895.8	1,900.1	500.9	296.6	1,102.6	2,795.9
	32.1	67.9	17.9	10.6	39.4	100.0
고랭지감자 (원/kg)	944.2	1,270.2	456.2	223.6	590.4	2,214.4
	43.2	56.8	20.4	10.0	26.4	100.0
가을감자 (원/kg)	2,338.6	2,455.6	837.7	555.2	1,062.7	4,794.2
	48.7	51.3	17.5	11.6	22.2	100.0
고구마 (원/kg)	1,125.2	2,583.2	1,028.8	391.4	1,163.0	3,708.4
	30.7	69.3	27.6	10.5	31.2	100.0
봄배추 (원/포기)	1,325.3	1,128.0	667.9	202.8	257.3	2,453.3
	54.4	45.6	27.0	8.2	10.4	100.0
고랭지배추 (원/포기)	3,665.0	3,895.0	1,614.1	856.3	1,424.6	7,560.0
	48.6	51.4	21.3	11.3	18.8	100.0
가을배추 (원/포기)	946.7	1,281.1	847.4	260.2	173.5	2,227.8
	42.4	57.6	38.1	11.7	7.8	100.0
월동배추 (원/포기)	2,085.9	1,687.1	993.8	419.8	273.5	3,773.0
	56.2	43.8	25.8	10.9	7.1	100.0
봄무 (원/개)	738.8	778.6	568.2	211.9	−1.5	1,517.4
	49.3	50.7	37.0	13.8	−0.1	100.0
고랭지무 (원/개)	1,162.8	1,437.9	687.8	269.9	480.2	2,600.7
	44.6	55.4	26.5	10.4	18.5	100.0
가을무 (원/다발)	1,625.7	2,950.1	1,819.0	452.4	678.7	4,575.8
	36.1	63.9	39.4	9.8	14.7	100.0
월동무 (원/개)	696.0	1,076.0	719.7	200.3	156.0	1,772.0
	39.3	60.7	40.6	11.3	8.8	100.0
수박 (원/개)	11,283.4	6,952.7	2,537.3	3,301.9	1,113.5	18,236.1
	61.9	38.1	13.9	18.1	6.1	100.0

계속

구분	생산자 수취가	유통 비용				소비자 가격
		계	직접비	간접비	이윤	
참외	797.0	575.0	229.7	193.1	152.2	1,372.0
(원/개)	57.7	42.3	16.9	14.2	11.2	100.0
오이	1,347.8	1,056.7	380.1	260.6	416.0	2,404.5
(원/kg)	55.8	44.2	15.9	10.9	17.4	100.0
방울토마토	3,069.0	2,040.0	861.9	744.6	433.5	5,109.0
(원/kg)	60.0	40.0	16.9	14.6	8.5	100.0
딸기	5,585.0	3,900.0	2,006.8	1,533.5	359.7	9,485.0
(원/kg)	58.8	41.2	21.2	16.2	3.8	100.0
건고추	11,590.6	7,757.4	2,534.2	2,979.2	2,244.0	19,348.0
(원/600g)	59.9	40.1	13.1	15.4	11.6	100.0
난지형 마늘	4,838.3	3,372.7	1,209.2	1,053.0	1,110.5	8,211.0
(원/kg)	59.0	41.0	14.7	12.8	13.5	100.0
양파	652.0	1,282.0	529.0	312.8	440.2	1,934.0
(원/kg)	33.6	66.4	27.4	16.2	22.8	100.0
사과	1,860.9	2,088.0	715.8	605.0	767.2	3,948.9
(원/kg)	47.2	52.8	18.1	15.3	19.4	100.0
배	1,357.0	1,621.0	800.1	456.4	364.5	2,978.0
(원/kg)	45.3	54.7	27.0	15.4	12.3	100.0
단감	1,589.0	1,355.0	423.4	481.9	449.7	2,944.0
(원/kg)	53.6	46.4	14.5	16.5	15.4	100.0
포도	2,725.0	1,748.4	990.1	440.4	317.9	4,473.4
(원/kg)	61.4	38.6	21.8	9.7	7.1	100.0
감귤	1,531.6	1,637.7	742.7	415.8	479.2	3,169.3
(원/kg)	48.4	51.6	23.4	13.1	15.1	100.0
복숭아	3,674.6	2,483.8	986.1	973.8	523.9	6,158.4
(원/kg)	59.7	40.3	16.0	15.8	8.5	100.0
장미	4,783.5	6,716.5	2,058.7	1,345.6	3,312.2	11,500.0
(속)	41.6	58.4	17.9	11.7	28.8	100.0
국화	5,834.0	6,440.0	1,815.5	2,134.4	2,490.1	12,274.0
(속)	47.5	52.5	14.8	17.4	20.3	100.0

계속

구분	생산자 수취가	유통 비용				소비자 가격
		계	직접비	간접비	이윤	
소고기 (원/두)	8,119,367.0	7,479,260.0	1,417,943.0	2,119,123.7	3,942,193.3	15,598,627.0
	52.0	48.0	9.1	13.6	25.3	100.0
돼지고기 (원/두)	414,233.0	321,124.0	74,218.6	172,686.8	74,218.6	735,357.0
	56.3	43.7	10.1	23.5	10.1	100.0
닭고기 (원/수)	2,068.0	2,502.0	698.6	698.5	1,104.9	4,570.0
	45.2	54.8	15.3	15.3	24.2	100.0
계란 (원/10개)	4,565.0	2,733.0	809.0	1,515.9	408.1	7,298.0
	62.5	37.5	11.1	20.8	5.6	100.0

주 1) 생산자 수취가는 소비자 가격에서 유통 비용이 공제된 금액임(품목별 조사 시점 가격을 기준함)

　　2) 기울임체는 격년 조사 대상 품목

자료: 한국농수산식품유통공사, 2018

(단위: %)

APPENDIX

2-3

연도별 식품
유통 비용
추이

구분		'08	'09	'10	'11	'12	'13	'14	'15	'16	'17
유통 비용률		44.5	44.1	42.3	41.8	43.9	45.0	44.8	43.8	44.8	44.4
비용별	직접비	14.1	14.4	12.9	13.4	14.1	14.3	16.9	15.8	16.0	15.3
	간접비	16.7	16.6	15.6	15.9	14.9	17.3	13.3	14.0	14.8	15.1
	이윤	13.7	13.1	13.8	12.5	14.9	13.4	14.6	14.0	14.0	14.0
단계별	출하 단계	10.3	12.2	11.1	10.0	9.1	9.1	10.0	9.3	8.8	8.8
	도매 단계	9.6	9.3	7.9	8.6	12.1	12.3	11.6	12.6	13.4	12.9
	소매 단계	24.6	22.6	23.3	23.2	22.7	23.6	23.2	21.9	22.6	22.7

주) 조사 지역 전체 평균의 가중 평균치임

자료: 한국농수산식품유통공사, 2018

APPENDIX

2-4

**농산물의
표준 거래 단위**

(제3조 관련)

종류	품목	표준 거래 단위
과실류	사과	5kg, 7.5kg, 10kg
	배, 감귤	3kg, 5kg, 7.5kg, 10kg, 15kg
	복숭아, 매실, 단감, 자두, 살구, 모과	3kg, 4kg, 4.5kg, 5kg, 10kg, 15kg
	포도	3kg, 4kg, 5kg
	금감, 석류	5kg, 10kg
	유자	5kg, 8kg, 10kg, 100과
	참다래	5kg, 10kg
	양앵두(버찌)	5kg, 10kg, 12kg
	앵두	8kg
채소류	마른 고추	6kg, 12kg, 15kg
	고추	5kg, 10kg
	오이	10kg, 15kg, 20kg, 50개, 100개
	호박	8kg, 10kg, 10~28개
	단호박	5kg, 8kg, 10kg, 4~11개
	가지	5kg, 8kg, 10kg, 50개
	토마토	5kg, 7.5kg, 10kg, 15kg
	방울토마토, 피망	5kg, 10kg
	참외	5kg, 10kg, 15kg, 20kg
	딸기	8kg
	수박	5~22kg, 1~5개
	조롱수박	5~6kg, 2~5개
	멜론	5kg, 8kg, 2~10개
	풋옥수수	8kg, 10kg, 15kg, 20개, 30개, 40개, 50개
	풋완두콩	8kg, 20kg
	풋콩	15kg, 20kg
	양파	5kg, 8kg, 10kg, 12kg, 15kg, 20kg
	마늘	5kg, 10kg, 15kg, 50개, 100개
	깐마늘, 마늘종	5kg, 10kg, 20kg
	대파, 쪽파	5kg, 10kg
	무	8~12kg, 18~20kg, 5~12개
	총각무	5kg, 10kg
	결구배추, 양배추	2~6포기

계속

종류	품목	표준 거래 단위
채소류	당근	10kg, 15kg, 20kg
	시금치, 들깻잎	8kg, 10kg, 15kg
	결구상추	8kg
	부추	5kg, 10kg, 20kg
	마, 생강, 우엉	10kg, 20kg
	연근	5kg, 15kg, 20kg
	미나리	5kg, 10kg, 15kg
	고구마순	10kg, 20kg
	쑥갓, 양미나리(셀러리), 케일	10kg
	붉은양배추(루비볼)	14~16kg, 18~20kg
	녹색꽃양배추(브로콜리), 고들빼기, 머위	8kg, 10kg
	꽃양배추(칼리플라워)	8kg, 10kg, 12kg
	신립초	15kg
	갓	5kg, 10kg
	콩나물	6kg, 10kg
	달래	8kg, 10kg
서류	감자	5kg, 8kg, 10kg, 15kg, 20kg
	고구마	5kg, 8kg, 10kg, 15kg
특작류	참깨, 피땅콩	20kg
	알땅콩	12kg, 15kg, 18kg, 20kg
	들깨	12kg
	수삼	10kg, 15kg, 20kg
버섯류	큰느타리버섯(새송이버섯)	6kg
	팽이버섯	5kg
	영지버섯	5kg, 10kg
곡류	쌀, 찹쌀, 현미, 보리쌀, 눌린보리쌀, 할맥, 좁쌀, 율무쌀, 콩, 팥, 녹두, 수수쌀, 기장쌀, 메밀	10kg, 20kg
	옥수수(팝콘용)	15kg, 20kg
	옥수수쌀	12kg, 20kg

주) 5kg 이하 표준 거래 단위는 별도로 정한 품목 외는 유통 현실에 맞게 규정하지 않음

자료: 국립농산물품질관리원 고시 제2018-44호

신선편이 농산물 표준 규격

1. 적용 범위: 본 규격은 국내에서 생산된 농산물에 적용되며, 포장 단위별로 적용한다.

2. 적용 대상

농산물을 편리하게 조리할 수 있도록 세척, 박피, 다듬기 또는 절단 과정을 거쳐 포장되어 유통되는 채소류, 서류, 버섯류 등의 농산물을 대상으로 한다.

3. 품질(적합) 규격

가. 색깔

① 농산물 품목별 고유의 색을 유지하여야 함

② 절단된 농산물을 육안으로 판정하여 다음과 같은 변색이 나타나지 않아야 함

· 엽채류는 핑크색 또는 갈색이 잎의 중앙부(엽맥)까지 확산되지 않아야 함

· 엽경채류는 육안으로 판정하여 심한 황색 또는 갈색이 나타나지 않아야 함

· 근채류 중 당근은 표면에 백화 현상이 심하지 않아야 하고 무, 당근, 연근, 우엉 등은 절단면에서 갈변이 심하지 않아야 함

· 마늘은 녹변 또는 핑크색이 나타나지 않아야 하며, 양파는 색이 검게 나타나지 않고, 파는 황색으로 변하지 않아야 함

· 감자, 고구마는 갈변과 녹변이 심하지 않아야 함

나. 외관

① 병충해, 상해 등의 피해가 발견되지 않아야 함

② 엽채류 잎에 검은 반점 또는 물에 잠긴(수침) 증상이 포장된 상태에서 육안으로 발견되지 않아야 함

③ 엽경채류, 근채류, 버섯류 등이 짓물려 있거나 점액 물질이 심하게 발견되지 않아야 함

④ 과채류가 지나치게 물러져 주스가 흘러내리지 않아야 함

⑤ 서류는 지나치게 전분질이 나와 표면에 묻어 있지 않아야 함

다. 이물질

포장된 신선편이 농산물의 원료 이외에 이물질이 없어야 함

라. 신선도

① 표면이 건조되어 마른 증상이 없어야 하며, 부패된 것이 나타나지 않아야 함

② 물러지거나 부러짐이 심하지 않아야 함

마. 포장 상태

유통 중 포장재에 핀홀(구멍)이 발생하거나 진공 포장의 밀봉이 풀리지 않아야 함

바. 이취

포장재 개봉 직후 심한 이취가 나지 않아야 하며, 이취가 발생하여도 약간만 느끼어 품목 고유의 향에 영향을 미치지 않아야 함

4. 포장 규격

가. 포장 재료는 「식품 위생법」에 따른 기구 및 용기 포장의 기준 및 규격과 「폐기물 관리법」 등 관계 법령에 적합하여야 한다.

나. 포장 치수의 길이, 너비는 한국산업규격(KS T 1002)에서 정한 수송 포장계열 치수 69개 및 40개 모듈, 또는 표준 팰릿(KS T 0006)의 적재 효율이 90% 이상인 것으로 한다. 단, 5kg 미만 소포장 및 속포장 치수는 별도로 제한하지 않는다.

다. 거래 단위는 거래 당사자 간의 협의 또는 시장 유통 여건에 따라 자율적으로 정하여 사용할 수 있다.

5. 표시 사항

출하하는 자가 표준 규격품임을 표시할 경우 해당 물품의 포장 표면에 "표준 규격품"이라는 문구와 함께 품목·산지·품종·등급·무게·생산자 또는 생산자 단체 명칭(판매자 명칭으로 갈음할 수 있음) 및 전화번호를 표시하여야 한다. 다만, 품종·등급은 생략할 수 있다.

자료: 국립농산물품질관리원 고시 제2018-44호

농산물의 표준 규격품의 표시 방법

1. 표시 사항

가. 의무 표시 사항

1) "표준 규격품" 문구

2) 품목

3) 산지

산지는 「농수산물의 원산지 표시에 관한 법률」 시행령 제5조(원산지의 표시 기준) 제1항의 국산 농산물 표기에 따른다.

4) 품종

품종을 표시하여야 하는 품목과 표시 방법은 다음과 같다.

종류	품목	표시 방법
과실류	사과, 배, 복숭아, 포도, 단감, 감귤, 자두	품종명을 표시
채소류	멜론, 마늘	품종명 또는 계통명 표시
	위 품목 이외의 것	품종명 또는 계통명 생략 가능

5) 등급

6) 내용량 또는 개수

농산물의 실중량을 표시한다. 다만, [별표 1] 농산물의 표준 거래 단위에 따라 무게 또는 개수로 표시할 수 있는 품목은 다음과 같다.

종류	품목	표시 방법
과실류	유자	무게 또는 개수를 표시
채소류	오이, 호박, 단호박, 가지, 수박, 조롱수박, 멜론, 풋옥수수, 마늘, 무, 결구배추, 양배추	무게 또는 개수(포기 수)를 표시

※ 무게 또는 개수의 표시는 [별표 1] 농산물 표준 거래 단위에 맞아야 하며, 3kg 미만의 내용물(개수) 확인이 가능한 소(속)포장은 무게를 생략하고 개수(송이 수)만 표시할 수 있다.

7) 생산자 또는 생산자 단체의 명칭 및 전화번호

※ 생산자 또는 생산자 단체의 명칭은 판매자 명칭으로 갈음할 수 있다.

나. 권장 표시 사항

1) 당도 및 산도 표시

계속

가) 당도 표시를 할 수 있는 품목(품종)과 등급별 당도 규격

품목	품종	등급	
		특	상
사과	· 후지, 화홍, 감홍, 홍로	14 이상	12 이상
	· 홍월, 서광, 홍옥, 쓰가루(착색계)	12 이상	10 이상
	· 쓰가루(비착색계)	10 이상	8 이상
배	· 황금, 추황	12 이상	10 이상
	· 신고(상 10이상), 장십랑	11 이상	9 이상
	· 만삼길	10 이상	8 이상
복숭아	· 서미골드, 진미	13 이상	10 이상
	· 찌요마루, 유명, 장호원황도, 천홍, 천중백도	12 이상	10 이상
	· 백도, 선광, 수봉, 미백	11 이상	9 이상
	· 포목, 창방, 대구보, 선프레, 암킹	10 이상	8 이상
포도	· 델라웨어, 새단, MBA	18 이상	16 이상
	· 거봉	17 이상	15 이상
	· 캠벨얼리	14 이상	12 이상
감귤	· 한라봉, 천혜향, 진지향	13 이상	12 이상
	· 온주밀감(시설), 청견, 황금향	12 이상	11 이상
	· 온주밀감(노지)	11 이상	10 이상

금감	· 특 − 12°Bx에 미달하는 것이 5% 이하인 것
	  단, 10°Bx에 미달하는 것이 섞이지 않아야 한다.
	· 상 − 11°Bx에 미달하는 것이 5% 이하인 것
	  단, 9°Bx에 미달하는 것이 섞이지 않아야 한다.		

단감	· 서촌조생	14 이상	12 이상
	· 부유	13 이상	11 이상
	· 대안단감	12 이상	11 이상
자두	· 포모사	11 이상	9 이상
	· 대석조생	10 이상	
참외		11 이상	9 이상
딸기		11 이상	9 이상
수박		11 이상	9 이상
조롱수박		12 이상	10 이상
멜론		13 이상	11 이상

※ 당도 표시 대상은 등급 규격의 특 · 상품에 한하며, 당도를 표시할 경우에는 등급 규격에 등급별 당도 규격을 포함하여 특 · 상으로 표시하여야 한다.

계속

나) 당도 표시 방법:

① 해당 당도를 브릭스(°Bx) 단위로 표시하되 다음 예시와 같이 표시 모형과 구분 표 방식으로 표시할 수 있다.

② 당도 구분은 [별표 4] 권장 표시 사항의 등급별 당도 규격의 상등급 미만은 "보통 당도", 상등급은 "높은 당도", 특등급은 "매우 높은 당도"로 표시한다.

〈수박의 당도 표시(예시)〉

보통 당도	높은 당도	매우 높은 당도
9 미만(°BX)	9~11미만(°BX)	11 이상(°BX)

· 다만, 비파괴 당도 선별기를 이용한 품목의 경우 아래 표와 같이 당도의 허용 오차를 줄수 있다.

종류	품목	허용 오차
과실류	사과, 배, 감귤	±0.5°Bx
채소류	수박	±1.0°Bx
	멜론, 참외	±1.5°Bx

다) 감귤류는 당도 이외에 산도를 % 단위로 표시

2) 크기(무게, 길이, 지름) 구분에 따른 구분표 또는 개수(송이 수) 구분표 표시

〈크기 구분 표시(사과 예시)〉

구분 \ 호칭	3L	2L	L	M	S	2S
g/개	375 이상	300 이상 375 미만	250 이상 300 미만	214 이상 250 미만	188 이상 214 미만	167 이상 188 미만

또는 상자당 단위 무게로 산출한 개수 표시

계속

구분 \ 호칭	3L	2L	L	M	S	2S
개/5kg	13 미만	13 이상 17 미만	17 이상 20 미만	20 이상 23 미만	23 이상 27 미만	27 이상 30 미만

※ 크기(무게) 구분표에 체크 방식으로 표시, 과일 등은 개수 구분 표시 가능

3) 포장 치수 및 포장재 중량
4) 영양·주요 유효 성분
가) 품목과 성분

품목	영양·주요 유효 성분
사과, 배, 감귤, 감자 등 농산물 표준 규격이 제정된 품목(화훼류 제외)	에너지, 단백질, 지질, 탄수화물, 캡사이신, 안토시아닌 등

나) 표시 방법
– 농촌진흥청의 "국가 표준 식품 성분표" 및 「식품 위생법」에 따른 "식품 등의 표시 기준" 등의 표시 방법에 따라 표시
다) 고추 매운 정도(캡사이신 함량) 표시 방법
– 고추의 매운 정도를 4단계로 구분하여 아래 표시 예시와 같이 표시

〈고추 매운 정도 표시(예시)〉

맵지 않음	약간 매움	보통 매움	매우 매움
100 미만	100~800	800~2,000	2,000 이상

※ 소포장의 경우 해당 단계의 "매운 정도" 표시만 할 수 있음

2. 표시 방법
　가. 포장 외면에 일괄 표시하되 품목, 생산자 또는 생산자 단체의 명칭 및 전화번호, 권장 표시 사항은 별도로 표시할 수 있다.
　나. 의무 및 권장 표시 사항 외에 추가 표시 사항이 있는 경우에는 추가할 수 있다.
　다. 표시 양식(예시)

계속

표준 규격품				
품목		등급		생산자(생산자 단체)
품종		내용량	kg	이름
산지		(개수)	( )	전화번호

〈포장재 치수 : 510×360×140mm, 포장재 중량 : 1,200g±5%〉

라. 글자 및 양식의 크기와 표시 위치는 품목의 특성, 포장재의 종류 및 크기 등에 따라 임의로 조정할 수 있다.

※ 곡류, 서류는 「양곡 관리법」 시행 규칙 제7조의3(양곡의 표시 사항 등)에 따른 표시 사항을 준수해야 함

자료: 국립농산물품질관리원 고시 제2018-44호

수산물의 표준 규격품의 표시 방법

표준 규격품을 출하하는 자는 「농수산물 품질 관리법」 시행 규칙 제7조 제2항의 규정에 따라 "표준 규격품" 문구와 함께 품목, 산지, 생산 연도, 등급, 무게(마릿수), 생산자 또는 생산자 단체의 명칭 및 전화번호를 포장 외면에 표시하여야 한다. 단, 품종을 표시하여야 하는 품목과 무게 또는 마릿수의 표시 방법은 아래 2항과 같다.

① 표시 양식(예시)

표준 규격품					
품목		등급		생산자(생산자 단체)	
산지		무게	kg	이름	
생산 연도		(마릿수)	(마리)	전화번호	

※ 무게는 반드시 표기하여야 하며 필요시 마릿수를 병기할 수 있다.

② 일반적인 표시 방법
㉠ 표시 사항은 가급적 한곳에 일괄 표시하여야 한다.
㉡ 품목의 특성. 포장재의 종류 및 크기 등에 따라 양식의 크기와 글자의 크기는 임의로 조정할 수 있다.
㉢ 위 표시 사항 외에 추가 표시 사항이 있는 경우에는 추가할 수 있다.
㉣ 원양산의 생산지 표시는 농수산물의 원산지 표시에 관한 법률 시행령 제5조 제1항에서 정하는 바에 따른다.

자료: 국립수산물품질관리원 고시 제 2016-6호

소고기 부분육 상장 표준 규격

1. 등급 규격

소고기 부분육의 등급 규격은 「축산법」 제35조 및 농림축산식품부 장관이 고시한 「축산물 등급 판정 세부 기준」의 규정에 따라 축산물 품질 평가사가 판정한 당해 소 도체의 육질 등급 (1^{++}, 1^{+}, 1, 2, 3, 등외)을 준용하고, 등급 규격의 표시 방법은 아래 표와 같다.

등급 규격 및 표시 방법

등급 규격	1^{++}등급	1^{+}등급	1등급	2등급	3등급	등외 등급
등급 규격 표시	1^{++}등급	1^{+}등급	1등급	2등급	3등급	등외

2. 중량 규격

소고기 부분육의 중량 규격은 아래 표와 같으며 중량 규격의 표시는 "대", "중", "소"로 한다.

중량 규격표

(단위: kg)

부위명	대	중	소
안심	3.3이상	3.3미만~3.0이상	3.0미만
채끝	4.2	4.2~3.9	3.9
등심	19.8	19.8~17.4	17.4
목심	7.8	7.8~6.9	6.9
앞다리	13.8	13.8~12.2	12.2
우둔	11.2	11.2~10.3	10.3
설도	17.8	17.8~16.1	16.1
양지	16.0	16.0~14.0	14.0
치마살	4.6	4.6~4.0	4.0
사태	8.1	8.1~7.4	7.4
갈비	26.3	26.3~23.0	23.0

※ 다만, 토시살, 제비추리, 안창살 및 도가니살의 경우 중량 규격을 적용하지 않고, 포장의 중량에 따라서 거래하도록 한다.

자료: 농림축산식품부 고시 제2018-6호

1. 도매시장 개괄

APPENDIX

3-1

도매시장 현황

(단위: 개소)

구분	도매시장	도매시장법인						시장도매인
			청과	수산	축산	양곡	약용	
계	49	121	88	27	4	–	2	56
공영도매시장	33	106	81	25	–	–	–	56
일반 법정도매시장	13	12	5	2	3	–	2	–
민영도매시장	3	3	2	–	1	–	–	–

주 1) 양곡부류의 경우 도매시장은 있으나, 농협중앙회 양곡공판장 폐업('10.12) 이후 시장 내 양곡 지정 법인 없음

　 2) 시장도매인(56개소): 강서(청과 52), 대구북부(수산 3), 안동(수산 1)

　 3) 법인 영업정지: 충주농수산물도매시장 중원수산(주)('18.11.2)

　 4) 대구북부농수산물도매시장 시장도매인: 대구수산(주) 지정취소('18.9.30) 및 (주)매천수산 신규지정('18.10.1)

자료: 한국농수산식품유통공사, 2019

2. 연도별·부류별 도매시장

(단위: 개소)

구분		'09	'10	'11	'12	'13	'14	'15	'16	'17	'18
계		50	49	48	48	48	48	48	49	49	49
공영도매시장		33	33	33	33	33	33	33	33	33	33
일반 법정 도매 시장	소계	14	13	13	13	12	12	12	12	13	13
	청과	5	5	5	5	5	5	5	5	5	5
	수산	2	2	2	2	2	2	2	2	2	2
	축산	5	4	4	4	3	3	3	3	3	3
	양곡	1	1	1	1	1	1	1	1	1	1
	약용	1	1	1	1	1	1	1	1	2	2
민영도매시장		3	3	2	2	3	3	3	4	3	3

주 1) 영천약초도매시장(일반법정, 약용)은 '15년에 개장하였으나, 정보가 누락되어 '17년부터 통계에 포함

　 2) 민영도매시장 폐업: 논산민영농산물도매시장('17.12.26)

자료: 한국농수산식품유통공사, 2019

구분	번호	시장명	개장일	입주 법인(개소)(시장도매인)	규모(m²)		전화번호
					부지	건물	
	1	서울가락동농수산물도매시장	'85.06.19	9	544,069	453,879	(02) 3435-1000
	2	서울강서농산물도매시장	'04.02.25	3(52)	213,032	128,723	(02) 2640-6000
	3	부산엄궁농산물도매시장	'93.12.21	3	151,190	91,844	(051) 310-8282
	4	부산반여농산물도매시장	'00.12.22	3	151,642	80,028	(051) 550-8211
	5	부산국제수산물도매시장	'08.09.18	4	102,484	112,352	(051) 220-8817
	6	대구북부농수산물도매시장	'88.10.07	5(3)	154,121	97,983	(053) 803-7000
	7	인천구월농산물도매시장	'94.01.11	4	60,872	44,102	(032) 426-8303
	8	인천삼산농산물도매시장	'01.05.09	3	107,912	59,155	(032) 440-6450
	9	광주각화동농산물도매시장	'91.02.27	3	56,206	35,672	(062) 613-5522
	10	광주서부농수산물도매시장	'04.04.20	4	111,201	61,696	(062) 613-5475
	11	대전오정농수산물도매시장	'87.11.02	3	70,854	44,548	(042) 622-3387
	12	대전노은농수산물도매시장	'01.07.21	3	112,282	53,545	(042) 270-7944
	13	울산농수산물도매시장	'90.03.20	5	41,305	18,861	(052) 267-7220
	14	수원농수산물도매시장	'93.02.27	5	68,441	19,653	(031) 228-2723
	15	안양농수산물도매시장	'97.09.06	2	84,941	55,944	(031) 8045-2632
	16	안산농수산물도매시장	'98.02.27	3	42,499	28,303	(031) 481-2771
공영	17	구리농수산물도매시장	'97.06.09	5	187,398	144,449	(031) 560-5100
	18	춘천농수산물도매시장	'96.09.06	2	31,150	13,535	(033) 253-3891
	19	원주농산물도매시장	'01.04.04	2	44,800	13,995	(033) 737-4350
	20	강릉농산물도매시장	'99.11.24	1	65,825	16,267	(033) 646-4654
	21	청주농수산물도매시장	'88.11.10	3	44,088	20,302	(043) 201-2251
	22	충주농수산물도매시장	'95.11.15	3	45,756	15,341	(043) 850-3943
	23	천안농수산물도매시장	'95.07.18	3	56,395	30,456	(041) 521-2842
	24	전주농수산물도매시장	'93.10.29	4	59,578	23,753	(063) 281-5372
	25	익산농수산물도매시장	'98.01.05	3	105,782	23,777	(063) 843-7747
	26	정읍농산물도매시장	'00.03.10	2	70,917	16,793	(063) 532-4001
	27	순천농산물도매시장	'01.04.18	3	74,461	30,941	(061) 749-8811
	28	포항농산물도매시장	'01.10.26	3	84,053	30,787	(054) 270-4787
	29	안동농수산물도매시장	'97.04.21	2(1)	84,818	20,264	(054) 859-4070
	30	구미농산물도매시장	'01.04.17	2	83,049	23,833	(054) 480-4751
	31	창원팔용농산물도매시장	'95.10.14	2	50,284	32,610	(055) 225-7861
	32	창원내서농산물도매시장	'02.12.27	2	78,820	34,501	(055) 225-7821
	33	진주농산물도매시장	'99.11.24	2	77,254	40,065	(055) 749-6195

계속

구분	번호	시장명	개장일	입주 법인(개소) (시장도매인)	규모(m²)		전화번호
					부지	건물	
일반법정	1	서울노량진수산물도매시장	'71.06.	(주)노량진수산	40,214	118,346	(02) 2254-8003
	2	서울양재양곡도매시장	'88.08.03	-	32,095	18,090	(02) 576-3690
	3	대구축산도매시장	'81.04.01	(주)신흥산업	37,597	12,244	(053) 380-2100
	4	대구한약재도매시장	'82.07.01	(주)대구한약재 도매시장	937	1,600	(053) 257-0545
	5	인천가좌축산물도매시장	'82.06.21	삼성식품(주)	8,758	5,816	(032) 575-9801
	6	광주축산물도매시장	'84.06.01	(주)삼호축산	18,127	7,227	(062) 571-8110
	7	목포농산물도매시장	'97.05.26	(주)목포농수산	14,275	5,452	(061) 281-4751
	8	여수농산물도매시장	'14.12.01	여수중앙청과 유통(주)	1,560	1,207	(061) 663-4860
	9	포항수산물도매시장	'09.12.09	(주)신포항수산	14,420	1,242	(054) 247-9975
	10	경주농산물도매시장	'63.10.18	경주중앙청과(주)	1,173	181	(054) 772-3232
	11	김천농산물도매시장	'06.05.01	(주)새김천청과	16,339	3,101	(054) 434-3493
	12	영천농산물도매시장	'98.07.18	영천농산물도매 시장(주)	4,757	2,248	(054) 333-6111
	13	영천약초도매시장	'15.10.17	영천약초 도매시장(주)	2,470	1,655	(054) 333-0710
민영	1	안양민영축산물도매시장	'98.11.	(주)협신식품	20,547	24,430	(031) 447-9001
	2	상주민영농산물도매시장	'72.08.23	상주남문청과(주)	2,950	1,418	(054) 535-2991
	3	영주민영농산물도매시장	'16.06.24	영주농산물(주)	33,347	4,813	(054) 636-0310

주 1) 입주법인란의 괄호 안은 시장도매인 개소 수

　2) 일반법정 및 민영도매시장은 입주법인란에 해당 도매시장 운영주체인 법인이름 표기

　3) 서울양재양곡도매시장은 양곡공판장 폐업('10.12) 이후 입주 법인이 없으며, 서울시농수산식품공사 관리사무소에서 운영 중

자료: 한국농수산식품유통공사, 2019

APPENDIX

3-3

시장 부류별
유통 종사자
현황

연도	시장별		합계	도매법인 임직원	중도매인			매매 참가인	하역인	관리사무소 (공사) 직원
					개인	법인	계			
'18	계		16,434	3,051	5,478	2,555	8,033	789	3,690	871
	공영	소계	15,165	2,446	4,994	2,509	7,503	712	3,639	865
		청과	12,665	2,085	4,344	1,920	6,264	422	3,062	832
		수산	2,500	361	650	589	1,239	290	577	33
	일반 법정	소계	972	413	414	41	455	63	35	6
		청과	198	44	114	10	124	3	27	–
		수산	348	128	191	20	211	5	4	–
		축산	318	227	48	–	48	39	4	–
		양곡	41	–	34	1	35	–	–	6
		약용	67	14	27	10	37	16	–	–
	민영	소계	297	192	70	5	75	14	16	–
		청과	35	12	13	4	17	2	4	–
		축산	262	180	57	1	58	12	12	–

자료: 한국농수산식품유통공사, 2019

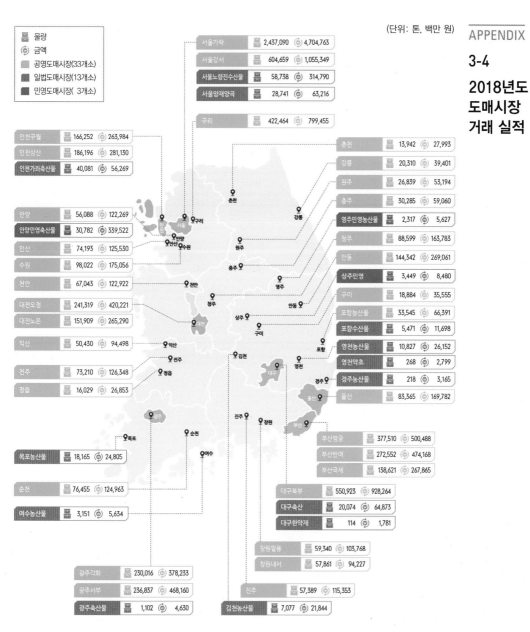

(단위: 톤, 백만 원)

범례
- 물량
- 금액
- 공영도매시장(33개소)
- 일법도매시장(13개소)
- 민영도매시장(3개소)

시장	물량	금액
서울가락	2,437,090	4,704,763
서울강서	604,659	1,055,349
서울노량진수산물	58,738	314,790
서울양재양곡	28,741	63,216
구리	422,464	799,455
인천구월	166,252	263,984
인천삼산	186,196	281,130
인천가좌축산물	40,081	56,269
안양	56,088	122,269
안양민영축산물	30,782	339,522
안산	74,193	125,530
수원	98,022	175,056
천안	67,043	122,922
대전오정	241,319	420,221
대전노은	151,909	265,290
익산	50,430	94,498
전주	73,210	126,348
정읍	16,029	26,853
춘천	13,942	27,993
강릉	20,310	39,401
원주	26,839	53,194
충주	30,285	59,060
영주민영농산물	2,317	5,627
원주	88,599	163,783
안동	144,342	269,061
상주민영	3,449	8,480
구미	18,884	35,555
포항농산물	33,545	66,391
포항수산물	5,471	11,698
영천농산물	10,827	26,152
영천약초	268	2,799
경주농산물	218	3,165
울산	83,365	169,782
목포농산물	18,165	24,805
순천	76,455	124,963
여수농산물	3,151	5,634
부산엄궁	377,510	500,488
부산반여	272,552	474,168
부산국제	138,621	267,865
대구북부	550,923	928,264
대구축산	20,074	64,873
대구한약재	114	1,781
창원팔용	59,340	103,768
창원내서	57,861	94,227
진주	57,389	115,353
광주각화	230,016	378,233
광주서부	236,837	468,160
광주축산물	1,102	4,630
김천농산물	7,077	21,844

자료: 한국농수산식품유통공사, 2019

APPENDIX

3-5

시장
종류별·부류별
거래 실적

(단위: 톤, 억 원)

구분		'17		'18		증감률(%)	
		물량	금액	물량	금액	물량	금액
총계		7,586,926	137,402	7,393,095	138,786	△2.6%	1.0%
공영	청과	7,012,920	115,155	6,843,183	117,084	△2.4%	1.7%
	수산	330,115	12,713	319,338	12,149	△3.3%	△4.4%
	소계	7,343,034	127,868	7,162,521	129,233	△2.5%	1.1%
일반 법정	청과	43,211	788	39,437	816	△8.7%	3.6%
	수산	70,069	3,294	64,209	3,265	△8.4%	△0.9%
	축산	64,626	1,499	61,257	1,258	△5.2%	△16.1%
	양곡	24,239	464	28,741	632	18.6%	36.2%
	약용	356	42	382	46	7.3%	9.0%
	소계	202,500	6,086	194,026	6,017	△4.2%	△1.1%
민영	청과	8,133	125	5,766	141	△29.1%	12.9%
	축산	33,258	3,322	30,782	3,395	△7.4%	2.2%
	소계	41,391	3,448	36,548	3,536	△11.7%	2.6%

자료: 한국농수산식품유통공사, 2019

4-1

구매 담당자의 윤리

구매 담당자의 윤리

구매 윤리 헌장

CJ 구매인은 회사의 수익성 향상에 기여하는 구매 전문가로서의 역할을 깊이 인식하고 정직과 신회를 기반으로 경영의 동반자인 협력 회사와 더불어 "WIN–WIN"의 가치 구매를 실천하여, 항상 공평무사하고 깨끗한 도덕적 바탕 위에 법규와 약속을 준수하는 열린 구매를 추구한다.

구매 윤리 현장

하나, 우리는 부여받은 권한과 책임을 바탕으로 객관적이고 합리적으로 업무를 수행한다.

하나, 우리는 상도의에 부합하고 윤리적으로 행동하며, 일체의 부당 행위를 하지 않는다.

하나, 우리는 회사의 수익성 향상을 위한 적극적인 구매 활동을 한다.

하나, 우리는 회사 발전의 동반자로서 협력 회사의 중요성을 인식하고 상호 발전을 위해 노력한다.

하나, 우리는 CJ 구매인으로서 자부심을 가지고 명예와 품위를 지키며 자기 개발에 힘쓴다.

자료: CJ 제일제당 홈페이지

APPENDIX
5-1
구매 입찰
공고의 예

○○고등학교 공고 제2×××-09호

2×××년 6월분 ○○고등학교 급식 재료(농·수·공·잡곡) 구매 소액 수의 견적 전자 입찰 공고

1. 입찰에 부치는 사항
• 구매 물품 내역

번호	구매 물품	품명 및 규격	입찰서 제출 기간	개찰 일시	기초 금액(원)	비고
1	2×××년 6월분 학교 급식용 식재료(농·수·공·잡곡) 구매	〈붙임 1〉 내역서 참조	2×××. 5. 26.(수) 09:30 ~ 2×××. 5. 27.(목) 10:00	2×××. 5. 27.(목) 11:00	23,962,253원	

• 납품 장소 : ○○고등학교 급식소 내
• 납품 기간 : 2×××. 6. 1.~6. 30.(1개월)

2. 입찰 및 계약 방식
• 제한적 총액 입찰(낙찰 하한율 87.745%)이며, 지역 제한 입찰입니다.
• 조달청 국가종합전자조달(G2B) 홈페이지(http://www.g2b.go.kr)의 전자 입찰 시스템을 이용한 전자 입찰 방식이고, 입찰에서 계약까지 전 과정이 G2B를 통해 이루어집니다.
• 전자 계약 업무 처리 요령은 [국가종합전자조달(G2B) 홈페이지(http://www.g2b.go.kr)고객 지원〉온라인 도우미〉사용자 설명서]를 참조하시기 바랍니다.
• 예정 가격 작성은 복수 예정 가격으로 결정됩니다.
• 부산광역시교육청 청렴 계약제 시행 대상입니다.

3. 입찰 참가 자격
• 지방 자치 단체를 당사자로 하는 계약에 관한 법률 시행령 제13조 및 동법 시행 규칙 제14조의 규정에 따른 자격을 갖춘 자로서 주된 사무소가 부산광역시 내에 사업장 소재지가 있는 업체로서 농, 수, 공, 잡곡 도·소매 사업허가를 득한 자
• '집단 급식소 식품 판매업' 영업 신고를 한 업체로 신고 필증을 제출할 수 있는 자
• 보냉 탑차 보유 및 당해 차량의 차량 등록증 및 보험 가입 증명서 원본을 제시할 수 있는 자 (냉동 탑차로 납품. 차량 내부 온도를 확인할 수 있는 온도계 비치)
• 전자 입찰 방식으로 집행되므로 국가종합전자조달시스템(http://www.g2b.go.kr) 이용자 등록을 하여야 하며, 미등록업체는 입찰서 제출 마감 전일까지 조달청 등록 규정에 따라 국가

계속

종합전자조달시스템 가입 및 공인 인증 기관의 인증서를 받은 후 국가종합전자조달시스템 이용자 등록을 하여야 합니다.
- 미자격자가 고의로 입찰에 참가하거나, 지방자치단체를 당사자로 하는 계약에 관한 법률 제31조 및 동법 시행령 제92조에 해당한다고 판단될 경우에는 관계 규정에 따라 부정당업자로 제재할 수 있습니다.

4. 현품 설명
별도의 현품 설명은 없으며, 반드시 첨부 파일을 숙지하고 입찰에 응하여 주시기 바라며 문의 사항이 있으면 우리 학교 급식실(☎○○○-○○○-○○○○)로 문의하시기 바랍니다.

5. 입찰서 제출
- 본 입찰은 전자 입찰로만 집행하며, 전자 입찰서는 국가종합조달시스템(http://www.g2b.go.kr)의 전자 입찰 시스템을 이용하여 제출하여야 합니다.
- 제출 기간 : 2×××년 5월 26일(수) 9:30~2×××년 5월 27일(목) 10:00까지입니다.
- 입찰서의 제출 확인은 전자입찰시스템 웹 송신함에서 하시기 바랍니다.
- 한 번 제출한 입찰서는 취소하거나 수정할 수 없습니다. 단, 국가종합전자조달시스템 전자 입찰 특별 유의서 제8조에 따라 입찰의 취소를 신청한 경우 입찰 집행관은 입찰서를 무효 처리할 수 있으며, 이 경우 취소 의사를 표시한 입찰자는 당해 제조·구매 입찰에 대하여 재입찰을 할 수 있습니다.
- 전자입찰시스템 또는 전송 회신의 장애로 입찰 연기의 경우 전자입찰시스템 장애 발생 이전에 유효하게 접수된 입찰은 연기된 입찰에 유효하게 접수된 것으로 보며, 입찰서를 다시 제출할 수 없습니다.

6. 입찰 보증금 납부 및 동 귀속
지방 자치 단체를 당사자로 하는 계약에 관한 법률 시행령 제37조 제3항의 규정에 의거 입찰 보증금 납부는 전자 입찰서의 납부 이행 각서로서 갈음하며, 낙찰자가 정당한 사유 없이 소정의 기일 내에 계약을 체결하지 않을 때에는 지방 자치 단체를 당사자로 하는 계약에 관한 법률 시행령 제38조의 규정에 의하여 입찰 보증금은 부산광역시 교육비 특별 회계에 귀속하며 부정당업자로 제재를 받게 됩니다.

7. 개찰
- 입찰 집행(개찰) 일시: 2×××년 5월 27일(목) 11:00
- 개찰 장소: ○○시 ○○고등학교 입찰 집행관 PC
- 개찰 결과 유찰 시에는 횟수에 관계없이 전자 재입찰을 실시하며, 재입찰에 참여하고자 하는

계속

입찰자는 전자입찰시스템에 재접속하여 새로 정한 시간 내에 입찰서를 제출하여야 하고 재입찰서를 제출하지 못하여 발생하는 책임은 입찰자에게 있습니다.

8. 낙찰자 결정

- 본 입찰은 지방 자치 단체를 당사자로 하는 계약에 관한 법률 제13조 및 동법 시행령 제42조의 규정에 의거 예정 가격의 87.745% 이상으로 입찰한 자로서 최저가 입찰자순으로 입찰 자격 심사를 하여 낙찰자를 결정합니다.
- 동일 가격으로 입찰한 자가 2인 이상일 때에는 지방 자치 단체를 당사자로 하는 계약에 관한 법률 시행령 제48조 및 국가종합전자조달시스템 전자 입찰 특별 유의서 제18조 규정에 의하여 낙찰자를 결정합니다.
- 낙찰자로 결정된 자는 낙찰자 결정일로부터 3일 이내에 계약을 체결하여야 하며, 정당한 사유 없이 계약을 체결하지 않을 경우 부정당업자 제재 등 불이익을 받을 수 있습니다.

9. 입찰의 무효

지방 자치 단체를 당사자로 하는 계약에 관한 법률 시행령 제39조 및 동법 시행 규칙 제42조의 규정에 의합니다.

10. 청렴 계약 이행 각서 제출

가. 본 입찰은 청렴 계약 시행 대상 물품 구매이므로, 청렴 계약 입찰 특별 유의서 제2조 제1항에 의거 청렴 계약 이행 각서(계약 상대자용)를 제출하여야 하며, 입찰에 참여하는 모든 업체는 동 특별 유의서 제2조 제1항에 의거 청렴 계약 이행 각서를 제출한 것으로 간주합니다.
나. 낙찰자로 결정된 업체는 대표자가 청렴 계약 이행 각서를 서명하여 우리 학교 분임 경리관에 제출하여야 합니다.

11. 기타 참고 사항

- 입찰에 참가하는 자는 입찰 공고 조건, 물품 구매 입찰 유의서, 물품 구매 계약 일반 조건, 물품 구매 계약 특수 조건, 물품 구매 전자 입찰 특별 유의서, 공공입찰통합관리시스템 입찰자용 이용 약관 및 기타 입찰에 필요한 모든 사항을 숙지하여야 하며, 숙지하지 못하여 발생하는 책임은 입찰자에게 있습니다.
- 전자 입찰 참가 희망업체는 전산 장비 준비 부족 등의 사유로 전자 입찰 등록 및 투찰이 곤란한 경우에는 투찰 시간 마감 24시간 이전에 조달청 전자입찰콜센터(1588-0800)로 문의하여 주시기 바라며, 문의를 하지 않아 발생하는 모든 책임은 입찰 참가자에게 있습니다.
- 본 공고문은 부산시교육청 홈페이지(http://pen.go.kr), 조달청 국가종합조달시스템 홈페이지(www.g2b.go.kr)의 〈입찰 정보〉-〈물품〉-〈기초/예 비금액 조회, 개찰 결과 조회〉를 이용하

계속

시기 바랍니다.
- 기타 입찰에 관한 사항은 우리 학교 행정실(☎○○○-○○○-○○○○)로 문의하시기 바랍니다.

붙임: 1. 급식품(농, 수, 공, 잡곡) 물품 설명서 1부(국가종합조달시스템(www.g2b.go.kr)의 〈입찰 정보〉-〈물품〉-〈공고 현황〉 참조)
2. 물품 구매 관련 기타 조건 1부

2×××년 5월 26일
○○고등학교 분임 경리관

자료: 나라장터 홈페이지

2×××학년도 학교 급식 운영에 관한 심의건

발의 연월일: 2×××. 1. 27.

제안자: ○○초등학교장

소관: ○○○

Ⅰ. 제안 이유

성장기 학생들의 건강 유진·증진 및 성장 발달을 도모하고 올바른 식생활 습관 형성으로 평생 건강의 기틀을 마련하고자 2×××학년도 학교 급식을 실시함에 있어 보다 나은 급식 운영을 기하기 위하여 학교 급식법 시행령 제2조(학교 급식의 운영 원칙), 제4조(학교 급식 운영 계획의 수립 등), 동법 시행 규칙 제4조(학교 급식 식재료의 품질 관리 기준), 제5조(학교 급식의 영양 관리 기준 등) 제1항에 의거하여 학교 급식 운영에 관한 사항을 심의하고자 함

Ⅱ. 주요 내용

– 중 략 –

5. 식재료 등의 조달 방법 및 업체 선정 기준에 관한 사항

– 중 략 –

붙임 : 2×××학년도 학교 급식 운영 심의 자료(안) 1부. 끝.

계속

붙임

2×××학년도 학교 급식 운영 심의(안)

– 전략 –

5. 식재료 등의 조달 방법 및 업체 선정 기준에 관한 사항

가. 급식품의 선정 및 조달 방법

(1) 급식품의 선정 및 관리 기준

학생의 영양과 건강 관리에 적합한 식품으로 품목별 제조 허가를 받아 용기, 포장, 보존 방법
등이 식품 위생법에 적법하게 처리된 식품을 선정한다.

구분	구매 물품	비고
업체의 위생 관리 능력	1. 공급업체는 체계적인 위생 기준 및 품질 기준을 구비하고 이를 준수하고 있는가 2. 공급업체가 위치한 장소 및 보유 시설, 설비의 위생 상태는 양호한가 3. 공급자 및 식품을 다루는 자의 건강 검진 상태	
업체의 운영 능력	4. 학교 급식에서 요구하는 식재료 규격에 맞는 제품을 공급하는가 5. 반품 처리 및 각종 서비스를 신속하게 제공하는가 6. 식중독 관련 배상 보험에 가입되어 있는가 7. 신선하고 양질의 식재료를 공급하는가 8. 학교에서 정한 시각에 식재료가 납품되는가 9. 식재료의 포장 상태가 완벽한 제품인가	
운송 위생	10. 운송 및 배달 담당자의 식품 취급 방법이 위생적인가 11. 냉장 배송 차량을 이용하여 식재료를 운반하고 냉장·냉동식품의 온도는 기준 범위 이내인가	

(2) 조달 방법

가) 쌀과 멸치는 ○○시 우수 농산물을 수의 계약으로 구입한다.

나) 농·공산품, 수산물, 김치류: 학교 급식품은 직접 구매가 곤란하므로 납품업체를 통하여
공개 경쟁 입찰로 구매

다) 육류: 검수에 어려움이 있으므로 업체 선정 공고 후 등록한 업체에 대하여 1차 서류 심사
후 위생 관리 실태를 점거하여 수의 계약으로 구매

라) 우유: 우유 급식 관련 조사 결과서 참고

–제1안: 우유 설문 조사 실시 결과 등위 2위 내의 업체 중 견적을 통한 최저 가격업체와 계약

–제2안: 우유업체 설문 조사 실시 결과 1위 업체를 우유 급식업체로 선정

–제3안: 우유업체 설문 조사 실시 결과 3위 내의 업체 제품으로 시음회를 실시하여 선정

견적서

기간: 2×××. 6. 1~2×××. 6. 30 (중식)

가. 가자미(생것)/가자미(kg) 외 143종

○○초등학교

No	식품명/상세 식품명	규격	단위	총량	식품 설명(○○초등학교)	단가	금액
1	가자미(생것)/가자미		kg	11.0	냉동 순산 수입산 40~50g HACCP업체	6,500	71,500
2	간장/양조간장	1.8ℓ	통	8.0	양조 100%(오복, 송표, 몽고, 청정원)	5,000	40,000
3	간장/재래간장	1.8ℓ	통	2.0	국산콩 100% 샘초롱메주간장/오복/몽고/합천	12,000	24,000
4	감자/생것		kg	34.5	흙감자 국산 개당 250g 정도 크기 중량 균일	3,000	103,500
5	강낭콩/말린것		kg	1.0	국산 햇강낭콩, 깐것	7,000	7,000
6	검정쌀/강화미		kg	3.0	무농약 이상 검정찹쌀 국산 생산 1년 이내 농협/두보/반도농산	7,300	21,900
7	게(꽃게)/생것		kg	10.0	생것 연근해산 HACCP업체 토막(신물 가능)	13,200	132,000
8	고구마잎/고구마잎		kg	5.0	고구마순 국산 연하고 깨끗	3,500	17,500
9	고등어/생것		kg	10.0	HACCP업체 냉장 국산 손질 개당 50g 정도 토막(신물 가능)	3,500	35,000
10	고사리/삶은것(진공 살균 포장)		kg	4.5	국산 상품 급식 식재료의 품질 관리 기준에 적합한 제품(초록들/푸른들)	13,800	62,100
11	고추/꽈리고추		kg	1.2	국산 꼭지 신선 윤기나고 맵지 않은 것	5,000	6,000
12	고추/붉은고추, 생것		kg	3.3	국산 고추 꼭지 신선 윤기나는 것	5,000	16,500
13	고추/풋고추, 개량종		kg	3.2	국산 풋고추 꼭지 신선 윤기나는 것	4,000	12,800
14	고추/풋고추, 청량초		kg	0.3	국산 꼭지 신선 곧은 것	6,000	1,800
15	고추장/고추장, 개량식	10.0kg	통	1.0	10kg 국산 100%(푸르나이/우리밀/한주)	60,000	60,000
16	고춧가루/고춧가루		kg	9.0	농협/이상업/샘초롱/케이엠푸드 국산 100%	15,000	135,000
17	고춧잎/생것		kg	3.0	국산 줄기 없고 연하고 깨끗	3,000	9,000
18	국수/마른것(소면)		kg	16.5	오뚜기/구포/샘초롱	2,300	37,950
19	굴소스/굴소스	0.5kg	병	1.0	510g 오뚜기 유통 기한 명기 오뚜기(팬더이금기)	3,000	3,000
20	귤(생과)/조생		kg	15.0	국산 하우스/노지 개당 90g 정도	7,000	105,000
21	김가루/김가루		kg	0.1	표시 제품(밀봉) 연근해산 잡내, 기름 없는 것	15,000	1,500
22	깨나물(깻잎나물)/깨나물(깻잎나물)		kg	3.0	국산 깻잎순 벌레먹지 않고 신선	3,500	10,500
23	깨소금/깨소금		kg	3.0	갓 볶은 것 PT 밀봉 국산	31,000	93,000
24	깻잎/친환경		kg	1.3	잎이 연하고 신선, 크기 일정	12,500	16,250
25	꽃새우(독새우)/자건품		kg	2.0	건새우 국산	15,000	30,000
26	녹색콩나물/녹색콩나물		kg	27.0	국산콩 무농약 이상 풀무원/그린자연/샘초롱	2,500	67,500
27	느타리버섯/생것		kg	5.5	국산 갓피지 않고 찢어지지 않은 것	6,000	33,000
28	다시마/말린 것		kg	2.0	연근해산 100g 낱포장 유통 기한 표시	10,000	20,000
29	달걀(전란)/생것	1.8kg	kg	0.5	국산 무항생제 1등급 대란 개당 55~60g	6,000	3,000
30	닭고기/닭고기(성계)		kg	9.0	통마리 무항생제 체리부로/키토랑/마니커/하림/해맑은 냉장 국내산	5,700	51,300
31	당근/생것		kg	20.6	국산 흙당근 굵기 일정	2,000	41,200
32	도라지/껍질 깐 것(진공 살균 포장)		kg	3.5	국산 상품 급식 식재료의 품질 관리 기준에 적합한 제품 푸른들/초록들	10,600	37,100
33	도넛/찹쌀도넛	0.04kg	개	200.0	35g 청정원/우리밀(주) 팥생지	320	64,000
34	돼지, 부산물(족발)/날것		kg	13.0	돼지 등뼈 토막 감자탕용 국내산 냉동 2등급 이상 작업장 HACCP업체	3,500	45,500
35	돼지고기(갈비)/날것		kg	12.0	국내산 LA식 절단 냉동 2등급 이상, 작업장 HACCP업체	9,000	108,000
36	돼지고기(뒷다리)/날것		kg	3.0	밥용, 깍둑(0.8×0.8×0.2) 국내산 냉장 2등급 이상 작업장 HACCP업체	6,500	19,500

구분	확인 사항	확인 결과		현장 평가 실시 여부
기본 사항	1. 전 직원의 건강 진단서를 비치, 유효 기간을 준수하고 있는가?	예	아니오	○·×
	2. 영업 배상 책임 보험증 원본을 비치하고 있는가?	예	아니오	
	3. 사업장 방역 전문업체로부터의 소독 필증 원본을 비치하고 있는가?	예	아니오	
	4. 창고(냉장·냉동 시설)가 설치되어 있는가?	예	아니오	
	5. 냉장·냉동 탑차를 보유하고 있는가?	예	아니오	
	6. 기타 서면으로 제출한 자료와 현장이 일치하는가?	예	아니오	

구분	평가 사항	평가 배점 기준			평점
		우수	보통	미흡	
위생 상태	1. 작업장의 위치	10	5	0	
	2. 작업장의 청결 상태	20	10	0	
	3. 식재료 보관 상태	20	10	0	
	4. 냉장·냉동 시설의 온도계 설치 및 적정 온도 유지 여부	20	10	0	
	5. 급식품 수송 차량	20+⑤	12	0	
	6. 위생 교육 이수 여부	5	3	0	
총평점		95+⑤			

※ 평가자 종합 의견

* 세부 내용은 학교 급식품 납품업체 현장 방문 평가 기준 및 척도(농·수·공산품 및 기타)를 참조한다.

20 . . .

평가자   (서명)

확인자 직책   (서명)

계속

학교 급식품 납품업체 현장 방문 평가 기준 및 척도(농·수·공산품 및 기타)

평가 항목		평가 기준 및 척도		
기본 확인 사항		※ 현장 확인 시 아래 사항에서 모두 '예'로 나타난 경우에 한하여 평가를 실시한다.	예	아니오
		1. 전 직원의 건강 진단서를 비치, 유효 기간을 준수하고 있는가?	예	아니오
		2. 음식물 배상 보험증 원본이 일치하는가?	예	아니오
		3. 사업장 전문업체로부터의 소독 필증 원본을 비치하고 있는가?	예	아니오
		4. 냉장·냉동 시설이 설치되어 있는가?	예	아니오
		5. 냉장·냉동 탑차를 보유하고 있는가?	예	아니오
		6. 기타 서면으로 제출한 자료와 현장이 일치하는가?	예	아니오
환경 및 식품 위생	1. 작업장의 위치(10)	① 건물(작업장)의 위치 ② 작업장 바닥 ③ 작업장 내벽 ④ 환기 시설 • 우수(10점): 모두 충족 • 보통(5점): 1~2가지 미충족 • 미흡(0점): 3가지 이상 미충족 ※ 위치: 축산 폐수·화학 물질 기타 오염 물질의 발생 시설로부터 나쁜 영향을 주지 아니하는 거리 ※ 바닥: 콘크리트 등 내수 처리를 하여야 하며 배수가 양호할 것 ※ 내벽: 바닥으로부터 1.5m까지 밝은색의 내수성으로 설비하거나 세균 방지용 페인트로 도색할 것 ※ 작업장 안에서 발생하는 악취, 유해 가스, 매연, 증기 등을 환기시키기에 충분한 환기 시설		
	2. 작업장의 청결 상태(20)	① 정기 소독 검사 실시(필증 부착) ② 별도 작업 시설 보유 ③ 소분·포장 시설 보유 ④ 방충·방서 시설 • 우수(20점): 모두 충족 • 보통(10점): 1~2가지 미충족 • 미흡(0점): 3가지 이상 미충족 ※ 정기적인 소독을 실시하고 있으며 청결할 것 ※ 별도의 작업 시설을 가지고 있거나 다른 작업 공간과 벽·층으로 구획되어 있을 것 ※ 식품 등의 위생적인 소분·포장 시설을 갖추고 있을 것 ※ 작업장에는 쥐·바퀴벌레 등 해충이 들어오지 못하도록 할 것		
	3. 식재료 보관 상태(20)	① 청소 및 정돈 상태 양호 ② 품목별 분리 보관 ③ 무허가 식품의 보관 여부 ④ 식품 보관에 적합한 선반 비치 • 우수(20점): 모두 충족 • 보통(10점): 1~2가지 미충족 • 미흡(0점): 3가지 이상 미충족 ※ 원료와 제품을 위생적으로 보관·관리할 수 있는 창고를 갖추어야 하며 그 바닥에 양탄자를 설치하지 아니할 것(창고에 갈음할 수 있는 냉동·냉장 시설을 갖춘 업소에서는 이를 설치하지 아니할 수 있다) ※ 품목별 구분 보관(농·수·공산품별 구획 보관) 및 청결할 것 ※ 식품이 직접 접하는 부위는 위생적인 내수성 재질로 씻기 쉬우며 살균제 등으로 소독·살균이 가능할 것(스텐, PVC, FRP 등)		
	4. 냉장·냉동 시설(20)	① 온도계 또는 온도를 측정할 수 있는 계기 설치 ② 적정 온도 유지 ③ 정리 정돈 및 청결 유지 ④ 식품 외 미보관 • 우수(20점): 모두 충족 • 보통(10점): 1~2가지 미충족 • 미흡(0점): 3가지 이상 미충족 ※ 외부에서 온도를 확인할 수 있을 것 ※ 적정 온도 유지: 냉장고 5℃ 이하, 냉동고 −18℃ 이하 ※ 품목별 구분 보관(농·수·공산품별 구획 보관) 및 청결할 것 ※ 식품 외에 보관 물품이 없을 것		
	5. 급식품 수송 차량(25)	① 차량 안팎 청결 상태 ② 온도 유지 설비 정상 작동 ③ 전용 세차장 설치 여부 ④ 전용 차고 설치 여부 ⑤ 냉장·냉동고 적재고 별도 분리하거나 Time Temperature Indicator 부착 • 우수(20점): 모두 충족(④항까지) • 보통(10점): 1~2가지 미충족 • 미흡(0점): 3가지 이상 미충족 ★ 가점(5점): ⑤에 해당 ※ 수송 차량에 청결 상태 및 온도 유지 설비 정상 작동될 것 ※ 전용 세차장 및 차고 미설치에는 타인의 세차장 및 차고 사용 계약에 의해 사용 가능 ★ ⑤의 내용 중 1가지 이상 충족 시 5점 부여		
	6. 위생 교육 이수(5)	① 위생 교육 이수증 원본 보관 ② 자체 위생 교육 실시 • 우수(5점): 모두 충족 • 보통(3점): 1가지 충족 • 미흡(0점): 2가지 미충족 ※ 관할 지역 교육청 교육 이수증 및 자체 위생 교육 실적 비치되어 있을 것		

계속

학교 급식품 납품업체 현장 평가표(육류)

업체명:

구분	확인 사항	확인 결과		현장 평가 실시 여부
기본 사항	※ 현장 확인 시 아래 사항에서 모두 '예'로 나타난 경우에 한하여 평가를 실시한다.	예	아니오	○·×
	1. 전 직원의 건강 진단서를 비치, 유효 기간을 준수하고 있는가?	예	아니오	
	2. 영업 배상 책임 보험증 원본을 비치하고 있는가?	예	아니오	
	3. 사업장 방역 전문업체로부터의 소독 필증 원본을 비치하고 있는가?	예	아니오	
	4. 냉장·냉동 시설이 설치되어 있는가?	예	아니오	
	5. 냉장·냉동 탑차를 보유하고 있는가?	예	아니오	
	6. 도축 검사 증명서, 등급 판정 확인서 원본을 비치하고, 식육의 종류, 원산지 매입처, 매입량에 대한 기록이 있는가?	예	아니오	
	7. 기타 서면으로 제출한 자료와 현장이 일치하는가?	예	아니오	

구분	평가 사항	평가 배점 기준			평점
		우수	보통	미흡	
위생 상태	1. 작업장의 위치	15	8	0	
	2. 작업장의 청결 상태	25	12	0	
	3. 냉장·냉동 시설	30	15	0	
	4. 급식품 수송 차량	20+⑤	12	0	
	5. 위생 교육 이수 여부	5	3	0	
총평점		95+⑤			

※ 평가자 종합 의견

* 세부 내용은 학교 급식품 납품업체 현장 방문 평가 기준 및 척도(육류)를 참조한다.

20 . . .

평가자   (서명)

확인자 직책   (서명)

계속

학교 급식품 납품업체 현장 방문 평가 기준 및 척도(육류)

평가 항목		평가 기준 및 척도		
기본 확인 사항		※ 현장 확인 시 아래 사항에서 모두 '예'로 나타난 경우에 한하여 평가를 실시한다.	예	아니오
		1. 전 직원의 건강 진단서를 비치, 유효 기간을 준수하고 있는가?	예	아니오
		2. 영업 배상 책임 보험증 원본이 일치하는가?	예	아니오
		3. 사업장 방역 전문업체로부터의 소독 필증 원본을 비치하고 있는가?	예	아니오
		4. 냉장·냉동 시설이 설치되어 있는가?		
		5. 냉장·냉동 탑차를 보유하고 있는가?	예	아니오
		6. 도축 검사 증명서, 등급 판정 확인서 원본을 비치하고, 납품 기록(납품처, 부위, 중량 등)을 하고 있는가?	예	아니오
		7. 기타 서면으로 제출한 자료와 현장이 일치하는가?	예	아니오
환경 및 식품 위생	1. 작업장의 위치(15)	① 건물(작업장)의 위치 ② 작업장 바닥 ③ 작업장 내벽 ④ 환기 시설 • 우수(15점): 모두 충족 • 보통(8점): 1~2가지 미충족 • 미흡(0점): 3가지 이상 미충족 ※ 위치: 축산 폐수·화학 물질 기타 오염 물질의 발생 시설로부터 나쁜 영향을 주지 아니하는 거리 ※ 바닥: 콘크리트 등 내수 처리를 하여야 하며 배수가 양호할 것 ※ 내벽: 바닥으로부터 1.5m까지 밝은색의 내수성으로 설비하거나 세균 방지용 페인트로 도색할 것 ※ 작업장 안에서 발생하는 악취, 유해 가스, 매연, 증기 등을 환기시키기에 충분한 환기 시설		
	2. 작업장의 청결 상태(25)	① 정기 소독 검사 실시(필증 부착) ② 별도 작업 시설 및 포장 시설 보유 ③ 칼·도마 재질 및 소독 실시 ④ 분쇄기 및 절단기 위생 상태 ⑤ 방충·방서 시설 • 우수(25점): 모두 충족 • 보통(12점): 1~2가지 미충족 • 미흡(0점): 3가지 이상 미충족 ※ 정기적인 소독을 실시하고 있으며 청결할 것 ※ 별도의 작업 시설을 가지고 있거나 다른 작업 공간과 벽·층으로 구획되어 있고 포장 시설을 갖추고 있을 것 ※ 칼과 도마는 나무 재질은 불가하며, 별도로 소독을 실시하고 있을 것 ※ 분쇄기 및 절단기는 분해가 가능하며, 청소 상태가 양호한 것 ※ 작업장에는 쥐·바퀴벌레 등 해충이 들어오지 못하도록 할 것		
	3. 냉장·냉동 시설(30)	① 온도계 또는 온도를 측정할 수 있는 계기 설치 ② 적정 온도 유지 ③ 정리 정돈 및 청결 유지 ④ 식품 보관에 적합한 재질의 선반 비치 ⑤ 육류 외 미보관 • 우수(30점): 모두 충족 • 보통(15점): 1~2가지 미충족 • 미흡(0점): 3가지 이상 미충족 ※ 외부에서 온도를 확인할 수 있을 것 ※ 적정 온도 유지: 냉장고 5℃ 이하, 냉동고 −18℃ 이하 ※ 정리 정돈이 잘되어 있으며, 성에가 끼지 않고 청결할 것 ※ 육류 외에 보관 물품이 없을 것		
	4. 급식품 수송 차량(25)	① 차량 안팎 청결 상태 ② 온도 유지 설비 정상 작동 ③ 전용 세차장 설치 여부 ④ 전용 차고 설치 여부 ⑤ 냉장·냉동고 적재고 별도 분리하거나 Time Temperature Indicator 부착 • 우수(20점): 모두 충족(④항까지) • 보통(10점): 1~2가지 미충족 • 미흡(0점): 3가지 이상 미충족 ★ 가점(5점): ⑤에 해당 ※ 수송 차량에 청결 상태 및 온도 유지 설비 정상 작동될 것 ※ 전용 세차장 및 차고 미설치에는 타인의 세차장 및 차고 사용 계약에 의해 사용 가능 ★ ⑤의 내용 중 1가지 이상 충족 시 5점 부여		
	5. 위생 교육 이수(5)	① 위생 교육 이수증 원본 보관 ② 자체 위생 교육 실시 • 우수(5점): 모두 충족 • 보통(3점): 1가지 충족 • 미흡(0점): 2가지 미충족 ※ 관할 지역 교육청 교육 이수증 및 자체 위생 교육 실적 비치되어 있을 것		

자료: 경상남도교육청, 2009

1. 엽채류

표준화식품명	규격	단위	성수기/가용 시기	원산지 및 주생산지	원산지 및 주생산지
배추, 생것	국산	3~4kg/포기(대) 2~3kg/포기(중) 1~2kg/포기(소)	kg	연중	전남(해남, 진도, 나주) 강원(정선, 평창, 태백, 영월) 전북(고창)	1. 잎의 두께가 얇고 잎맥이 얇아 부드러운 것 2. 내잎을 씹을 때 달고 고소한 맛이 나는 것 3. 외관이 뿌리 부위와 줄기 부위의 둘레가 비슷한 장구형인 것 4. 속이 연백색을 띠며, 뿌리가 완전히 제거되고, 절단면이 3cm 이하인 것 5. 줄기의 흰 부분을 눌렀을 때 단단하고, 수분이 많고 싱싱한 것 6. 껍질이 얇고 완전 결구되어 단단한 것 7. 각 잎이 중심부로 모이고 잎끝이 서로 겹치지 않는 것 8. 잘랐을 때 속이 꽉 차 있고 심이 적고 결구 내부가 노란색인 것 9. 뿌리 부분에 검은 테가 있는 것은 줄기가 썩은 것 10. 시기별 출하 배추 *촉성배추(하우스): 3월 중순~5월 중순 　주로 남부 지방에서 생산 *봄배추: 5월 중순~7월 초순까지 남부·중부 지방에서 생산, 조직이 연하고 고소한 맛이 적다. *하고랭지 배추: 7월 말~9월까지 강원도 고랭지에서 재배(평창, 정선, 영월, 태백 등) *김장용 배추: 11월에 수확, 전국 널리 분포, 김장용, 겨울 저장용으로 이용
배추, 봄동	국산	200~300g/포기	kg	1월 중순~3월 중순/1~3월	전국 재배	1. 떡잎이 적고 깨끗하고 신선한 것 2. 색깔이 연한 녹색을 띠며 길이가 일정한 것 3. 잎에 반점이 없으며 변색되지 않은 것 4. 잎의 하얀 부분이 짧고 선명한 것, 줄기와 잎이 연한 것 5. 손바닥 2/3 크기의 것(맛이 좋음)

자료: 교육인적자원부, 2006

2. 친환경 농산물

표준화 식품명	규격	단위	생산 시기 및 산지	상세 설명
고추, 피망, 붉은 것	60~70g/개	kg	연중 (경남 진주, 밀양 외 다수)	1. 꼭지가 싱싱하며 표피가 두껍고 광택이 나며 단단한 것 2. 매운맛이 없는 것 3. 품종 고유의 착색이 잘 되어 있어야 하며 붉은색이 선명할 것
고추, 피망, 푸른 것	60~70g/개	kg	연중 (경남 진주, 밀양 외 다수)	1. 꼭지가 싱싱하며 표피가 두껍고 광택이 나며 단단한 것 2. 품종 고유 특성대로 착색이 잘 되어야 하며 녹색이 선명할 것 3. 크기가 균일하고 굴곡이 심하지 않고 매끄러운 것
깻잎, 생것	8~10장/묶음 직경 10cm 정도	kg	연중 (경남 밀양 외)	1. 짙은 녹색 2. 크기가 일정하고 싱싱하고 청결하며 향기가 뛰어난 것 3. 벌레 먹은 흔적이 적은 것, 고유의 향이 뛰어난 것 4. 색깔과 엽맥으로 보아 노화한 잎이 없는 것이 신선한 것 5. 품질이 낮을수록 잎이 넓고 크다.
당근, 생것, 깐 것	세척당근 180~220g/개	kg	연중 (경남 김해, 밀양 외)	1. 색이 선명하고 표면이 고르며 매끈한 것 2. 머리 부분에 검은 테두리가 적은 것, 가운데 심이 없는 것 3. 선홍색으로 착색이 뛰어나며, 꼬리 부위가 통통한 것 4. 단단하고 곧은 것
당근, 생것, 흙	180~220g/개	kg	연중 (경남 김해, 밀양 외)	1. 색이 선명하고 표면이 고르고 매끈한 것 2. 머리 부분에 검은 테두리가 적은 것, 가운데 심이 없는 것 3. 선홍색으로 착색이 뛰어나며, 꼬리 부위가 통통한 것 4. 단단하고 곧은 것

자료: 교육인적자원부, 2006

3. 수산물

표준화 식품명	규격				단위	시기 (성수기)	상세 설명
	사양	상세 사양	상태	원산지 (주생산지)			
고등어	토막포	40~50g 70~80g	냉동 냉장	연근해 (한국 전 연안, 특히 남해안)	kg	연중 (9~11월) 제맛:가을 ~겨울	1. 등은 푸른색의 진한 줄무늬가 있고, 배는 은백색을 띰 2. 배 부위가 통통하며 탄력이 있는 것 3. 옆구리의 깨알 같은 반점이 없는 것 4. 구부러지지 않고 살이 뼈에 밀착되어 있는 것 5. 해동 후 육질이 치밀할 것(스펀지 현상이 없을 것) 6. 탄력이 없고 살이 무른 것, 냄새가 나는 것은 싱싱하지 않은 것 * 연근해(남해) 고등어 • 어체의 등쪽 몸빛깔이 연한 청록색이다. • 어체의 등쪽 물결무늬가 가늘며, 청색이다. • 복부의 빛깔이 은백색이다. • 유통: 주로 신선 냉장 및 자반으로 유통
		구이용 조림용		수입 (동중국해, 일본 전 연안, 중국, 대만)	kg	연중	1. 어체의 등 쪽 몸빛깔이 진한 청록색이고 어체의 등 쪽 물결무늬가 굵으며, 청흑색임. 복부의 빛깔이 백색 2. 학교급식용으로는 거의 사용하지 않음 * 수입산(대만, 일본) 고등어 • 어체 등 쪽 몸빛깔은 청색이며, 물결무늬가 선명하지 않다. • 배 쪽은 회색반점이 뚜렷하게 산재 • 유통: 냉동 및 자반으로 유통
		자반포, 40g	냉동	연근해 (한국 전 연안, 특히 남해안)	kg	연중 (9~11월) 제맛: 가을 ~겨울	1. 이취가 없고 살이 흐물어지지 않는 것 2. 등색이 푸르게 윤이 나고 살이 단단한 것 3. 배 부위가 통통하며 탄력이 있는 것 4. 옆구리의 깨알 같은 반점이 없는 것 5. 구부러지지 않고 살이 뼈에 밀착되어 있는 것 6. 눈이 적색을 띠고 점액이 끼어 있는 것, 탄력이 없고 살이 무른 것, 냄새가 나는 것은 싱싱하지 않은 것 7. 저염녹차고등어포도 있음
				수입 (동중국해, 일본, 중국, 노르웨이)	kg	연중	1. 이취가 없고 살이 흐물어지지 않는 것 2. 어체의 등 쪽 몸 빛깔이 짙은 청록색이고 어체의 등 쪽 물결무늬가 굵으며 청흑색임. 복부의 빛깔이 백색 3. 학교 급식용으로는 거의 사용하지 않음

자료: 교육인적자원부, 2006

APPENDIX

6-1

각종 식품의
폐기율

1. 육류의 폐기율

식품명	폐기율(%)	식품명	폐기율(%)
소갈비	8	소꼬리	50
소혀	13	꿩고기	50
닭고기	39	메추리고기	45
참새고기	50	오리고기	36
칠면조고기	33	식용개구리	40

2. 알류의 폐기율

식품명	폐기율(%)	식품명	폐기율(%)
달걀	14	오리알	12
메추리알	11		

3. 어패류 및 가공품의 폐기율

식품명	폐기율(%)	식품명	폐기율(%)
가다랭이	35	꽁치	30
가자미	49	꽁치염장	20
개량조개	80	날치	45
게(큰 게)	68	농어	34
고등어(생것)	31	대구	34
고등어자반	27	참도미	51
꽁치	24	석도미	43.7
굴(석굴)	75	천도미	39
굴비	42	돌가자미	51.4
긴다로	37	모래무지	37
꼴뚜기(생것)	15	무지개송어	25
꽁치(말린 것)	21.5	붉은새우	66.3
낙지	15	민어	35
날치염장	60	바지락	82
노래미	50	뱀장어	32
대게	85.3	보리멸	35
대구(말린 것)	50	복어	48
대합	71	새우(잔새우)	40
가시배새우	65.5	소라	82
갈고등어	22.7	아귀	55
갯가재(삶은 것)	5	양미리	13
멸치	45	연어훈제	20
광어	34	옥돔	45

계속

식품명	폐기율(%)	식품명	폐기율(%)
은어	25	대하(생것)	50
잉어	54	송어	34
전갱이(아지)	33	숭어	40
전복	54	암치	31
전어	26	연어	28
정어리(말린 것)	29	오징어(생것)	28
조기	34	우럭	32
쥐치	63.6	임연수어	25
동태	37	장어	27
모시조개	83	전갱이(염건)	20
문어	12	정어리	45
바닷가재	60	정어리염건	25
바닷장어	33.3	준치	3.2
방어	25	참다랭이(참치)	45
백합	75	청어(자반비웃)	17
놀멩이	31.5	갈치	21
병어	17	해삼	24
보리새우	55	홍합(생것)	12
볼락	53.5	청어	35
북어	50	갈치자반	22
삼치	34	홍어	28

4. 채소류의 폐기율

식품명	폐기율(%)	식품명	폐기율(%)
가지	10	갓	4
고추	28	말린통고추	46
풋고추	6	고춧잎	6
청경채	10	근대	14
냉이	12	달래	36
당근	4	마늘	10
조선무	5	미나리	26
배추	8	부추	11
생강	14	시금치	14
쑥	12	쑥갓	42
아스파라거스	30	아욱	10
양배추	12	양파	7
연근	11	오이	8
우엉	22	죽순	35
케일	26	파	14
피망	15	호박	8
호배추	11	송이버섯	10

5. 과일류의 폐기율

식품명	폐기율(%)	식품명	폐기율(%)
감	5	석류	80
개암	21	앵두	10
오렌지(navel)	32	자두	5
곶감	5	참외	25
대추(말린 것)	19	포도	29
딸기	2	포도(골덴머스킷)	53
배	24	복숭아(신도)	21
연시	3	버찌	12
귤	25	사과(인도황)	11
대추(생것)	10	사과(홍옥)	10
머루	23	살구	5
복숭아	12	수박	42
백도	17	오얏	1
복숭아(황도)	13	자두(후무사)	3
사과(후지)	11	파인애플	50
사과	18	포도(거봉)	34
산딸기	1	포도(델라웨어)	52

6. 곡류, 견과류 및 감자류의 폐기율

식품명	폐기율(%)	식품명	폐기율(%)
메밀	37	아몬드	50
감자	6	은행	35
토란	7	해바라기씨	46
잣	28	말린 호박씨	26
호두	57	호콩	32
고구마	10		

자료: 현기순 외, 2003

1. 주식류

분류	품명	보관 온도(℃)	최적 보관 기간 (최장 보관 기간)	비고
주식류	쌀	15~25	3개월	곰팡이 발생 전까지 사용 가능
	보리쌀	15~25	3개월	
	밀가루	15~25	3개월(9~12개월)	
	식빵	15~25	48시간	
	건면	15~25	4개월	
	숙 면	15~25	24시간	
	라 면	15~25	3개월	
	시리얼	15~25	(6개월)	
	마카로니, 스파게티	15~25	(2~4개월)	

2. 채소류

분류	품명	보관 온도(℃)	최적 보관 기간 (최장 보관 기간)	비고
채소류	엽채류	4~6	1일	채소를 씻은 상태
		15~26	3일	채소를 씻지 않은 상태
	근채류	4~6	2일	
		15~25	3개월	무: 보관일 7일
	과채류	7~10	5일	
		15~25	3일	
	감자류, 뿌리채소류	20	(7~30일)	씻지 않은 상태

3. 조미 식품류

분류	품명	보관 온도(℃)	최적 보관 기간 (최장 보관 기간)	비고
조미료류	간장	25	6개월(1년)	
	된장	25	1개월(6개월)	
	고추장	25	1개월(6개월)	
	고춧가루	25	3개월(6개월)	서늘하고 통풍이 양호한 곳에 보관
	식초	25	1년(2년)	서늘하고 직사광선 피해서 보관

계속

분류	품명	보관 온도(℃)	최적 보관 기간 (최장 보관 기간)	비고
양념류	향신료	25	(6개월)	건조 저장: 습도 50~60%
	겨자	25	(2~6개월)	
	소금	25	(무기한)	
	소스류	25	(2년)	
감미료	설탕	25	(1년)	건조 저장: 습도 50~60%
	흑설탕	25	(1년)	
	시럽, 꿀	25	(1년)	

4. 유지류

분류	품명	보관 온도(℃)	최적 보관 기간 (최장 보관 기간)	비고
유지류	참기름	15~25	1년(6개월)	
	들기름	15~25	15일(3개월)	
	미강유	15~25	8개월(1년)	
	옥수수기름	15~25	8개월(1년)	
	콩기름	15~25	8개월(1년)	
	마요네즈	5~25	(2개월)	건조 저장: 습도 50~60%
	샐러드드레싱	5~25	(2개월)	
	샐러드오일	5~25	(6~9개월)	
	쇼트닝	5~25	(2~4개월)	

주) 공통 사항
- 직사광선을 받지 않는 서늘한 곳에서 위생적인 용기에 넣어 보관
- 보통 5~25℃에서 보관
- 생선 등과 같이 냄새가 많이 나는 식품과 분리 보관

5. 어패류

| 분류 | 품명 | 보관 온도(℃) | | 최적 보관 기간
(최장 보관 기간) | | 비고 |
		냉장	냉동	냉장	냉동	
육류	소고기	4	−12~−18	3~5일	1~3개월	냉동 또는 냉동 상태로 보관
	돼지고기	4	−12~−18	2~3일	15일~1개월	
가금류	닭고기	4	−12~−18	2~3일	15일~1개월	
생선류	생선류	4	−12~−18	1~2일	15일~1개월	
패류	패류	4	−12~−18	1~2일	15일~1개월	
기타 어육류	두부류	4	−12~−18	1~2일	15일~1개월	찬물에 담갔다가 냉장시키거나 찬 물에 담가 보관
	달걀	4	−12~−18	7일~2주	15일~1개월	씻지 않고 냉장 상태로 보관
	어묵	4	−12~−18	2일~5주	15일~1개월	냉장 상태로 보관
갑각류	게, 새우	4	−12~−18	1~2일	(3~4개월)	

6. 가공 식품류

분류	품명	보관 온도(℃)	최적 보관 기간 (최장 보관 기간)	비고
우유 및 유제품류	우유	10	(약 7일)	미개봉
	버터	10	(6개월)	(가염품) 미개봉
	치즈	5	(6~12개월)	가공치즈, 미개봉
통조림류	과일	15~21	(1년)	건조 저장
	과일주스	15~21	(6~9개월)	(습도 50~60℃)
	해산물	15~21	(1년)	
	수프	15~21	(1년)	
	채소	15~21	(1년)	
유제품류	무연당연유	15~21	(1년)	건조 저장(습도 50~60℃)
	분유	15~21	(6~9개월)	
	육아용 분유	15~21	(12~18개월)	
기타	아이스크림	−18 이하	(3개월)	
	과일	−18 이하	(8~12개월)	
	과일주스	−18 이하	(8~12개월)	

계속

분류	품명	보관 온도(℃)	최적 보관 기간 (최장 보관 기간)	비고
기타	채소	−18 이하	(8개월)	
	감자튀김	−18 이하	(2~6개월)	
	케이크	−18 이하	(3~4개월)	
	과일파이	−18 이하	(3~4개월)	
	베이킹파우더, 베이킹소다	15~21	(8~12개월)	
	건조된 콩	15~21	(1~2년)	
	과자, 크래커	15~21	(1~6개월)	
	건조한 과일	15~21	(6~8개월)	건조 저장(습도 50~60℃)
	잼, 젤리	15~21	(1년)	
	피클	15~21	(1년)	
	옥수수녹말	15~21	(2~3년)	
	이스트	15~21	(18개월)	

자료: 식품의약품안전청 홈페이지

1. 냉장 보관

식품	최적 보관 온도	최대 저장 기간	비고
선어	1~2℃	20일	느슨하게 포장된 상태
조개, 오징어, 낙지	1~2℃	5일	뚜껑이 있는 용기에 담긴 상태
갈은 고기	3℃	2일	느슨하게 포장된 상태
절단 고기	3℃	6일	느슨하게 포장된 상태
닭고기	2℃	7일	느슨하게 포장된 상태
달걀	4℃	3주	느슨하게 포장된 상태
잎채소류	7℃	7일	씻지 않은 상태

자료: 식품의약품안전청 홈페이지

2. 냉동 보관

식품	최대 저장 기간
기름 있는 푸른생선 등(고등어 등)	3개월
기타 생선	6개월
소고기	6개월
소고기(갈은 것)	3~4개월
돼지고기	4~8개월
돼지고기(갈은 것)	1~3개월
생닭, 생오리	12개월
절단된 가금류	4개월

자료: 식품의약품안전청 홈페이지

식품 종류	향 발산	향 흡수
사과	○	○
복숭아	○	×
감자	○	×
양배추	○	×
양파	○	×
달걀	×	○
치즈	○	○
버터	×	○
탈지유	×	○
밀가루	×	○
쌀	×	○

1. 소 도체의 등급 표시 방법(축산물 등급 판정 세부 기준 제7조 제1항)

〈육질 등급 표시〉

육질 등급					등외 등급
1++등급	1+등급	1등급	2등급	3등급	
1++	1+	1	2	3	등외

〈육질 등급과 육량 등급 함께 표시〉

구분		육질 등급					등외 등급
		1++등급	1+등급	1등급	2등급	3등급	
육량 등급	A등급	1++A	1+A	1A	2A	3A	
	B등급	1++B	1+B	1B	2B	3B	
	C등급	1++C	1+C	1C	2C	3C	
	등외 등급						등외

※ 등급 표시를 읽는 방법(예)

1++A: 일투플러스에이등급, 1+B: 일플러스비등급, 3C: 삼씨등급

자료: 국가법령정보센터 홈페이지

2. 소 도체 육량 등급 판정 기준(축산물 등급 판정 세부 기준 제4조 제1항)

품종	성별	육량 지수		
		A등급	B등급	C등급
한우	암	61.83 이상	59.70 이상~61.83 미만	59.70 미만
	수	68.45 이상	66.32 이상~68.45 미만	66.32 미만
	거세	62.52 이상	60.40 이상~62.52 미만	60.40 미만
육우	암	62.46 이상	60.60 이상~62.46 미만	60.60 미만
	수	65.45 이상	63.92 이상~65.45 미만	63.92 미만
	거세	62.05 이상	60.23 이상~62.05 미만	60.23 미만

※ 단, 젖소는 육우 암소 기준을 적용한다.

3. 소 도체 육량 지수 산식(축산물 등급 판정 세부 기준 제4조 제3항)

품종	성별	육량 지수 산식
한우	암	$[6.90137 - 0.9446 \times$ 등 지방 두께(mm) $+ 0.31805 \times$ 배 최장근 단면적(cm^2) $+ 0.54952 \times$ 도체 중량(kg)] $\div$ 도체 중량(kg) $\times 100$
	수	$[0.20103 - 2.18525 \times$ 등 지방 두께(mm) $+ 0.29275 \times$ 배 최장근 단면적(cm^2) $+ 0.64099 \times$ 도체 중량(kg)] $\div$ 도체 중량(kg) $\times 100$
	거세	$[11.06398 - 1.25149 \times$ 등 지방 두께(mm) $+ 0.28293 \times$ 배 최장근 단면적(cm^2) $+ 0.56781 \times$ 도체 중량(kg)] $\div$ 도체 중량(kg) $\times 100$
육우	암	$[10.58435 - 1.16957 \times$ 등 지방 두께(mm) $+ 0.30800 \times$ 배 최장근 단면적(cm^2) $+ 0.54768 \times$ 도체 중량(kg)] $\div$ 도체 중량(kg) $\times 100$
	수	$[-19.2806 - 2.25416 \times$ 등 지방 두께(mm) $+ 0.14721 \times$ 배 최장근 단면적(cm^2) $+ 0.68065 \times$ 도체 중량(kg)] $\div$ 도체 중량(kg) $\times 100$
	거세	$[7.21379 - 1.12857 \times$ 등 지방 두께(mm) $+ 0.48798 \times$ 배 최장근 단면적(cm^2) $+ 0.52725 \times$ 도체 중량(kg)] $\div$ 도체 중량(kg) $\times 100$

※ 단, 젖소는 육우 암소의 산식을 적용한다.

자료: 국가법령정보센터 홈페이지

4. 소 도체 육질 등급 판정 기준(축산물 등급 판정 세부 기준 제7조 제1항)

1) 근내 지방도(축산물 등급 판정 세부 기준 제5조 제2항 제1호)

〈근내 지방도 등급 판정 기준〉

근내 지방도	등급
근내 지방도 번호 7, 8, 9에 해당되는 것	1++등급
근내 지방도 번호 6에 해당되는 것	1+등급
근내 지방도 번호 4, 5에 해당되는 것	1등급
근내 지방도 번호 2, 3에 해당되는 것	2등급
근내 지방도 번호 1에 해당되는 것	3등급

소 도체의 근내 지방도 기준(축산물 등급 판정 세부 기준 제5조 제2항 제1호 관련)

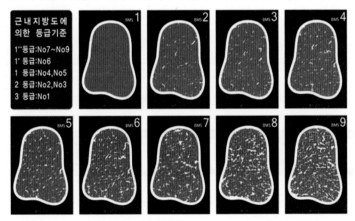

근 내 지방도에 의한 등급기준
1++등급:No7~No9
1+ 등급:No6
1 등급:No4,No5
2 등급:No2,No3
3 등급:No1

※ 각 번호별 근내 지방도는 최소 기준에 해당된다.

2) 육색(축산물 등급 판정 세부 기준 제5조 제2항 제2호)

〈육색 등급 판정 기준〉

육색	등급
육색 번호 3, 4, 5에 해당되는 것	1++등급
육색 번호 2, 6에 해당되는 것	1+등급
육색 번호 1에 해당되는 것	1등급
육색 번호 7에 해당되는 것	2등급
육색에서 정하는 번호 이외에 해당되는 것	3등급

육색 기준(축산물 등급 판정 세부 기준 제5조 제2항 제2호 및 제3항 제1호, 제34조 제2항 제2호 및 제3항 제1호 관련)

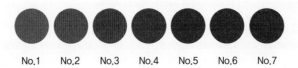

3) 지방색(축산물 등급 판정 세부 기준 제5조 제2항 제3호)

〈지방색 등급 판정 기준〉

지방색	등급
지방색 번호 1, 2, 3, 4에 해당되는 것	1++등급
지방색 번호 5에 해당되는 것	1+등급
지방색 번호 6에 해당되는 것	1등급
지방색 번호 7에 해당되는 것	2등급
지방색에서 정하는 번호 이외에 해당되는 것	3등급

지방색 기준(축산물 등급 판정 세부 기준 제5조 제2항 제3호 및 제3항 제2호, 제34조 제2항 제3호 및 제3항 제2호 관련)

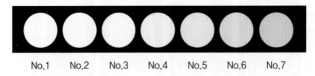

4) 조직감(축산물 등급 판정 세부 기준 제5조 제2항 제4호)

〈조직감 등급 판정 기준〉

조직감	등급
조직감 번호 1에 해당되는 것	1++등급
조직감 번호 2에 해당되는 것	1+등급
조직감 번호 3에 해당되는 것	1등급
조직감 번호 4에 해당되는 것	2등급
조직감 번호 5에 해당되는 것	3등급

〈소 도체 조직감 구분 기준〉(축산물 등급 판정 세부 기준 제5조 제2항 제4호 관련)

번호	구분 기준
1	탄력성과 지방의 질이 매우 좋으며 수분이 알맞게 침출되고 결이 매우 곱고 섬세하며 고기의 광택이 매우 좋은 것
2	탄력성과 지방의 질이 좋으며 수분이 다소 알맞게 침출되고 결이 곱고 고기의 광택이 좋은 것
3	탄력성과 지방의 질이 보통이며 수분의 침출 정도가 약간 많거나 적고 결과 고기의 광택이 보통인 것
4	탄력성과 지방의 질이 보통에 비해 좋지 않은 수준이며 고기의 표면이 건조하거나 수분이 많이 침출되고 결과 광택이 보통에 비해 좋지 않은 것
5	탄력성과 지방의 질이 나쁘며 고기의 표면이 매우 건조하거나 수분이 아주 많이 침출되고 결과 광택이 매우 좋지 않은 것

5) 성숙도(축산물 등급 판정 세부 기준 제5조 제2항 제5호)

〈소 도체 성숙도 구분 기준〉(축산물 등급 판정 세부 기준 제5조 제2항 제5호, 제3항 제4호 관련)

번호	골격의 특성			
	등뼈(흉추골)	허리뼈(요추골)	엉치뼈(천추골)	갈비뼈
1	등뼈의 가시돌기는 매우 붉은색이고 다공성 조직이 부드러우며 연골이 선명하고 뚜렷함	허리뼈의 연골이 선명하고 뚜렷함	엉치뼈의 각 뼈들의 구분이 명확하고 연골은 선명하고 뚜렷함	갈비뼈는 붉고 연하며 둥긂
2	가시돌기는 붉고 다공성 조직이 부드러우며 연골은 골화가 시작됨	골화가 시작되었으나 연골이 약간 있음	엉치뼈 각뼈들의 구분이 일부 없어지고 흔적만 남아 있음	붉고 약간 연하며 약간 넓어짐
3	가시돌기는 붉고 연골은 1/5 정도가 골화됨	상당히 골화되었고 연골이 조금 있음	엉치뼈의 각 뼈들의 구분이 없어지고 흔적만 보임	붉은색을 조금 잃어버리고 약간 넓고 평평함
4	가시돌기는 약간 붉고 연골은 2/5 정도가 골화되었으나 연골의 윤곽은 뚜렷함	대부분 골화되었고 연골이 거의 없으나 골화된 연골 조직의 형태는 뚜렷함	엉치뼈의 각 뼈들의 구분 흔적도 흐리게 보임	붉은색을 많이 잃어버리고 약간 넓고 평평함
5	가시돌기는 약간 붉고 연골은 3/5정도가 골화되었으나 연골의 윤곽은 뚜렷함	완전히 골화되었고 연골이 거의 없으나 골화된 조직이 뚜렷함	엉치뼈 구분이 없이 완전히 융합됨	약간 넓고 평평하며 조금 단단함
6	가시돌기는 약간 붉고 연골은 4/5 정도가 골화되었으나 연골의 윤곽은 뚜렷함	완전히 골화되었고 골화된 연골 조직의 형태는 흐리게 보임	상동	희어지고 넓고 평평함

계속

번호	골격의 특성			
	등뼈(흉추골)	허리뼈(요추골)	엉치뼈(천추골)	갈비뼈
7	가시돌기는 붉은색이 거의 없고 연골은 완전히 골화되었으나, 가시돌기와 구분 흔적이 남아 있음	완전히 골화되었고 연골은 골화된 형태마저 보이지 않음	상동	희고 넓고 평평함
8	가시돌기는 붉은색이 없고, 연골은 완전히 골화되어 가시돌기와 구분 흔적이 없음	완전히 골화됨	상동	상동·
9	완전히 골화되어 연골 조직의 형태마저 구분이 불가능하고, 가시돌기와 구분이 없음	상동	상동	상동

〈성숙도에 따른 소 도체 육질 등급 최종 판정 기준〉(축산물 등급 판정 세부 기준 제5조 제3항 제2호 관련)

육질 등급	성숙도 구분 기준	
	1~7	8~9
1++등급	1++등급	1+등급
1+등급	1+등급	1등급
1등급	1등급	2등급
2등급	2등급	3등급
3등급	3등급	3등급

자료: 국가법령정보센터 홈페이지

1. 돼지 도체 중량과 등 지방 두께 등에 따른 1차 등급 판정 기준(축산물 등급 판정 세부 기준 제9조 제1항 및 제2항 관련)

1차 등급	탕박 도체		박피 도체	
	도 체중(kg)	등 지방 두께(mm)	도 체중(kg)	등 지방 두께(mm)
1+등급	이상 미만 83~93	이상 미만 17~25	이상 미만 74~83	이상 미만 12~20
1등급	80~83 83~93 83~93 93~98	15~28 15~17 25~28 15~28	71~74 74~83 74~83 83~88	10~23 10~12 20~23 10~23
2등급	1+·1등급에 속하지 않는 것		1+·1등급에 속하지 않는 것	

자료: 국가법령정보센터 홈페이지

2. 돼지 도체 외관, 육질 2차 등급 판정 기준(축산물 등급 판정 세부 기준 제10조 제1항 관련)

판정 항목		1+등급	1등급	2등급
인력	비육 상태	도체의 살붙임이 두껍고 좋으며 길이와 폭의 균형이 고루 충실한 것	도체의 살붙임과 길이와 폭의 균형이 적당한 것	도체의 살붙임이 부족하거나 길이와 폭의 균형이 맞지 않은 것
	삼겹살 상태	삼겹살 두께와 복부 지방의 부착이 매우 좋은 것	삼겹살 두께와 복부 지방의 부착이 적당한 것	삼겹살 두께와 복부 지방의 부착이 적당하지 않은 것
	지방 부착 상태	등 지방 및 피복 지방의 부착이 양호한 것	등 지방 및 피복 지방의 부착이 적당한 것	등 지방 및 피복 지방의 부착이 적절하지 못한 것
외관 기계	비육 상태	정육률 62% 이상인 것	정육률 60% 이상~62% 미만인 것	정육률 60% 미만인 것
	삼겹살 상태	겉지방을 3mm 이내로 남긴 삼겹살이 10.2kg 이상이면서 삼겹살 내 지방 비율 22% 이상~42% 미만인 것	겉지방을 3mm 이내로 남긴 삼겹살이 9.6kg 이상이면서 삼겹살 내 지방 비율 20% 이상~45% 미만인 것. 단, 삼겹살 상태의 1+등급 범위 제외	겉지방을 3mm 이내로 남긴 삼겹살이 9.6kg 미만이거나, 삼겹살 내 지방 비율 20% 미만인 것 또는 45% 이상인 것
	지방 부착 상태	비육 상태 판정 방법과 동일	비육 상태 판정 방법과 동일	비육 상태 판정 방법과 동일

계속

판정 항목		1+등급	1등급	2등급
육질	지방 침착도	지방 침착이 양호한 것	지방 침착이 적당한 것	지방 침착이 없거나 매우 적은 것
	육색	부도10의 No.3, 4, 5	부도10의 No.3, 4, 5	부도10의 No.2, 6
	육 조직감	육의 탄력성, 결, 보수성, 광택 등의 조직감이 아주 좋은 것	육의 탄력성, 결, 보수성, 광택 등의 조직감이 좋은 것	육의 탄력성, 결, 보수성, 광택 등의 조직감이 좋지 않은 것
	지방색	부도11의 No.2, 3	부도11의 No.1, 2, 3	부도11의 No.4, 5
	지방질	지방이 광택이 있으며 탄력성과 끈기가 좋은 것	지방이 광택이 있으며 탄력성과 끈기가 좋은 것	지방이 광택도 불충분하며 탄력성과 끈기가 좋지 않은 것

자료: 국가법령정보센터 홈페이지

〈돼지 도체 근내 지방도, 육색, 지방색 기준〉

돼지 도체 근내 지방도 기준(축산물 등급 판정 세부 기준 제11조 제1호 관련)

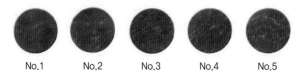

No.1   No.2   No.3   No.4   No.5

돼지 도체 육색 기준(축산물 등급 판정 세부 기준 제10조 제1항 제1호, 제11조 제3호 관련)

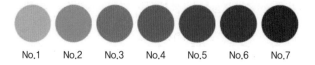

No.1   No.2   No.3   No.4   No.5   No.6   No.7

돼지 도체 지방색 기준(축산물 등급 판정 세부 기준 제10조 제1항 제1호, 제11조 제5호 관련)

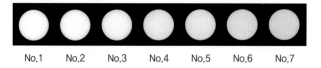

No.1   No.2   No.3   No.4   No.5   No.6   No.7

자료: 국가법령정보센터 홈페이지

1. 닭 도체 품질 기준(축산물 등급 판정 세부 기준 제15조 제1항 관련)

항목	품질 기준		
	A급	B급	C급
외관	날개, 등뼈, 가슴뼈 및 다리가 굽지 않고 좋은 외형과 피부병 등 질병의 흔적에 따른 도체 외관의 손상이 없는 것	날개, 등뼈, 가슴뼈 및 다리가 외관을 손상시키지 않는 범위에서 약간 휘거나 피부병 등 질병의 흔적에 따른 도체 외관의 손상이 약간 있는 것	날개, 등뼈, 가슴뼈 및 다리가 비정상적으로 휘거나 피부병 등 질병의 흔적에 따른 도체 외관의 손상이 많이 있는 것
비육 상태	충분한 착육성을 지니며 특히 가슴과 다리에 고기의 부착이 잘 된 것	보통의 착육성을 지니며 특히 가슴과 다리에 고기의 부착이 보통인 것	빈약한 착육성을 지니며 가슴과 다리에 고기의 부착이 적은 것
지방 부착	피부의 지방층이 매우 잘 발달된 것	피부의 지방층이 충분히 발달된 것	피부의 지방층이 빈약한 것
잔털, 깃털	깃털은 아래의 허용 기준치를 넘어서는 안 되며 약간의 잔털이 있다. - 깃털 2개 이하	깃털은 아래의 허용 기준치를 넘어서는 안 되며 잔털이 일부분만 퍼져 있다. - 깃털 4개 이하	깃털은 아래의 허용 기준치를 넘어서는 안 되며 잔털이 넓게 고루 퍼져 있다. - 깃털 6개 이하
신선도	피부색이 좋고 광택이 있으며 육질의 탄력성이 있다.	피부색, 광택 및 육질의 탄력성이 보통이다.	피부색이 불량하고 광택이 없으며 육질의 탄력성도 없다.
외상	피부가 상처로 인해 노출된 살이 가슴과 다리 부위에는 없어야 하고, 기타 부위는 노출된 살의 총 면적의 지름이 2cm를 초과해서는 안 된다.	피부가 상처로 인해 노출된 살이 가슴과 다리 부위에는 없어야 하고, 기타 부위는 노출된 살의 총 면적의 지름이 4cm를 초과해서는 안 된다.	피부가 상처로 인해 노출된 살이 총 면적의 지름이 가슴과 다리 부위는 2cm, 기타 부위는 6cm를 초과해서는 안 된다.
변색	가벼운 상처나 멍, 피부의 변색은 허용하나 색이 분명한 것은 총 면적에 대해 장축의 지름이 아래의 허용치를 초과해서는 안 된다.	가벼운 상처나 멍, 피부의 변색은 허용하나 색이 분명한 것은 총 면적에 대해 장축의 지름이 아래의 허용치를 초과해서는 안 된다.	가벼운 상처나 멍, 피부의 변색은 허용하나 색이 분명한 것은 총 면적에 대해 장축의 지름이 아래의 허용치를 초과해서는 안 된다.
중량 규격	가슴과 다리	기타	가슴과 다리	기타	가슴과 다리	기타 부위

중량 규격	가슴과 다리	기타	가슴과 다리	기타	가슴과 다리	기타 부위
13호 미만	1.5cm	3cm	2.5cm	5cm	3.5cm	7cm
13호 이상	2.5cm	4cm	4cm	6cm	6cm	8cm

상처로 인한 응혈이 있어서는 안 된다.		
뼈의 상태	골절 및 탈골된 것이 없어야 한다.	골절된 것이 없어야 하고, 1개의 탈골된 뼈는 허용한다.	1개 이하의 골절 및 2개 이하의 탈골은 허용한다.

자료: 국가법령정보센터 홈페이지

2. 닭 도체 품질 등급 부여 방법(축산물 등급 판정 세부 기준 제15조 제1항 관련)

1) 전수 등급 판정

등급	등급 판정 결과
1⁺등급	닭 도체 품질 기준의 모든 항목이 A급 이상이어야 함
1등급	닭 도체 품질 기준의 모든 항목이 B급 이상이어야 함
2등급	닭 도체 품질 기준의 모든 항목이 C급 이상이어야 함

2) 표본 등급 판정

표본 닭 도체의 등급 판정 결과의 구성 비율에 따라 신청 물량 전체에 품질 등급을 부여한다.

〈표본 닭 도체 등급 판정 결과에 따른 품질 등급 부여 방법〉

등급	등급 판정 결과
1⁺등급	A급의 것이 90% 이상이고 C급의 것이 5% 이하이어야 함(나머지는 B급)
1등급	B급 이상의 것이 90% 이상인 경우(나머지는 C급)
2등급	B급 이상의 것이 90% 미만인 경우

자료: 국가법령정보센터 홈페이지

3. 닭·오리 도체 호수별 중량 범위(축산물 등급 판정 세부 기준 제16조 제1항 및 제30조 제1항 관련)

(단위: g/마리)

중량 규격	5호	6호	7호	8호	9호	10호	11호	12호	13호	14호	15호	16호	17호
중량 범위	451 ~ 550	551 ~ 650	651 ~ 750	751 ~ 850	851 ~ 950	951 ~ 1,050	1,051 ~ 1,150	1,151 ~ 1,250	1,251 ~ 1,350	1,351 ~ 1,450	1,451 ~ 1,550	1,551 ~ 1,650	1,651 ~ 1,750

중량 규격	18호	19호	20호	21호	22호	23호	24호	25호	26호	27호	28호	29호	30호
중량 범위	1,751 ~ 1,850	1,851 ~ 1,950	1,951 ~ 2,050	2,051 ~ 2,150	2,151 ~ 2,250	2,251 ~ 2,350	2,351 ~ 2,450	2,451 ~ 2,550	2,551 ~ 2,650	2,651 ~ 2,750	2,751 ~ 2,850	2,851 ~ 2,950	2,951 이상

자료: 국가법령정보센터 홈페이지

4. 닭 부분육의 품질 기준(축산물 등급 판정 세부 기준 제20조 제3항 관련)

〈분할육의 품질 기준〉

항목		품질 기준	
		A급	B급
외관	다리·날개	질병이나 상처로 인한 외관의 손상 없이 고유의 형태를 유지해야 한다.	질병이나 상처로 인한 약간의 외관 손상은 허용한다.
	가슴	과도한 근육의 제거 없이 기본 형태를 유지하고 안심의 힘줄은 허용한다.	고유 근육의 1/3 이상의 근육 제거는 없어야 하나, 안심의 힘줄은 허용한다.
비육 상태		충분한 착육성이 있어야 한다.	적당한 착육성이 있어야 한다.
지방 부착	다리·날개	잘 발달된 지방층이 고르게 부착되어 있어야 한다.	잘 발달된 지방층이 적당히 부착되어 있어야 한다.
	가슴	불필요한 지방은 깨끗이 손질되어야 한다.	불필요한 지방은 적당히 손질되어야 한다.
잔털, 깃털	다리·날개	깃털은 아래의 기준 허용치를 초과해서는 안 되며, 약간의 잔털은 허용한다. – 깃털 1개 이하	깃털은 아래의 기준 허용치를 초과해서는 안 되며, 약간의 잔털은 허용한다. – 깃털 2개 이하
신선도	다리·날개	피부색이 좋고 광택이 있으며 근육의 탄력성이 있다.	피부색, 광택 및 육질의 탄력성이 보통이다.
	가슴	육색이 좋고 광택이 있으며, PSE 발생이 없어야 한다.	육색, 광택 탄력성이 보통이며 약간의 PSE 발생 부분이 있는 것은 허용한다.
외상	다리 윗다리	피부 상처로 인해 노출된 살의 총면적에 대해 장축의 지름이 1.5cm를 초과해서는 안 되며, 작업 과정에 기인한 약간의 손상은 허용한다.	피부 상처로 인해 노출된 살의 총 면적에 대해 장축의 지름이 3cm를 초과해서는 안 되며, 작업 과정에 기인한 약간의 손상은 허용한다.
	다리 아랫다리	피부 상처로 인해 노출된 살이 없어야 하며, 작업 과정에서 기인한 약간의 손상은 허용한다.	피부 상처로 인해 노출된 살의 총 면적에 대해 장축의 지름이 2cm를 초과해서는 안 되며, 작업 과정에서 기인한 약간의 손상은 허용한다.
	날개	피부 상처로 인해 노출된 살의 총 면적에 대해 장축의 지름이 1.5cm를 초과해서는 안 되며, 작업 과정에 기인한 약간의 손상은 허용한다.	피부 상처로 인해 노출된 살의 총 면적에 대해 장축의 지름이 3cm를 초과해서는 안 되며, 작업 과정에 기인한 약간의 손상은 허용한다.
	가슴	절단이나 찢김으로 인한 근육의 과도한 손상은 없어야 하며, 약간의 찰과상은 허용한다.	
변색	다리	옅은 변색은 허용하나 색이 분명한 것은 총 면적에 대해 장축의 지름이 1.5cm를 초과해서는 안 된다.	경미한 변색은 허용하나 색이 분명한 것은 총 면적에 대해 장축의 지름이 3cm를 초과해서는 안 된다.
	날개·가슴	옅은 변색은 허용하나 색이 분명한 것은 총 면적에 대해 장축의 지름이 1cm를 초과해서는 안된다.	옅은 변색은 허용하나 색이 분명한 것은 총 면적에 대해 장축의 지름이 2cm를 초과해서는 안된다.
뼈의 상태	다리·날개	골절이 없어야 한다.	

〈추가 가공육의 품질 기준〉

구분	A급
발골육	육색과 탄력성이 좋은 신선한 닭고기를 원료육으로 하여 발골로 인한 뼈 조각과 주변 근육의 심각한 손상 없이 충분한 착육성을 가지고, 껍질(피복 지방)이 잘 정돈되고, 깃털, 연골, 힘줄 및 1cm 이상의 색이 분명한 변색은 없어야 하며, 부분육의 1/3 이상이 손상되지 않고 남아 있어야 한다.
껍질 제거육	육색과 탄력성이 좋은 신선한 닭고기를 원료육으로 하여 피복 지방을 깨끗이 제거하고, 충분한 착육성을 가지고, 골절 및 1cm 이상의 색이 분명한 변색은 없어야 하나 피복 지방 제거로 나타나는 경미한 변색은 허용한다.
발골 및 껍질 제거육	발골육 및 껍질 제거육의 품질 기준에 부합되어야 하며, 근육의 가장자리를 따라 껍질(피복 지방)은 손질하고, 뼈 조각, 연골 조직, 힘줄은 없어야 하나 안심의 경우 힘줄은 허용한다.
절단육	육색과 탄력성이 좋은 신선한 닭고기를 원료육으로 하여 약간의 외상이나 약한 멍은 허용하나, 색이 분명한 변색이나 응혈된 부위와 복부 지방 및 깃털은 제거되어야 하나 약간의 잔모는 허용하며, 작 업과정에서 나타나는 약간의 결점은 허용한다.
세절육	발골육 및 껍질 제거육의 품질 기준에 부합되어야 하나, 근육 손상을 야기하지 않은 방법으로 근육의 크기를 변형하되, 연골 조직이나 색이 분명한 변색, 과도한 근육 손상은 없어야 한다.

5. 닭 부분육의 품질 등급 부여 방법(축산물 등급 판정 세부 기준 제20조 제3항 관련)

1) 분할육의 품질 등급

표본 닭 부분육에 대한 등급 판정 결과 품질 기준의 구성 비율에 따라 신청 물량 전체에 등급을 부여한다.

〈표본 닭 부분육 등급 판정 결과에 따른 품질 등급 부여 방법〉

등급	등급 판정 결과
1등급	A급의 것이 80% 이상이고, B급 이상의 것이 90% 이상이어야 함(나머지는 최소 기준 이상)
2등급	A급의 것이 70% 이상이고, B급 이상이 것이 90% 이상이어야 함(나머지는 최소 기준 이상)

2) 추가 가공육의 품질 등급

표본 닭 부분육에 대한 등급 판정 결과 품질 기준의 구성 비율에 따라 신청 물량 전체에 등급을 부여한다.

〈표본 닭 부분육 등급 판정 결과에 따른 품질 등급 부여 방법〉

등급	등급 판정 결과
1등급	A급의 것이 80% 이상이고 나머지는 최소 기준 이상
2등급	A급의 것이 70% 이상이고 나머지는 최소 기준 이상

자료: 국가법령정보센터 홈페이지

1. 계란의 품질 기준(축산물 등급 판정 세부 기준 제24조 제1항 관련)

판정 항목		품질 기준			
		A급	B급	C급	D급
외관 판정	계란 껍데기	청결하며 상처가 없고 계란의 모양과 계란 껍데기의 조직에 이상이 없는 것	청결하며 상처가 없고 계란의 모양에 이상이 없으며 계란 껍데기의 조직에 약간의 이상이 있는 것	약간 오염되거나 상처가 없으며 계란의 모양과 계란 껍데기의 조직에 이상이 있는 것	오염되어 있는 것, 상처가 있는 것, 계란의 모양과 계란 껍데기의 조직이 현저하게 불량한 것
투광 판정	공기주머니 (기실)	깊이가 4mm 이내	깊이가 8mm 이내	깊이가 12mm 이내	깊이가 12mm 이상
	노른자	중심에 위치하며 윤곽이 흐리나 퍼져 보이지 않는 것	거의 중심에 위치하며 윤곽이 뚜렷하고 약간 퍼져 보이는 것	중심에서 상당히 벗어나 있으며 현저하게 퍼져 보이는 것	중심에서 상당히 벗어나 있으며 완전히 퍼져 보이는 것
	흰자	맑고 결착력이 강한 것	맑고 결착력이 약간 떨어진 것	맑고 결착력이 거의 없는 것	맑고 결착력이 전혀 없는 것
할란 판정	노른자	위로 솟음	약간 평평함	평평함	중심에서 완전히 벗어나 있는 것
	진한 흰자 (농후 난백)	많은 양의 흰자가 노른자를 에워 싸고 있음	소량의 흰자가 노른자 주위에 퍼져 있음	거의 보이지 않음	이취가 나거나 변색되어 있는 것
	묽은 흰자 (수양 난백)	약간 나타남	많이 나타남	아주 많이 나타남	
	이물질	크기가 3mm 미만	크기가 5mm 미만	크기가 7mm 미만	크기가 7mm 이상
	호우 단위*	72 이상	60 이상~72 미만	40 이상~60 미만	40 미만

* "호우 단위(Haugh units)"라 함은 계란의 무게와 진한 흰자의 높이를 측정하여 다음 산식에 따라서 산출한 값을 말한다.

$$호우 단위(H.U) = 100\log(H + 7.57 - 1.7W^{0.37})$$

H: 흰자 높이(mm)

W: 난중(g)

자료: 국가법령정보센터 홈페이지

2. 계란 및 살균액란 제조용 계란의 품질 등급 부여 방법(축산물 등급 판정 세부 기
준 제24조 제1항 관련)

1) 계란 품질 등급 부여 방법

등급	등급 판정 결과
1⁺등급	A급의 것이 70% 이상이고, B급 이상의 것이 90% 이상(나머지는 C급)
1등급	B급 이상의 것이 80% 이상이고, D급의 것이 5% 이하(기타는 C급)
2등급	C급 이상의 것이 90% 이상(기타는 D급)

2) 살균액란 제조용 계란 품질 등급 부여 방법

등급	등급 판정 결과
1⁺등급	1⁺등급으로 판정받은 계란으로 생산된 액란
1등급	B급 이상의 것이 80% 이상이고, D급의 것이 5% 이하(기타는 C급)
2등급	C급 이상의 것이 90% 이상(기타는 D급)

※ 계란 등급 판정 결과는 살균액란 제조용 계란 등급 판정 결과에 그대로 적용할 수 있다. 다만, 살균액란 제조용 계란 등급 판정에서는 1⁺등급 부여를 제한한다.

자료: 국가법령정보센터 홈페이지

3. 계란의 중량 규격(축산물 등급 판정 세부 기준 제25조 제1항 관련)

규격	왕란	특란	대란	중란	소란
중량	68g 이상	68g 미만 ~ 60g 이상	60g 미만 ~ 52g 이상	52g 미만 ~ 44g 이상	44g 미만

자료: 국가법령정보센터 홈페이지

참고문헌

국내

교육부(2016). 학교급식 위생관리 지침서. 제4차 개정.

교육부, 한국교육개발원(2017). 학교급식 학부모 모니터단 운영 안내서.

김완배, 김성훈(2020). 농식품 유통론. 박영사.

노봉수, 이승주, 백형희, 윤현근, 이재환, 정승현, 이희섭(2011). 생각이 필요한 식품재료학. 수학사.

농림축산식품부(2017). 식품통계. 진한엠앤비.

농림축산식품부(2019). 2018 농수산물 도매시장 통계 연보.

농촌경제연구원(2018). 2018 외식업체 식재료 구매현황.

박정숙(2018). 최신식품구매론. 도서출판효일.

백옥희, 윤기선, 한은숙, 김옥선, 고성희(2012). 식품구매. 파워북.

식품의약품안전처(2016). 식중독예방을 위한 식재료 검수 매뉴얼.

식품의약품안전처(2009). 집단급식소 위생관리 매뉴얼.

조신호, 조경련, 강명수, 송미란, 주난영(2008). 식품학. 교문사.

정라나(2001). 대학교 급식의 운영전략을 위한 식수예측 모델 개발. 연세대학교 대학원 석사학위논문.

축산물품질평가원(2020). 축산물 유통정보조사.

한국농수산식품유통공사(2018). 2017년 농산물 유통 실태.

한국농수산식품유통공사(2019). 주요 농산물 유통실태조사.

한국농촌경제연구원(2018). 2018 외식업체 식재료 구매현황.

해양수산부(2018). 수산물 생산 및 유통산업 실태조사.

한국식품연구원(2005). 학교급식 식재료의 안전을 위한 위해성분 제어 및 선택 기준. 집단급식소 영양사 특별 위생교육.

황인경, 김정원, 변진원, 한진숙, 김수희, 박안경, 강희진(2018). 스마트식품학. 수학사.

국외

Feinstein, A. H., Hertzman, J., & Stefanelli, J. M.(2017). Purchasing: Selection and procurement for the hospitality industry. Hoboken, NJ: Wiley.

Garlough, R.(2011). Modern food service purchasing. Clifton Park, NY: Delmar Cengage Learning.

Gregoire, M. B.(2016). Foodservice organizations: A managerial and systems approach. Boston, MA: Pearson.

Palmatier, R.(2016). Marketing channel strategy. New York, NY: Routledge.

사이트

국가법령정보센터 http://www.law.go.kr

국립농산물품질관리원 http://www.naqs.go.kr

국립농업과학원 농식품종합정보시스템 http://koreanfood.rda.go.kr

낙농진흥회 아이러브밀크 http://www.ilovemilk.or.kr

농림축산식품부 http://www.mafra.go.kr

농사로 농업기술포털 http://www.nongsaro.go.kr

농수축산신문 http://news.hankyung.com

농식품정보누리 https://www.foodnuri.go.kr

대한한돈협회 http://www.koreapork.or.kr

두산백과 http://www.doopedia.co.kr

매일유업 https://www.maeil.com

삼성웰스토리 https://www.samsungwelstory.com

수산물이력제 http://fishtrace.go.kr

수산물품질관리원 http://www.nfqs.go.kr

수산정보포털 https://www.fips.go.kr

식품안전나라 http://www.foodsafetykorea.go.kr

식품이력관리시스템 http://www.tfood.go.kr

신세계푸드 http://www.shinsegaefood.com

아마존 https://www.amazon.com

아워홈 http://www.ourhome.co.kr

조선일보 http://www.chosun.com

중앙일보 https://news.joins.com

찾기 쉬운 생활법령정보 http://www.easylaw.go.kr

축산물유통종합정보센터 http://www.ekapepia.com

축산물이력제 http://aunit.mtrace.go.kr

축산물품질평가원 http://www.ekape.or.kr

코덱스 http://www.fao.org

코덱스(한국) https://www.foodsafetykorea.go.kr

한국경제 http://www.hankyung.com

한국농어촌방송 http://www.hankookilbo.com

한국유가공협회 http://www.koreadia.or.kr

한국일보 http://www.aflnews.co.kr

해양수산부 http://www.mof.go.kr

홀푸드 마켓 https://media.wholefoodsmarket.com

CJ 프레시웨이 http://www.cjfreshway.com

eaT 농수산물사이버거래소 http://www.eat.co.kr

FIS 식품산업정보 http://www.atfis.or.kr

GAP정보서비스 http://www.gap.go.kr

찾아보기

저자 소개

양일선
연세대학교 식품영양학과 명예교수

이해영
상지대학교 식품영양학과 교수

정라나
경희대학교 조리 · 서비스경영학과 교수

김혜영
연세대학교 심바이오틱 라이프텍 연구소 전문연구원
배화여자대학교 식품영양과 겸임교수

최미경
계명대학교 식품보건학부 교수

정현영
목포대학교 식품영양학과 교수

2판
단체급식 및 외식산업
관리자를 위한
식품구매

2019년 2월 28일 초판 인쇄 | 2019년 3월 4일 초판 발행 | 2020년 3월 5일 2판 발행 | 2022년 1월 28일 2판 2쇄 발행

지은이 양일선 · 이해영 · 정라나 · 김혜영 · 최미경 · 정현영 | **펴낸이** 류원식 | **펴낸곳 교문사**

편집부장 김경수 | **책임편집** 성혜진 | **본문편집** 김남권 | **디자인** 황순하

주소 (10881)경기도 파주시 문발로 116 | **전화** 031-955-6111 | **팩스** 031-955-0955
홈페이지 www.gyomoon.com | **E-mail** genie@gyomoon.com
등록 1960. 10. 28. 제406-2006-000035호
ISBN 978-89-363-1925-0(93590) | 값 22,000원

* 저자와의 협의하에 인지를 생략합니다.
* 잘못된 책은 바꿔 드립니다.

불법복사는 지적 재산을 훔치는 범죄행위입니다.
저작권법 제125조의2(권리의 침해죄)에 따라 위반자는 5년 이하의 징역 또는
5천만 원 이하의 벌금에 처하거나 이를 병과할 수 있습니다.